国家重点研发计划专题(编号:2016YFC040240202)

大中尺度流域洪水产输沙特征及阶段变化

高亚军　等著

黄河水利出版社
·郑州·

内 容 提 要

本书是作者在完成国家重点研发计划专题“大中尺度流域洪水产输沙特征及阶段变化”和黄河流域水沙变化(白皮书)研究成果的基础上提炼而成的。本书一是选取了无定河等有代表性的重点大中流域为研究对象,在总结吸收前人研究成果的基础上,收集暴雨洪水泥沙资料,辨识暴雨产流产沙的降雨主导因子,建立相同因子不同时段的暴雨—洪水—泥沙关系模型,分析不同时段暴雨—洪水—泥沙关系及其变化规律;二是选取了具有代表性的历史大暴雨进行反演,估算在现状下垫面条件下的产水产沙量;三是针对20世纪80年代以来黄河潼关代表性丰沙年大洪水形成过程,在分析其雨水沙关系的基础上,阐述了其出现大沙年的成因和规律,为揭示黄河水沙变化机制提供了理论支撑。

本书可供从事水利和水土保持科研、生产、管理工作的科技人员参阅,也可作为大中专院校相关专业师生的参考用书。

图书在版编目(CIP)数据

大中尺度流域洪水产输沙特征及阶段变化/高亚军等著.—郑州:黄河水利出版社,2021.9

ISBN 978-7-5509-3087-2

Ⅰ.①大… Ⅱ.①高… Ⅲ.①流域-洪水-输沙-研究 Ⅳ.①TV142

中国版本图书馆CIP数据核字(2021)第182346号

出 版 社:黄河水利出版社　　网址:www.yrcp.com

地址:河南省郑州市顺河路黄委会综合楼14层　　邮政编码:450003

发行单位:黄河水利出版社

发行部电话:0371-66026940、66020550、66028024、66022620(传真)

E-mail:hhslcbs@126.com

承印单位:河南新华印刷集团有限公司

开本:890 mm×1 240 mm　1/16

印张:12.75

字数:295千字　　印数:1—1 000

版次:2021年9月第1版　　印次:2021年9月第1次印刷

定价:118.00元

前　言

黄河洪水历来是中华民族的“心腹之患”，水少沙多、水沙关系不协调，是黄河复杂难治的症结所在。受自然禀赋条件和长期人类活动影响，黄河体弱多病、水患频繁，黄河生态保护和高质量发展仍存在一些突出的困难和问题。

黄土高原是我国乃至全世界水土流失最严重的地区之一，严重的水土流失，不仅影响当地经济社会发展，危害生态环境，而且大量的泥沙输入黄河，造成河道淤积抬高，形成“地上悬河”，危及黄河防洪安全。未来黄河的来沙情势事关治黄方略确定、流域水沙资源配置、重大水利工程布局与运用，是近年来治黄的热点问题之一。2000年以来，由于经济社会的快速发展，黄河流域下垫面发生了巨大变化，黄土高原生态环境大幅改善，实测水沙量急剧减少，但区间暴雨洪水时有发生且破坏力极大。

近年来，受水利水保工程等人类活动和气候变化等影响，潼关站实测输沙量由1919~1959年年均16亿t减少至2000~2020年年均2.45亿t，2015年入黄泥沙已减至0.55亿t。黄河水沙变化如此之大、如此之快，未来趋势如何，黄河治理开发战略规划决策是否随之重大调整，成为了新时期黄河治理亟需回答的重大科技问题。黄土高原高强度人类活动、不确定性的气候变化以及相互间复杂耦合作用，让黄河水沙变化认知及未来预测成为世界难题。

依托“十三五”国家重点研发计划专题“大中尺度流域洪水产输沙特征及阶段变化”和黄河流域水沙变化(白皮书)研究相关任务要求，黄河水文水资源科学研究院开展了以黄河流域主要水土流失区为研究对象，阐明主要水土流失区流域场次暴雨洪沙产输机制及其阶段变化特征，通过重点支流剖析，分析了各支流水沙变化的成因及其定量表达，通过导致洪沙变化因子的甄别技术，提出了不同支流各阶段的贡献率；从暴雨洪水泥沙关系入手，基于水文学原理，以黄河流域1933年历史大暴雨作为典型事件，充分利用1933年暴雨洪水泥沙资料，通过建立研究区小流域早期和近期下垫面的降雨洪水泥沙多变量统计模型，在分析各支流(区间)早期与近期下垫面减水减沙作用的基础上，提出了1933年大暴雨在现状下垫面可能的产水产沙量；针对黄河中游无定河流域典型大洪水，分析了其在早期和近期下垫面情况下产生洪水泥沙的致灾效应，并提出了无定河流域在不同气候、下垫面情景下的“常规”和“非常规”产流产沙模式；针对20世纪80年代以来黄河中游潼关丰沙年大洪水形成过程，在分析其雨水沙关系的基础上，阐述了其出现大沙年的成因和规律，为揭示黄河水沙变化机制提供了理论支撑。

研究成果为黄河水沙变化规律揭示、水土保持减水减沙效益评估，以及洪水泥沙预报研究提供了新的认识和方法，为进一步甄别黄河水沙变化原因及提高水沙预测精度具有重要应用价值;同时将促进我国水土保持学、水文学和信息学等学科的交叉渗透和黄河水沙调控新理论、新方法的发展,为黄河流域生态保护和高质量发展提供理论基础和技术支撑。

本书就是在上述研究成果的基础上撰写而成的。本著作主要由黄河水文水资源科学研究院的高亚军、徐十锋、吕文星和马志瑾,以及黄河水利委员会晋陕蒙接壤地区水土保持监督局的田博等共同完成。本书撰写人员及撰写分工如下:前言由高亚军和徐十锋撰写;第一章由高亚军、徐十锋、吕文星、马志瑾和田博撰写;第二章由田博撰写;第三章由徐十锋撰写;第四章由马志瑾和吕文星撰写;第五章由吕文星和马志瑾撰写;第六章由徐十锋和马志瑾撰写;第七章由徐十锋和吕文星撰写;第八章由马志瑾和吕文星撰写;第九章由吕文星和田博撰写。全书由高亚军和徐十锋统稿,徐建华审定。

由于作者水平有限,撰写时间较短,书中错误和欠妥之处在所难免,恳请读者批评指正。

作　者

2021 年 6 月

目　录

第一章　绪　论

第一节　有关背景简介

一、研究背景及意义

黄河以水少沙多、水沙关系不协调、含沙量高而著称。近年来，受水利水保工程等人类活动和气候变化等影响，黄河潼关站实测输沙量由1919～1959年年均16亿t减少至2000～2018年年均2.55亿t，2015年入黄泥沙已减至0.55亿t。黄河水沙变化如此之大、如此之快，未来趋势如何，黄河治理开发战略规划决策是否随之重大调整，成为新时期黄河治理亟须回答的重大科技问题。黄土高原高强度人类活动、不确定性的气候变化以及相互间复杂耦合作用，让黄河水沙变化认知及未来预测成为世界难题。黄河流域水沙变化机制与趋势预测项目以产汇流机制变化、水沙非线性关系、水沙-地貌-生态多过程耦合效应等关键机制问题为突破口，探讨黄河水沙变化原因、预测未来常态水沙情势，提出黄河水沙变化调控阈值与应对策略。

黄土高原是黄河泥沙的主要来源区，认识该区域泥沙输移规律及发生机制，有助于阐明黄河泥沙急剧减少的变化规律和成因。鉴于此，黄河流域多尺度洪水泥沙产输机制与模拟课题以黄河流域主要水土流失区为研究对象，利用室内模型试验和野外原型观测方法，借助高精度三维激光扫描、核素示踪和3S等先进技术，分析主要水土流失区"坡面—沟道"系统侵蚀产生特征及阶段变化规律，阐明主要水土流失区流域暴雨洪沙产输机制及其阶段变化特征，揭示下垫面剧变环境下单元流域产汇流机制，研发多空间尺度分布式洪沙产输模型，模拟多情景、多尺度流域洪沙产输过程。有助于深入认识黄河流域主要水土流失区"坡面—沟道—流域"系统侵蚀产沙规律，揭示黄河水沙变化的动力机制，为该区域开展生态环境建设提供科学依据。

大中尺度流域洪水产输沙特征及阶段变化专题就是在上述背景的基础上收集暴雨洪水泥沙资料，建立不同时段的暴雨洪水泥沙关系模型，分析不同时段暴雨泥沙洪水关系及其变化规律；选取具有代表性的历史大暴雨进行反演，估算在现状条件下的产水产沙量，揭示大中尺度流域洪水产输阶段特征。

二、研究目标及内容、方法

（一）研究目标

本书研究的总目标是研究黄河流域主要水土流失区"坡面—沟道—流域"等不同时空尺度洪沙产输特征，分析流域洪沙过程变化规律及其驱动因素，研发不同侵蚀类型区和不同下垫面条件下坡面产流机制自判断产汇流模型系统，辨析下垫面变化对产汇流机制的影响作用,建立不同时空尺度分布式洪沙产输模型,揭示黄河流域多尺度洪沙产输机制,为认识黄河水沙变化成因提供理论支撑。

专题是实现本书研究目标的重要内容之一,专题的研究内容与研究目标"多时空尺度水沙产输机制"吻合,专题属于基础研究层面,重点一是通过典型支流场次暴雨—洪水—输沙量关系分析,用图示和定量两种形式表达暴雨—洪水—输沙关系不同时段的变化情景;二是通过近期雨—洪—沙关系,代入1933年8月(简称"1933·8",下同)历史大暴雨的暴雨特征变量估算可能的入黄水沙量,为未来入黄输沙量预估提供支撑;三是对历史上发生的"77·8"大暴雨和"7·26"大暴雨在现状下垫面产水产沙也做了定性分析研究。

(二)研究内容

(1)选取无定河等有代表性的重点大中流域为研究对象,在总结吸收前人研究成果的基础上,收集暴雨洪水泥沙资料,辨识暴雨产流产沙的降雨主导因子,建立相同因子不同时段的暴雨—洪水—泥沙关系模型,分析不同时段暴雨—洪水—泥沙关系及其变化规律。

(2)选取具有代表性的历史大暴雨进行重演,估算在现状下垫面条件下的产水产沙量,为黄河流域多尺度洪水泥沙产输机制及未来水沙预测提供技术支撑。

(三)研究方法

1.典型支流场次暴雨—洪水—输沙关系变化分析

(1)场次暴雨洪水的选取:以支流入黄控制站建站以来年最大一场洪峰多年平均值为标准,各年大于均值年的洪水全部入选,小于均值年的每年选最大一场入选,保证每年有一场洪水入选。

(2)场次洪水对应流域雨量站暴雨资料摘录整理(包括次降雨量、不同百分比集中度的雨量及时段、不同时段雨强计算及处理)。

(3)1970年前场次暴雨—洪量、暴雨—输沙量关系影响因子的遴选,建议选择一次线性关系(因幂函数、指数函数是小值作用大,反而影响关系线的大趋势),主要是暴雨参变因子的选择。

(4)1970年后不同时段与1970年前相同暴雨参变因子的关系建立及比较。

(5)场次暴雨产流、产沙关系线斜率,产流系数(径流系数),产沙系数的图表定量展现。

2.历史大暴雨重演的入黄水沙量估算

(1)查阅历史洪水调查资料,弄清1933年黄河输沙量、1933年支流洪水的调查资料及涉及支流。

(2)建立1933年大暴雨主要涉及支流洪峰与暴雨关系,反演1933年洪水的对应最大1日和5日暴雨,并绘制暴雨分布图。

(3)选取近期时段建立涉及支流暴雨—洪水—输沙关系。

(4)将1933年暴雨的相关暴雨参变量代入近期暴雨—洪水—输沙模型估算可能入黄水沙量。

(5)对"77·8"大暴雨和"7·26"大暴雨在现状下垫面下的产水产沙量做了进一步的分析研究。

第二节　主要研究成果简介

一、水沙突变点辨识

水利水保工程的发展是一个渐变过程，对各支流水沙影响也是一个由量变到质变的过程。本次通过比较双累积曲线法和 MWP 检验法的优缺点，选择了更直观且易于判断的 MWP 检验法。

利用无母数统计中的 MWP 检验法将降雨量、径流深、输沙模数、产流系数和产沙系数等作为自变量因子，判断出各因子的多个突变点，重点分析了消除降水波动变化的影响各支流的径流系数和产沙系数的水沙变化三阶段的突变点。从本次年径流系数和产沙系数综合判定其水沙变化突变点来看，径流系数和产沙系数变化不同步以及各支流出现突变的年份不同步。从产沙系数来判断，皇甫川、窟野河、孤山川、佳芦河和延水 5 条支流为两个转折点，秃尾河和无定河则表现为三个转折点。从产流系数来判断，秃尾河和延水为一个转折点，皇甫川和窟野河支流产流系数为两个转折点，孤山川和无定河支流产流系数为三个转折点。经综合分析，无论是产流系数还是产沙系数，以发生最早的年份定位为早期发生的突变点，2000 年左右判定为近期发生的突变点，这样 7 条支流早期突变点发生最早的是无定河的 1971 年，最晚的是延水的 1996 年，近期突变点发生最早的是佳芦河的 1999 年，最晚的是延水的 2005 年，也说明了研究的支流水沙变化的不同步性。

二、暴雨洪水泥沙分析

通过降雨、次洪量和次沙量的单因子分析可以看出，与早期下垫面相比，在研究的支流中，相同的次洪面雨量产生的次洪径流量中期和近期分别减少 32. 0%和 77. 2%；相同的次洪面雨量产生的次洪输沙量中期和近期分别减少 40. 5%和 91. 5%。中期相同降雨产生的次洪量变化减少量为 24. 1%～59. 2%，减少最大的是佳芦河流域，减少最小的是皇甫川流域；近期相同降雨产生的次洪变化减少量为 48. 2%～84. 3%，减少最大的是窟野河流域，最小的是大理河流域。中期相同降雨产生的次洪沙量变化减少量为 35. 1%～69. 0%，减少最大的是佳芦河流域，减少最小的是皇甫川流域；近期相同降雨产生的次洪沙量变化减少量为 64. 2%～97. 5%，减少最大的是窟野河流域，减少最小的是仍然是大理河流域。

通过分别建立次洪量（次沙量）与面雨量、暴雨强度和笼罩范围组合的多因子关系，按照相关关系最好的原则，建立了早期的次洪量与暴雨强度及其对应笼罩范围关系，并分析对比与早期下垫面相比中期和近期的水沙变化量。与早期相比，中期减洪量减少了 1/3、减沙量减少了 1/2，近期减洪量减少了 3/4、减沙量减少了 4/5。

通过分析各支流的产流系数和产沙系数可以看出，由于受降雨和下垫面等因素的综合影响，各个时期的产流系数和产沙系数差别比较大，经过治理后，中期和近期的产流系数的变化都在逐渐减小，但各支流之间变化并非同步进行，与早期相比，各支流中期和近期产流系数和产沙系数的减少变化量也不相同。

三、重点支流剖析

选择了黄河中游粗泥沙集中来源区最为关注的窟野河、无定河、汾川河和延河4条支流进行剖析。窟野河流域在水沙变化影响因子分析的基础上重点分析了采矿塌陷对水沙变化的影响，认为进入21世纪以来，窟野河流域降雨总量有所增加，但雨强有所减少，实测径流、洪水泥沙锐减，这是较大暴雨偏少的天气作用和人类活动共同作用的结果，其中开矿的作用尤其需要关注。近期植被恢复较好是“政策好、人自觉、天帮忙”的结果，窟野河流域开矿引起的地震塌陷在一段时期是很频繁的，也在一定程度上改变下垫面影响了流域的产汇流特性，尽管近期输沙减少的表现短时间会占据一定的主导地位，但是随着煤炭开采强度的减弱、塌陷的减少和时间的推移，产水产沙地貌会“回归”到一个新的平衡，窟野河的产流产沙“野性”定会有较大的恢复；通过无定河和支流大理河的分析来看，无定河流域现有水利水保措施遇到“7·26”这样的大暴雨减水减沙作用有限，一旦出现高强度、大范围、长历时的洪水，无定河流域仍然会出现大的洪水泥沙。从2013年7月发生在汾川河和延河流域的6次降雨来看，汾川河流域内植被覆盖度较高，利于前期的降水入渗，不易形成暴雨洪水，但遇到前期降雨量大量入渗后，后期的产流产沙与降雨存在高阶关系，极易发生山洪灾害，同样发生在延河的6次降雨，与历史洪水产生的次洪量没有本质的变化，但经过治理后出现了产沙的大幅度下降，说明大范围、短历时强降雨是产生洪水的基础，前期降雨量对于超渗产流地区的产流产洪更为重要。

四、历史大暴雨反演

本次分析了1933年8月黄河中游暴雨洪水情况。选取暴雨覆盖区的15条支流分别建立了天然时期和现状下垫面条件下的产洪产沙模型。计算出“33·8”大暴雨在不同下垫面条件下的产洪产沙量。分析表明：若重现“33·8”大暴雨，在现状下垫面条件下，黄河陕县站可能产生的次洪量为23.02亿~24.02亿m^3，产沙量为5.14亿~6.42亿t；2001年以后下垫面相比天然状态下垫面（发生“1933·8”大暴雨时下垫面）洪量减少60.20%、沙量减少72.95%。2007年以后下垫面相比天然状态下垫面洪量减少61.85%、沙量减少78.33%。

五、无定河大暴雨推演分析

选取20世纪70年代以来无定河发生的最大两场洪水，分别是1977年和2017年发生的3 840 m^3/s和4 500 m^3/s的洪水。从发生的这两场暴雨来看，在早期下垫面下，相同的暴雨和笼罩范围仍可以产生相应的洪水，在近期下垫面下，受制于无定河特定的产流模式，一旦发生高强度大暴雨，流域出现大范围水毁事件，必将会产生与早期下垫面类似的大洪水，也会刷新在近期下垫面下的常规暴雨产流模式。

从无定河流域的暴雨洪水关系也不难看出，短历时、低强度的暴雨适合暴雨径流的下包线，长历时、高强度的暴雨适合暴雨径流的上包线，大部分降雨组合适应暴雨径流的趋势线，当出现严重的水毁事件，暴雨径流关系适合早期的暴雨径流关系模式。

六、暴雨特征因子识别

通过次洪量和次沙量分别与降雨量、优势暴雨笼罩面积和暴雨集中度的关系分析来看，所研究的各支流次洪量与次沙量相关关系较好，且地貌单元相对单一的相关系数好于地貌类型相对复杂的支流；就次洪量而言，降雨量、优势暴雨笼罩面积和暴雨集中度的贡献率基本在4∶4∶2左右，随着下垫面的进一步治理，笼罩面积仍然占据着主导地位，面雨量所占的比例进一步提高，暴雨集中度的贡献率变化不大；早期和中期次洪沙量与次洪径流量变化的趋势基本一致，但近期时段次洪沙量与次洪径流量与降雨量、优势暴雨笼罩面积和暴雨集中度的贡献率有所变化，表现出面雨量、优势暴雨笼罩面积和暴雨集中度对次洪产沙量贡献率基本相当的态势。

第三节　对本次研究成果的初步认识

一、研究特色与创新之处

本书以黄河流域主要水土流失区为研究对象，按照有水文站控制且能够集中代表不同地貌单元和下垫面植被类型为重点分析支流，通过识别无定河等典型支流水沙发生变化的重大转折点，将各支流划分为早期、中期、近期三个阶段（1970年和2000年左右分界点），借助场次洪水泥沙分析资料，识别出产洪产沙的关键因子及其组合并建立暴雨产流和产沙模型；通过历史典型大暴雨进行现状下垫面产洪产沙的预测及合理性分析。经分析认为：与早期下垫面相比，研究区正常年份中期减洪量减少了1/3、减沙量减少了1/2，近期减洪量减少了3/4、减沙量减少了4/5；基于历史大暴雨反演，预估出1933年在近期下垫面可能产生的次洪量为23.02亿~24.02亿m^3，产沙量为5.14亿~6.42亿t，近期减洪量60%、减沙量75%。通过暴雨特征因子识别技术得出，降雨量和优势暴雨笼罩面积在产洪产沙中仍占据主导地位。

本书研究在总结、吸收前人和过去研究成果的基础上，以下几方面有所创新：

（1）利用支流雨水沙综合信息，通过突变点识别技术科学合理地将各支流划分成人类活动影响前、初步影响期和现阶段影响期三个阶段，更有利于分析大尺度范围各阶段的水沙特性。

（2）通过分析典型支流场次暴雨—洪量—输沙量关系变化，以人类活动影响较少时期的降雨因子为自变量，分析其后各时段的变化，避免了因因子的差异而无法比较基础的不一致问题。

（3）1933年8月发生的大洪水是在水沙资料极度匮乏的情况下发生的一次大暴雨，本次采用的与早期年代最为接近，资料相对较全面的1961~1975年近似作为早期天然状态下垫面，采用常规水文学方法，充分利用1933年暴雨洪水泥沙资料，通过建立早期和近期降雨洪水、洪水泥沙模型，在分析各支流（区间）早期与近期下垫面减水减沙比例的基础上，大致准确地估算出“33·8”大暴雨在现状下垫面的产水产沙量；根据较早时期的洪峰与降雨关系，反推降雨量，利用近期暴雨—洪水—输沙关系代入历史暴雨特征量进行估算可能入黄水沙量是对“33·8”大暴雨在现状下垫面情况下产洪产沙量估算的一次新的尝试。

(4)从无定河流域早期和现阶段发生的特大暴雨来看,受制于无定河流域特定的产流模式,大的环境没有发生根本性变化,一旦发生长历时、高强度大暴雨,流域若出现大范围水毁事件,必将会产生与早期下垫面类似的大洪水,也会刷新在近期下垫面下的常规暴雨产流模式。

二、研究成果的应用前景、社会经济效益及其他评价

该专题的开展通过选取无定河等有代表性的重点大中流域为研究对象,辨识暴雨产流产沙的降雨主导因子,建立不同时段的暴雨—洪水—泥沙关系模型,分析不同时段暴雨—洪水—泥沙关系及其变化规律;通过选取具有代表性的历史大暴雨进行重演,估算在现状下垫面条件下的产水产沙量,为黄河流域多尺度洪水泥沙产输机制及未来水沙预测提供技术支撑,是黄河流域水沙变化机制与趋势预测的基础。该项研究是黄河及黄河水文的“三基本”(基本情况、基本资料、基本规律)研究,研究的成果可为分析黄河水沙变化规律、水土保持减水减沙效益,以及洪水泥沙预报研究等服务,还将促进我国水土保持学、水文学、环境科学、信息科学的交叉渗透和发展,促进黄河水沙调控新理论及新技术的产生和发展,为我国水土保持生态工程建设提供理论基础和技术支撑,从而产生巨大的经济效益和社会效益。

第四节 存在问题及建议

一、存在问题

由于水利水保工程和气候因素的共同影响,再加上水沙监测站网密度有限性的制约,使我们所面对的研究对象情况极为复杂。通过近四年的攻关研究,只是向着目标有了很大的迈进,但存在的问题仍然很多,主要有以下几点:

一是雨量监测站网密度太稀。由于黄河中游河口镇—龙门区间(简称河龙区间)处于半干旱半湿润地区,降雨的局地性很强,暴雨空间分布差异极大,雨量站网就显得太稀,因而使降雨、径流、输沙间的关系难以模拟。

二是水沙监测站网密度太稀。由于河龙区间存在黄土丘陵沟壑区、风沙区、盖沙区、土石山区等多样性的地貌单元,按照为干流洪水预报和水资源量监测布置的站网,这对产流产沙规律及水沙关系的分析带来很大的难度。

三是因子引入难度大。早期的雨量站不仅少,而且观测间隔时段长,为雨强变化研究带来一定难度。要研究水利水保工程对暴雨洪水的影响,早期受水利水保工程干扰较少时期的降水、径流、泥沙观测资料是水文法(建模)中最宝贵的资料,但就是这最宝贵的资料,也存在先天的不足。由于站网密度稀容易漏掉暴雨中心,又由于早期是几段制观测,其计算雨强与现代自计雨量计观测资料的计算雨强存在“资料源”的差异,为模型中引入雨强带来了困难。

二、建议

根据本专题研究中遇到的问题，建议继续进行“十三五”重点研发计划滚动研究，并有望在以下几方面进行改进：

一是在雨强因子的处理上，按次洪过程摘录计算次雨量，用中心区 2~3 个雨量站降雨时间平均作为次雨历时，从而增强所计算雨强的稳健性，为增强雨强在模型中的相关性打下基础。

二是适当增加建模系列中中小洪水的点据。在过去的建模中，一般比较注意大中洪水的摘录及模拟，使得连续枯水段模拟值往往偏大。若多关注中小洪水，可使所建模型更能适应像 1997 年以来处于长时期大中暴雨偏少的情景，使计算结果更符合实际。

三是开展雨量站网密度变化对暴雨统计特征值影响研究。在暴雨局部性极强的黄河中游地区，站网密度的差异必将影响暴雨统计特征，特别是暴雨中心区雨量、雨强等特征。通过在雨量站网密度较大的典型流域开展研究，建立不同站网密度与统计量间的关系，分析不同站网密度所带来的统计误差，为评估计算结果误差和站网规划服务。

四是继续深化各支流在不同地貌单元下降雨、径流和泥沙之间的内在联系和规律。

第二章　研究区概况

第一节　自然环境

一、黄河流域概况

黄河流经青海、四川、甘肃、宁夏、内蒙古、陕西、山西、河南、山东等九省(区),干流河长5 464 km,流域面积79.5万km^2(包括内流区4.2万km^2),流域面积大于1 000 km^2的支流有76条(见图2-1)。黄河上游大部分属青藏高原,是水量的主要来源区;中游绝大部分属黄土高原区,水土流失严重、生态环境脆弱;下游两岸地区属黄淮海平原,河道高悬于两岸地面之上,两岸堤防是下游防洪安全的重要保障。黄河流域地貌见图2-1。

图2-1　黄河流域地貌

黄河具有"水少沙多,水沙关系不协调"的突出特点。流域年均降水量447 mm,其中6~9月占61%~76%,西北部分地区年降水量只有200 mm左右。黄河多年平均天然径流量535亿m^3(1956~2000年系列,利津站),天然沙量16亿t(1919~1960年,陕县站),黄河水量的56%来自兰州以上,而90%的泥沙来自头道拐至三门峡区间。全年60%的水量和80%的沙量来自汛期,而汛期泥沙又主要集中来自几场暴雨洪水。

截至2019年底,黄河水利委员会水文局下设水文站共145处,其中:基本水文站118处、渠道站18处、省界站7处、水沙因子实验站2处,水位站93处、雨量站891处、蒸发站共37处。

二、黄土高原概况

黄河流经世界上水土流失面积最广、侵蚀强度最大的黄土高原,总面积64万km^2,其中水土流失面积达45.17万km^2,多年平均输沙量16亿t(1919~1960年),平均含沙量35 kg/m^3,是世界大江大河中输沙量最大、水流含沙量最高的河流。由于长期泥沙淤积,黄河下游河道成为著名的"地上悬河",河床普遍高于两岸地面4~6 m,高的达12 m。

黄土高原西高东低,陇中黄土高原海拔一般为1 800~2 000 m,部分山岭高于3 000 m;陇东黄土高原海拔一般为1 400~1 600 m;陕北黄土高原海拔一般为1 200~1 400 m;高原内沟谷纵横。高原以西,山脉走向以北西向为主,主要有拉脊山、祁连山和南华山等;中部和东部多为中山,南北走向分布,有六盘山、子午岭和吕梁山等。黄河干流自兰州进入黄土高原后,蜿蜒曲折,流路多变,并汇集了众多的支流。陇中黄土高原上的支流在黄河两岸不对称,呈直角状分布,陇东黄土高原和陕北黄土高原支流密度大,黄河两岸均有分布,支流多呈树枝状。黄河流域黄土高原地理位置见图2-2。

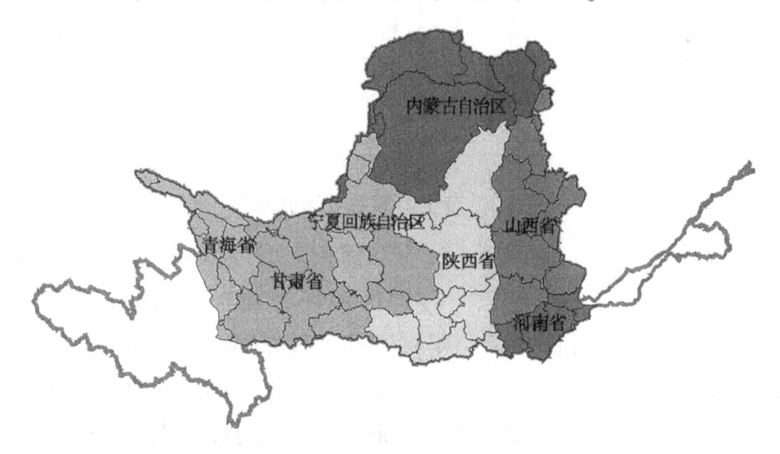

图2-2　黄河流域黄土高原地理位置

黄土高原属半干旱大陆性季风气候区,受纬度和区域地形及环境的影响,黄土高原降水量地区差异很大,多年平均降水量从西北向东南呈递增趋势。降水量的年际变化一般较大。黄土高原降水量年际变化有一定的周期性,一般丰水年与枯水年以4~7年到6~8年为周期交替出现。由于受大陆性季风气候的影响,黄土高原年内降水量丰、枯季节亦十分明显,雨季多集中在7~9月。黄土高原降水高度集中,多以暴雨形式降落,一年中的降水量仅在几次大暴雨就可能降下全年水量的50%以上。

黄土高原区内涉及的主要支流有洮河、湟水、庄浪河、祖厉河、清水河、苦水河、浑河、杨家川、偏关河、皇甫川、清水川、县川河、孤山川、朱家川、岚漪河、蔚汾河、窟野河、秃尾河、佳芦河、湫水河、清凉寺沟、三川河、屈产河、无定河、清涧河、昕水河、延水、汾川河、仕望川、州川河、鄂河、汾河、泾河、北洛河、渭河、伊洛河、沁河等37条支流,以及内蒙古的"十大孔兑"。黄河及其大小支流,以及这些支流形成的沟谷,将高原的厚层的黄土侵蚀、切割成支离破碎的黄土塬、黄土梁和黄土峁,"塬""梁""峁"是构成黄土高原内部河谷之间的主要地貌形态,是黄土高原特有的地形(见图2-3)。

黄土高原是我国乃至全世界水土流失最严重的地区,严重的水土流失不仅影响当地经济社会发展,危害生态环境,而且大量的泥沙输入黄河,造成河道淤积抬高,形成"悬河",危及黄河防洪安全。根据1990年公布的全国土壤侵蚀遥感普查资料,黄土高原水土

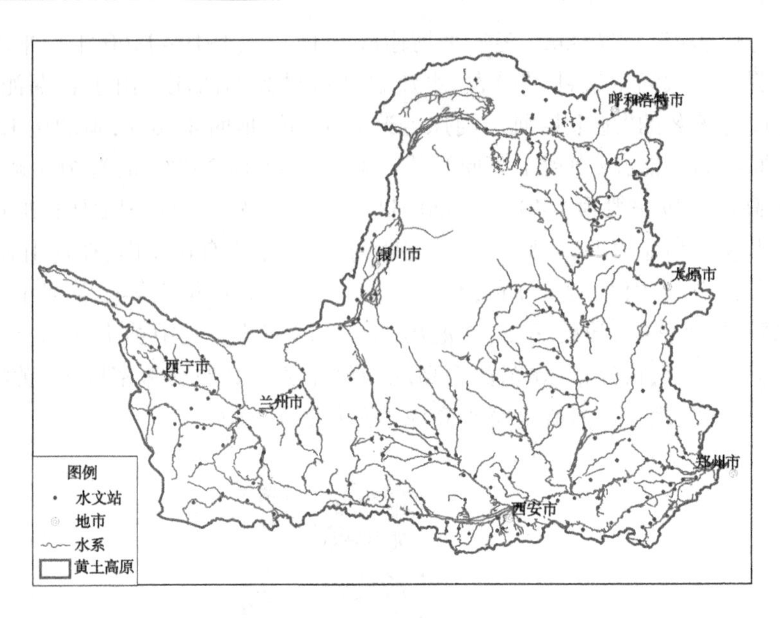

图 2-3 黄土高原主要河流水系

流失面积 45.4 万 km²,占黄河流域水土流失总面积 46.5 万 km² 的 98%。其中,侵蚀模数大于 8 000 t/(km²·年)的极强度以上侵蚀区面积为 8.51 万 km²,占全国同类面积的 64.1%;侵蚀模数大于 15 000 t/(km²·年)的剧烈侵蚀区面积为 3.67 万 km²,占全国同类面积的 89%,多年平均入黄泥沙达 16 亿 t。黄河流域西北黄土高原区(涉及丘陵沟壑区、高塬沟壑区)侵蚀沟道共 66 万余条,其中 1 000 m 以上的侵蚀沟道 14 万余条,约占侵蚀沟道总数的 22%。

三、河龙区间重点泥沙来源区

河龙区间是黄河中游三大暴雨洪水来源区之一,也是黄河泥沙,特别是粗泥沙的主要来源区。黄河中游 7.86 万 km² 的多沙粗沙区,有 76.2%的面积在河龙区间,黄河中游 1.88 万 km² 的粗泥沙集中来源区全部在该区。由于该区严重的水土流失,带来大量的入黄泥沙,特别是粗颗粒泥沙,使得泥沙淤积问题成为黄河治理的症结和关键所在。

河龙区间流域面积 11.16 万 km²,仅占黄河流域面积的 14.8%,该区产生的径流量为 73.7 亿 m³(1950~1969 年),仅占黄河河川径流量(580 亿 m³)的 12.7%,同期产生的悬移质输沙量为 9.94 亿 t,占同期龙门、华县、河津和洑头四站输沙量(17.43 亿 t)的 57.0%,粒径大于或等于 0.05 mm 和 0.1 mm 的粗泥沙分别为 3.14 亿 t 和 0.92 亿 t,分别占四站(4.56 亿 t 和 1.27 亿 t)的 68.9%和 72.4%,可以看出该区在黄河流域所占面积较小、来水量也不多,可泥沙却不少,特别是粗泥沙更突出。同时该区也是历年水沙变化及洪水泥沙分析的重点区域,本次洪水泥沙分析的支流主要是粗泥沙集中来源区涉及的重点支流。

四、重点支流

(一)皇甫川流域

1. 支流概况

皇甫川流域发源于内蒙古自治区准格尔旗的点畔沟,自西北流向东南,在陕西省府谷县下川口村注入黄河。干流长 137 km,河道平均比降 2.66%,位于东经 110°18′~111°12′,北纬 39°12′~39°54′,总面积 3 246 km^2。

流域位于毛乌素沙漠向黄土高原的过渡地区,海拔一般为 1 000~1 400 m,属黄土丘陵沟壑区。河谷川台和丘陵沟壑为基本地貌类型,其中丘陵地貌分为黄土丘陵、沙质丘陵、砾质丘陵三个亚地貌类型。红色和青色易侵蚀岩分布最广,岩质松软,极易风化形成泻溜,尤其是粉砂质页岩,手捏即碎,遇水迅速崩解,也称为砒砂岩。河床覆盖层为中细砂,二级阶地上部为松散的亚砂土,中部为河流冲积、洪积砂砾石层,下部则为砂岩和粉砂岩互层,夹有砂质和泥质页岩。

流域干流河谷宽一般为 1~3 km,河道弯曲,川地交错分布于两岸,高出河床 5~10 m。西半部及十里长川以东地区黄土覆盖厚度达 100 m 左右,残留有较宽的梁峁,地面坡度在 6°以下,除部分被垦为耕地外,多为天然草场。上游纳林川与十里长川之间,由于长期开荒及过度放牧,天然植被遭到破坏,表土沙化。纳林川西岸虎石沟以北地区,地形破碎,黄土覆盖较薄,有的已全部流失,砂岩裸露,风化强烈。

流域属大陆性气候。年平均气温自西北向东南由 6 ℃增大到 9.1 ℃,流域内极端最高气温 38.3 ℃、极端最低气温-30.9 ℃,日照时数 2 895~3 117 h,年蒸发量 2 100 mm,平均相对湿度 54%,无霜期 145~177 d。年平均风速自西北向东南由 2.5 m/s 减少到 1.5 m/s,最大风速 17.2 m/s,全年 6 级风的日数 26 d,沙暴日数 5~10 d。冬季多北风和西北风,风力可达 6~8 级。

流域风大沙多,干旱少雨,多年平均降雨量自西北向东南由 375 mm 增大到 453.5 mm,汛期(6~9 月)平均降水量 250.5~311.1 mm,年最大降水量 636.5 mm,最小降水量 142.5 mm,汛期降水量占全年降水量的 63%~69%,且降雨多以暴雨形式为主,暴雨历时短、强度大、雨区集中、突发性强,暴雨中心多出现在西北部。汛期径流量占全年径流量的 82.6%,最大实测洪峰流量 11 600 m^3/s,最小实测洪峰流量 162 m^3/s,洪水峰量高,历时短,暴涨暴落。多年平均径流量 15 360 万 m^3,径流深 48.0 mm。每年 80%~90%的洪水发生在 7~8 月,其中 2/3 的洪水集中在 7 月下旬至 8 月上旬。流域降雨相对较少,汛期降雨又集中,沟道拦蓄工程较少,所以水资源利用率低,局部地方人畜饮水还相当困难。河川径流显著特点是年际、年内分配差异大,洪枯水量悬殊,用水期供需矛盾特别突出。

流域水沙具有含沙量高、年际年内分配不均、粗泥沙比例大等特点,据皇甫站实测资料,流域多年平均径流量 1.536 亿 m^3,多年平均输沙量 5 050 万 t,汛期输沙量占全年输沙量的 98.8%,洪水输沙量占全年输沙量的 98.6%,多年平均含沙量 315 kg/m^3,最高含沙量 1 570 kg/m^3,洪水期平均含沙量 560 kg/m^3,是黄河粗泥沙的主要来源地之一。

2. 地貌类型

皇甫川地貌类型主要分为两种:黄土丘陵沟壑区和台状土石丘陵区。黄土丘陵沟壑区主要分布在流域下游,黄土以粉砂为主,孔隙度大,面积为 203 km^2,占总面积的 6.2%。

台状土石丘陵区即砒砂岩区,主要分布于干流纳林川上游及十里长川,其特点是胶结程度差,伴有结核构造,易风化,面积为 3 043 km^2,占总面积的 93.8%。

(二)窟野河流域

1. 支流概况

窟野河发源于内蒙古自治区东胜区的巴定沟,流经伊金霍洛旗和陕西省府谷县,于神木县沙峁头村注入黄河。干流长 242 km,流域面积 8 706 km^2(内蒙古自治区 4 658 km^2,陕西省 4 048 km^2)。上游叫乌兰木伦河,在神木县房子塔村与牸牛川汇流后称窟野河。流域地势西北高、东南低,海拔从 1 635 m 降为 885 m。窟野河干流中上游和支流牸牛川的河谷,除转龙湾、古城壕有局部峡谷外,其余均较开阔,一般宽 1~1.5 km,个别河段达 2~3 km。河滩多为砂砾石,河道宽浅平坦,无明显的固定河槽。下游河谷狭窄,岩石裸露,多悬崖陡壁。主要支流有牸牛川、考考乌素沟等。

流域地质构造属于鄂尔多斯台向斜间歇性的缓慢抬升地区,是榆林凹陷与东胜区隆起的过渡带,同时是毛乌素沙地、库布齐沙漠与黄土高原的过渡地区,总的地势西北向东南倾斜,与区内河流流向一致。

地表组成物质主要为黄土、砒砂岩、沙盖黄土、砾石基岩。沙质丘陵区由于沙漠南移,地表植被破坏后形成流动和半固定沙丘,地形波状起伏,坡度较缓,砾质丘陵区白垩系砂砾岩出露,胶结程度差,伴有结核构造,易风化;中游地区为侏罗系砂岩或页岩,岩石完整,风化不严重;下游岩石出露 100 m 以上,一般为三叠系灰绿色砂岩,风化较严重。中上游河谷开阔,漫滩及一级阶地发育,滩面较平,下游地形破碎,坡陡沟深,呈深切峡谷。

流域内岩石强度较低,易风化。基岩上部为红土、红色土与黄土。土层厚度自上游到下游递减,愈近黄河土层愈薄,沟谷切割愈深,基岩出露也愈多。

流域地处内陆腹地,属干旱、半干旱大陆性季风气候。冬季严寒漫长,夏季炎热而短促,冬春干旱多风沙,秋季(七八月)暴雨集中。多年平均气温 7.2 ℃,1 月与 7 月气温相差 32.8 ℃,极端最低气温-32.6 ℃,极端最高气温 39.0 ℃,昼夜温差大;≥10 ℃的积温 2 540~3 350 ℃。无霜期 135~174 d,年日照总时数为 2 740~3 150 h。多年平均水面蒸发量 1 200~1 500 mm;秋末冬初盛行西北风,最大风速 28.7 m/s,年平均沙尘暴日数 27 d,最多达 72 d。严重的旱灾、风灾、洪灾等自然灾害,导致了该区严重的水土流失和恶劣的生态环境。

流域径流洪水特征为年际年内变化大,基流小;洪水突发性高,陡涨陡落。流域多年平均降水量 386 mm,最大年降水量 670 mm(1967 年),是最小年降水量 118 mm(1965 年)的 5.7 倍,汛期(6~9 月)降水量占年降水量的 78.7%,且多以暴雨形式出现。由于受地理条件和西风带、西太平洋副热带高压两大天气系统的影响,该区域是我国高强度暴雨多发地区之一,窟野河又是该区最大的暴雨中心,出现大于 100 mm 日点雨量暴雨频次为 0.35 次/年,暴雨最明显的特征是历时短、覆盖面积小、强度大。总的来说,流域内降水量自南至北递减。输沙量年内分配较集中,年际变化大,输沙主要集中在汛期,汛期又集中在几场暴雨洪水。

流域土壤瘠薄,结构松散。各类型土壤差异明显,西北部乌兰木伦河、牸牛川两岸砾质区以栗钙土、粗骨土为主,沙质区则为风沙土;东南部黄土丘陵区主要是黄土性土壤及红土性土壤,梁峁顶多为绵沙土或黄绵土。

流域植被稀疏,抗水蚀、风蚀能力差,且由于开荒、开发建设等人类活动,局部植被遭到严重破坏。

流域内矿产资源丰富,主要有煤炭、石英沙、石灰石、黄铁矿、铝钒土等。著名的神府东胜区煤田横跨流域中部,预测总储量近 9 000 亿 t,为少有的特大煤田之一。流域的开发建设活动主要集中在神府东胜矿区,位于流域中上游,矿点主要集中在窟野河一级支流乌兰木伦河两岸。

2. 地貌类型

流域经第三纪末以来的新构造运动塑造和长期的风力、水力切割,形成了流域西北部风沙丘陵、东北部砾质丘陵和南部黄土丘陵的地貌景观。根据窟野河流域地貌特点,将流域分为沙地草原区、台状土石丘陵区和黄土丘陵沟壑区三种地貌类型。黄土丘陵沟壑区占总面积的 31.4%,台状土石丘陵区占总面积的 40.4%,沙地草原区占总面积的 28.2%。

乌兰木伦河哈巴格希乡和宋家岔镇之间的两岸以及牸牛川纳林陶亥乡以南属风沙区和干燥草原区,沙丘沙梁连绵,土地宽阔平缓,草滩海子较多,地下水较丰富。牸牛川大柳塔以东和窟野河中下游为黄土丘陵沟壑区,梁峁起伏,沟壑纵横。全流域风蚀、水蚀均较严重,是黄河中游粗颗粒泥沙的主要来源区之一。

(三)孤山川流域

1. 支流概况

孤山川流域位于东经 110°34′~111°04′,北纬 39°02′~39°26′,地处库布齐沙漠和黄土高原接壤地带,涉及陕西省府谷县、内蒙古自治区准格尔旗 12 个乡(镇)145 个行政村。流域海拔 811.3~1 380.0 m,总面积 1 272 km^2,主河道长 79.4 km,平均宽度 21.2 m,平均比降 5.4‰。流域内沟壑纵横,支离破碎,沟壑密度为 5.58 km/km^2。

流域地质构造属于祁、吕、贺山字型构造马蹄形盾地的东翼与新华夏系第三沉降带的复合体,是鄂尔多斯台地向斜与吕梁复背斜的交汇地带,构造作用微弱,褶皱断裂少见,裂隙不发育,第四系风成黄土广布流域上下,基岩主要出露在河谷两岸及支沟底部,岩石风化壳常成为粗颗粒泥沙的主要来源。

流域自然环境严酷,气候恶劣,风多且大,降水少而集中。年均降水量 421.6 mm,77.8%以上的降水集中在汛期 6~9 月,最大年降水量为最小年降水量的 4.3 倍。暴雨历时短,强度大,雨区集中,多发突发性强,在高强度暴雨下导致超渗产流,加上坡陡沟深,支流密集,很容易形成洪峰尖瘦、暴涨暴落的突发性高含沙洪水。流域多年平均气温 8.1 ℃,最高气温 38.9 ℃,最低气温-24 ℃,多年平均日照时数 2 900 h。流域平均蒸发量 1 200 mm,干旱多风,年平均风速 2.6 m/s。

流域多年平均径流量为 8 457 万 m^3,平均径流模数为 6.7 万 m^3/(km^2·年)。径流年内分布不均匀,汛期径流量占 70%,非汛期径流量占 30%;径流量年际变化大。流域多年平均输沙量 2 139 万 t,输沙模数 1.69 万 t/(km^2·年),洪水输沙量 2 130 万 t,占全年输沙量的 99.6%。多年平均含沙量 264 kg/m^3,属高含沙水流。

2. 地貌类型

孤山川流域地貌类型主要分为两种:黄土丘陵沟壑区和台状土石丘陵区。其中台状土石丘陵区占总面积的20.8%,黄土丘陵沟壑区占总面积的79.2%。

(四)秃尾河流域

1. 支流概况

秃尾河流域位于黄土高原北部,地理坐标为东经109°57′~110°31′,北纬38°31′~39°01′,总面积3 294 km^2。流域干流发源于陕西省神木县瑶镇的宫泊海子,流经榆林市神木、榆阳、佳县三县(区),在佳县武家峁入黄河,是黄河中游河口镇至龙门区间水土流失最严重的多沙粗沙支流之一。

流域主沟道长139.6 km,沟道平均比降3.16%。地势西北高、东南低,海拔介于738~1 266 m,具有风沙区和黄土丘陵沟壑区第一副区的基本地形、地貌特征。共有支毛沟200多条,其中30~50 km长支沟2条,10~30 km长支沟15条,5~10 km长支沟16条,1~5 km长支沟21条,古今滩至凉水井区间分布支沟道占50%左右,左岸密、右岸疏。

流域属于大陆性季风半干旱气候,冬季寒冷干燥,夏季高温炎热。年均降水量394.5 mm,年均蒸发量1 500 mm。流域内降水集中在6~9月,降水量占全年降水量的76.98%,根据流域内多年气象资料统计,年最大降水量672.2 mm(1967年),最小降水量137.5 mm(1965年),降水分布总体趋势由西北向东南递增。年内最大降水月份一般出现在8月,最小降水月份出现在12月。多年平均气温8.5 ℃,极端最高气温38.9 ℃(1966年6月21日神木),极端最低气温-32.7 ℃(1954年12月28日榆林),大于10 ℃积温为3 797.7 ℃。每年8级以上的大风达20多d,多年平均风速2.0~3.6 m/s,瞬间最大风速可达26 m/s,多西北风,冬春季频繁出现大风和沙尘暴,是京津唐及华北地区沙尘暴的主要发源地之一。多年平均无霜期167 d,年日照数2 853 h。流域主要自然灾害有沙尘暴、干旱、冰雹和霜冻等。

据实测资料,高家川站多年平均径流量3.216亿m^3,变差系数C_v值为0.29,径流量年内分配不均,最大月份是最小月份的2.3倍。该区的暴雨历时短、强度大、雨区集中,在高强度暴雨下导致超渗产流,加上坡陡沟深、支流密集,很容易形成洪峰尖瘦、暴涨暴落的突发性高含沙洪水,是黄河中游产沙模数、输沙模数比较高的区域,泥沙多、颗粒粗,是黄河粗泥沙的主要来源地之一。

流域矿产资源主要有煤炭、石油、天然气、耐火土、陶土等,煤炭资源集中在神木县大保当乡境内。

2. 地貌类型

秃尾河流域地貌类型主要分为两种:黄土丘陵沟壑区和沙地草原区。其中,沙地草原区面积为2 037 km^2,占总面积的61.8%,主要分布在流域上游高家堡镇以上,呈现荒漠草原景观;黄土丘陵沟壑区面积为1 257 km^2,占总面积的38.2%,主要分布在高家堡镇以下,呈现黄土梁景观。

(五)佳芦河流域

1. 支流概况

佳芦河流域发源于陕西省榆林市,在佳县注入黄河,流域面积1 138 km^2。佳芦河在榆阳区境内称沙河川河，源于麻黄梁乡断桥村南，向东南流穿麻黄梁乡地，在安崖乡暖水沟村南入佳县境称为佳芦河。境内长 15 km，流域面积 137 km^2，常年流量 0.37 m^3/s，有小支流段家湾河等。

从源头起流经 30.2 km 进入佳县王家砭镇王寨村，该村以上称“上游”；王寨村至通镇称“中游”，地形开阔，比降小；通镇以下至木场湾村入黄河称“下游”，河床狭窄。河流全长 93 km，境内流程 62.8 km，有支毛沟 2 046 条，平均比降 6.28‰。

据实测资料，流域多年平均降水量 406.6 mm，多年平均流量 3.29 m^3/s，年平均输沙量 1 331 万 t，最大次洪水总量 3 800 万 m^3。最大洪峰流量 5 770 m^3/s，最大流速 11.4 m/s，最大洪水历时 13 h（1970 年 8 月 2 日）。

2. 地貌类型

佳芦河流域地貌类型主要分为两种：黄土丘陵沟壑区和沙地草原区。其中，沙地草原区占总面积的 11.7%，主要分布在王家砭镇以上的河道两岸；黄土丘陵沟壑区占总面积的 88.3%。

佳芦河流域地表组成物质为黄土和沙盖黄土，其中以黄土为主，约占流域面积的 99.6%。风沙土主要分布在流域中游左岸；剩余部分都分布着黄土。

（六）无定河流域

1. 支流概况

无定河是黄河中游一条较大的多泥沙支流，发源于白于山北麓陕西省定边县境，流经内蒙古伊克昭盟和陕西榆林、延安地区，于清涧县河口村注入黄河。流域面积 30 261 km^2，全长 491 km，其中水土流失面积 23 137 km^2。

流域干流河道分为三段：①从河源到鱼河堡为上游，河道长 291 km，平均比降 2.8%。②鱼河堡到崔家湾为中游，河道长 108 km，平均比降 1.4%。河道顺直开阔，谷底宽 300~2 000 m，川地较多，人口密集，农业发达。较大支流有大理河、淮宁河等。③崔家湾到河口为下游，是峡谷河段，河道长 92 km，平均比降 2%。河道迂回曲折，落差大，谷底宽 100~300 m。

流域属大陆性气候，冬春干寒，雨雪稀少；夏秋炎热，雨量较多。年平均气温 6~10 ℃，最高是 7 月，可达 40.1 ℃。春季 3~5 月多大风，最大风力可达 11 级，全年大于 8 级的大风日数为 13~46 d。无霜期 160~185 d，最短的只有 125 d。年平均降水量 350~500 mm，西北部少、东南部多，其中 60% 以上的雨量集中在 7~9 三个月，且多暴雨，一次暴雨量可达全年降水量的 40%。流域内经常干旱，1951~1972 年的 22 年间，大旱年有 3 次，即 1955 年、1965 年和 1972 年。

流域大规模治理前的水沙，据川口水文站 1957~1967 年实测平均年径流量为 15.35 亿 m^3，7~9 月三个月径流量占全年的 41%；平均年输沙量为 2.17 亿 t，7~9 三个月沙量占全年的 87.6%。一次洪水的产沙量可达全年产沙量的 50% 以上。水沙来源地区分配很不均匀，鱼河堡以上由于风沙区面积很大，水多沙少；干流赵石窑站与榆溪河榆林站以上，控制面积占全流域面积的 2/3，水量也占 2/3，而沙量只占 1/5；鱼河堡以下，全为丘陵沟壑区，水少沙多，面积占全流域面积的 1/3，水量也占 1/3，而沙量却占 4/5。

2. 地貌类型

无定河流域地貌类型主要分为两种：黄土丘陵沟壑区和沙地草原区。其中，沙地草原区占总面积的55.8%，黄土丘陵沟壑区占总面积的44.2%。沙地草原区主要分布在干流赵石窑以上及支流榆溪河和支流芦河靖边一带。

无定河流域水土流失严重，流域侵蚀类型以水蚀为主，重力侵蚀和风力侵蚀也十分活跃，中下游地区土壤侵蚀最严重；泥沙主要来自中下游地区。

（七）延水流域

1. 支流概况

延水发源于靖边县白于山赐湾周山，由西北向东南，流经志丹、安塞、延安，于延长县南河沟凉水岸附近汇入黄河，全长284.3 km，流域面积7 687 km^2，多年平均实测径流总量2.04亿m^3，平均比降3.29‰。

河道特征：上游山大沟深，坡陡谷窄，滩多水急，河床比降平均为4.4‰，下蚀强烈，河谷呈"V"字形，河道弯曲，仅大沟村至镰刀湾村之间14 km的距离就有72道弯，河床最窄处仅10 m左右。

真武洞至甘谷驿的中游，河谷开阔，呈"U"字形，河谷平均宽约800 m，最宽可达1 200 m，河流两岸阶地宽广平坦，支流众多。

甘谷驿至河口，河流深切基岩，构成谷窄岸陡、滩多水急的曲流峡谷。从火焰山到河口的20 km距离，两岸悬崖陡壁，谷宽只有20～30 m，逐渐变为线型河谷，著名的险滩有张家滩、阎家滩，跌差可达4～5 m。

流域地势西北高、东南低，地势形态明显地表现为三种类型。①河源至真武洞的上游，为峁梁丘陵沟壑区，梁多而峁小，河床比降大，植被稀少，侵蚀强烈，水土流失严重；②真武洞至甘谷驿的中游，为峁状丘陵沟壑区，梁窄峁小，河谷宽阔，阶地发育，侵蚀不如上游严重；③甘谷驿至河口下游，为破碎原区，塬面窄小，冲沟发育，水土流失不如中上游严重。

延水水系结构呈树枝状，主要支流有杏子河、平桥川、西川河、南川河、蟠龙川等，特别在中上游明显，河网密度为3.4 km/km^2，较大支流均分布在此段。下游支流短小，呈羽状水系。流域平均宽度为29 km，最大宽度80.2 km，河口段宽度最小，仅有7 km。

延水甘谷驿站多年平均径流量为2.04亿m^3，径流的年内分配是不均匀的，主要集中于夏季，夏季径流占年径流的51%～60%；冬季径流最少，只占年径流的6%～7%；秋季径流略多于春季。秋季径流从上游到下游增加，冬夏径流则相反。各年流量过程线明显地表现出夏汛突出、春汛不显，两汛之间有冬季枯水和夏季枯水。夏季枯水短暂，冬季枯水较长。最大月径流量一般出现在7月或8月，最小月径流量通常出现在1月。

延水流域水土流失严重，甘谷驿站多年平均输沙量3 970万t，多年平均含沙量194.6 kg/m^3，延安站实测最大含沙量1 300 kg/m^3（1963年6月17日），甘谷驿站实测最大含沙量为1 200 kg/m^3（1963年6月17日）。

延水水系洪水主要发源于白于山区，由于受地形及水汽来源的影响，暴雨走向大部分为西北东南向，基本与河流方向一致，暴雨常常笼罩比较长的河段。加之延水上游水系网呈扇形展布，容易造成洪水集中。干支流洪水经常发生相遇，如1917年、1933年、1944年、1977年几次大洪水，都与各支流洪水相遇有关。

2. 地貌类型

延水流域地貌类型主要分为三种：黄土丘陵沟壑区、黄土丘陵林区和土石山区。其中，黄土丘陵沟壑区占总面积的92.9%，黄土丘陵林区占总面积的2.0%，土石山区占总面积的5.1%。

第二节　水土保持防治

一、水土流失的危害及分布

强烈的土壤侵蚀使黄土高原的生态环境严重破坏，千沟万壑。黄土高原的沟壑密度一般为4~6 km/km^2，最大高达10 km/km^2。强烈的土壤侵蚀不仅使区内生态环境恶化，更由于大量泥沙注入黄河，从而使其成为世界上一条多泥沙河流。据统计，黄河的年平均输沙量为16亿t，其中4亿t淤积在下游河床，使河床每年淤高约10 cm。河南开封段已经高出开封城区达8 m，形成了“地上河”。由于河床不断抬高，河流泄洪能力逐渐降低，因而严重威胁着黄淮海平原的安全。

黄土高原土壤侵蚀强度的时空变化，是自然因素和人为因素区域差异的综合反映。就侵蚀量而言，在黄土高原并不是等值的，存在明显的地域分异，不同地区之间的侵蚀强度可相差数倍，乃至数十倍。黄河泥沙的主要来源区位于山陕狭谷的陕西北部和山西西部，以及渭河中上游，每年输入黄河泥沙达8亿t左右，占黄河总输沙量的1/2。

二、黄土高原水土流失防治

（一）治理措施得当

黄河流域黄土高原地区一直是我国水土保持工作的重点，对于该区的水土流失防治，经历了从典型示范到全面发展；从单项措施、分散治理到以小流域为单元、不同类型区分类指导的综合治理；从防护性治理到治理开发相结合，生态效益、经济效益、社会效益协调发展；从人工治理到人工治理与封育禁牧相结合，依靠大自然自我修复能力，水土保持生态建设进程加快。形成了统筹山水林田湖草系的治理理念，开展了以小流域综合治理、坡耕地整治、淤地坝建设、塬面保护、退耕还林还草等一系列国家水土保持重点工程为龙头带动黄土高原地区水土流失综合治理。

（二）治理阶段分明

中华人民共和国成立后，黄土高原水土流失治理过程主要分三个阶段。第一阶段，主要通过淤地坝、小流域综合治理等人工措施，达到增产拦泥的目的。特别是20世纪80年代，初步推广“户包治理小流域”，开创了“千家万户治理千沟万壑”的崭新局面，在长期实践中涌现出“山顶植树造林戴帽子，山坡退耕种草披褂子，山腰兴修梯田系带子，沟底筑坝淤地穿靴子”等治理模式。第二阶段，更加注重生态建设和环境保护，1997年后，按照党中央“再造一个山川秀美的西北地区”的号召，黄河流域率先实施“退耕还林（草）、封山绿化、以粮代赈、个体承包”政策，在条件适宜地区因地制宜地开展封育和保护，发挥植被的自我修复能力。第三阶段，党的十八大以后，生态文明、绿色发展理念引领水土流失高标准系统治理。以黄河水土保持生态工程、坡耕地整治、病险淤地坝除险加固和塬面保护等一系列国家水土保持工程为龙头,示范带动全面治理,“青山绿水”与“金山银山相融相生”,助力 250 多万人脱贫解困。

(三)治理成效显著

水土保持治理程度显著提高。经过几代人持续奋斗,黄河流域黄土高原水土保持累计投资 560 多亿元,已初步治理水土流失治理面积约 22.0 万 km^2,其中:修建梯田 5.5 万 km^2,造林 10.8 万 km^2,人工种草 2.2 万 km^2,封禁治理 3.5 万 km^2。建设淤地坝 5.9 万座,其中骨干坝 5 899 多座。经分析计算,中华人民共和国成立以来,黄土高原水土保持措施累计保土量 190 多亿 t,实现粮食增产 1.6 亿 t,累计实现经济效益 1.2 万亿元;水土保持措施年均减少入黄泥沙 4.35 亿 t,减少了黄河下游河道淤积,改善了流域的生态环境,改善了农业生产条件,提高了农业产量、增加了农民收入,显著推动了区域社会经济发展和进步。水力侵蚀面积较 1990 年减少了 1/3,强度以上水蚀面积较 1990 年减少了 60%。2018 年监测的黄土高原地区范围涉及青海、甘肃、宁夏、内蒙古、陕西、山西 6 省(区),总面积 57.46 万 km^2。根据 2018 年动态监测的成果,黄土高原地区现有水土流失面积 21.37 万 km^2,占区域总面积的 37.19%,与 2011 年全国第一次水利普查结果相比,黄土高原地区水土流失面积减少 2.15 万 km^2,减幅 9.13%。林草植被覆盖率普遍增加了 10~30 个百分点,其中水土流失最严重的河龙区间林草植被覆盖率已由 20 世纪 70 年代末的 23.3%增加到 2016 年的 55%。总体上看,黄土高原近一半的水土流失面积得到初步治理,主色调渐次由“黄”变“绿”,土壤侵蚀强度逐步下降,生态环境得到极大改善发展。原来跑水、跑土、跑肥的“三跑田”变成保水、保土、保肥的“三保田”,昔日山光水浊的黄土高原迈进山川秀美的新时代。

第三章 重点支流的遴选

众所周知,长期以来,由于黄土高原地区严重的水土流失,带来黄河下游泥沙的严重淤积,使得每年有16亿t泥沙进入黄河,其中约有1/4淤积在下游河道,使下游成为“地上悬河”。1996~2000年,由黄河水利委员会水文局、黄河水利科学研究院、陕西师范大学地理系、中国科学院地理研究所、内蒙古水利科学研究院和黄委会绥德水土保持科学试验站等单位联合完成了黄河水利委员会第二期水土保持科研基金项目“黄河中游多沙粗沙区区域界定及产沙输沙规律研究”,该项目界定出黄河中游多沙粗沙区的范围,面积为7.86万km^2,占河口镇至桃花峪区间总面积的22.8%,可产生的泥沙达11.82亿t,占中游输沙量的69.2%,其中粗泥沙($d \geq 0.05$ mm)量更多,达3.19亿t,占中游总粗泥沙量的77.2%,提出该区治理是减少黄河下游河道泥沙淤积的关键所在,对当时的黄河治理开发起到了积极的指导作用。尽管当时找到了7.86万km^2的多沙粗沙区,初步明确了黄土高原水土流失治理的重点,多沙粗沙区不仅是黄土高原水土流失最严重的地区,而且是生态系统最脆弱的地区,同时是治理难度最大、需要治理投入最多的地区。2004年,鉴于当地的经济发展水平,在国家投入主导治理资金时,地方提供配套治理投资的能力较弱,致使该地区治理的投入强度相对不足。为了进一步缩小治理范围,使黄河干流三门峡、小浪底水库和黄河下游河道尽快见到中游拦减粗泥沙的治理效果,启动了黄河中游粗泥沙集中来源区界定研究项目,该项目经过进一步分析论证,通过对黄河中游多沙粗沙区中不同模数级粗泥沙分布及产沙量的分析,界定出黄河中游多沙粗沙区内粗泥沙集中来源区,面积为1.88万km^2,在黄河中游呈“品”字形分布,涉及三大片,最大的一片在皇甫川—佳芦河区间,第二片在无定河的芦河、大理河,延水和清涧河上游一带,第三片在无定河下游。其中,黄河中游粗泥沙集中来源区涉及11条支流,面积1.72万km^2(见图3-1),其他区域0.16万km^2。

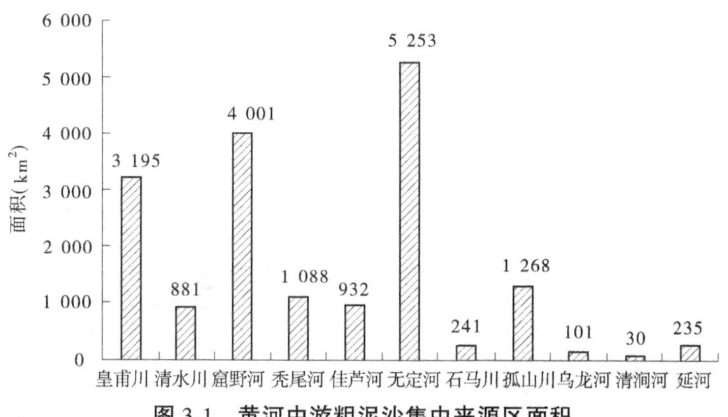

图3-1 黄河中游粗泥沙集中来源区面积

本次重点支流的选择一是考虑粗泥沙集中来源区涉及的支流;二是具有水文站控制

的较大支流；三是能够代表不同地貌单元和下垫面植被类型的支流。综合确定了本专题研究的典型支流包括产沙剧烈变化区域的皇甫川、窟野河、孤山川、秃尾河和大理河（均为丘1区），以及植被恢复显著区域的延水流域（植被恢复显著区域，丘2区）6条支流。

第四章　主流水沙变化突变点的辨析

第一节　划分方法

一、双累积曲线法

双累积曲线(Double Mass Curve,简称 DMC)法是目前用于水文气象要素一致性或长期演变趋势分析中最简单、最直观、最广泛的方法。它最早由美国学者 C. F. Merriam 在 1937 年用于分析美国 Susquehanna 流域降雨资料的一致性。Searcy 等系统介绍了双累积曲线基本理论基础及其在降雨、径流、泥沙量序列长期演变过程分析中的应用，进一步推动了双累积曲线在水文气象(降雨、地表水及地下水变化)资料校验,人类活动(城市化过程、水土保持、水库、森林采伐等)对降雨、径流及输沙量的影响等方面的广泛应用。河道内的径流量及输沙量的变化受控于降水量变化，但同时叠加了人类活动的影响,为了消除(这种消除也是有限地)降水量变化所引起的影响,进而显现人类活动的作用，双累积曲线方法已成为一种常用的有效方法。

双累积曲线建立的基本方法：设有两个变量 X(参考变量或基准变量)及 Y(被检验变量),在 N 年的观测期内,有观测值 X_i 及 Y_i,其中 $i=1,2,3,\cdots,N$。首先对变量 X 及变量 Y 按年序计算各自的累积值,得到新的逐年累积序列 X_i'及 Y_i',其中 $i=1,2,3,\cdots,N$,即

$$X_i' = \sum_{i=1}^{N} X_i \tag{4-1}$$

$$Y_i' = \sum_{i=1}^{N} Y_i \tag{4-2}$$

然后，在直角坐标系中绘制两个变量所对应点累积值的关系曲线。绘制的曲线图一般以被检验的变量为纵坐标(Y 轴)、参考变量或基准变量为横坐标(X 轴)。在分析径流量及输沙量的变化时,径流量或输沙量即为被检验变量,降雨量则为参考(基准)变量,等等。观察图 4-1,如果被检验或校正变量没有发生系统偏差,那么累积曲线为一条直线(图 4-1 中的线 A 及其延长线 A'),如果发生偏离,则如图 4-1 中的线 C(上偏表示增加)或线 B(下偏表示减小)所示。例如,对径流量与降雨量的双累积曲线,观察直线斜率的变化过程,如果直线斜率没有明显偏离,说明人类活动对河川径流量无显著影响;反之,则说明人类活动有显著趋势性影响。斜率发生显著改变的点对应径流量开始发生显著变化的年份。若曲线向上偏离(见图 4-1 中的线 C,则说明人类活动使河川径流量增大;若曲线向下偏离(见图 4-1 中的线 B),则说明人类活动使径流量减小。与线 A 的延长线 A'偏离越大,则说明人类活动的作用强度愈大。

双累积曲线法的基本原理是利用累积降雨量与累积径流量(或与累积输沙量)曲线

斜率变化来分析水沙变化趋势,曲线斜率的变化表示单位降雨量所产生的径流量和输沙量的变化。如果斜率发生转折,则认为人类活动改变了流域下垫面的产水产沙水平,从而判断水沙突变点。

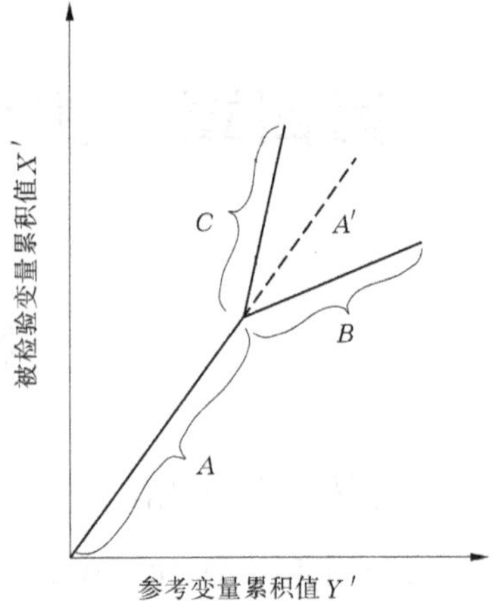

图 4-1 双累积曲线示意图

在黄河流域水沙变化的研究中,以往对水沙突变点的寻找大多采用的是降雨、径流、泥沙双累积曲线相关分析法,它是根据曲线指示的曲线转折和流域治理进展的实际情况,确定流域的水沙转折点,图 4-2 是皇甫川流域年降雨、径流、泥沙双累积曲线,从图 4-2 中可以看出,累积径流量中,存在 1959 年、1968 年、1979 年、1997 年和 2012 年 5 个转折点,累积输沙量中,似乎又存在 1961 年、1968 年、1997 年和 2004 年等 4 个转折点,尽管累积径流量和累积输沙量的变化趋势基本是一致的,但累积径流量和累积输沙量不仅存在的转折点数量不等,且转折点也并非完全相同,这样一来,究竟哪一年能作为流域水沙的突变点不仅要凭人工综合判定,而且不同的人判定的结论也大不一样,从长系列来看,也难以从给出皇甫川流域是从哪一年真正开始发生突变的。

同理,窟野河、孤山川、秃尾河、佳芦河、延水和无定河也同样出现多个转折变化点(见图 4-3~图 4-8),从长系列来看,也难以给出像皇甫川流域是从哪一年真正开始发生突变的问题。同时,逐年检验发生突变又给检验带来更多的困难。

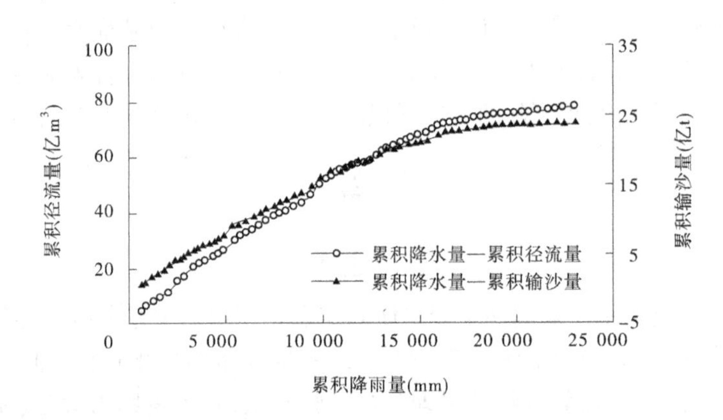

图 4-2 皇甫川流域累积降雨量与累积径流量和累积输沙量的关系

二、MWP 检定法

MWP(Mann-Whitney-Pettitt)检定法是无母数统计中的一种统计方法,该方法不受限于资料母群体的分布,而可应用于各种概率分布数据分析,故又可称为与分布无关的统计方法。

MWP 检定法是 Pettitt 在 1979 年提出的一种非参数统计检验方法进行统计检验分

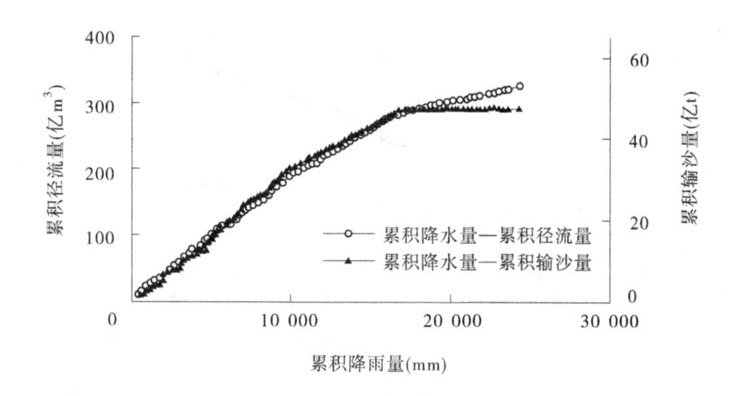

图 4-3　窟野河流域累积降雨量与累积径流量和累积输沙量的关系

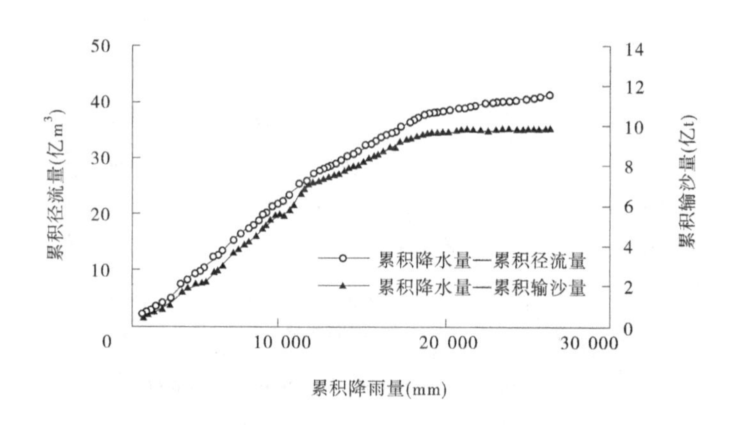

图 4-4　孤山川流域累积降雨量与累积径流量和累积输沙量的关系

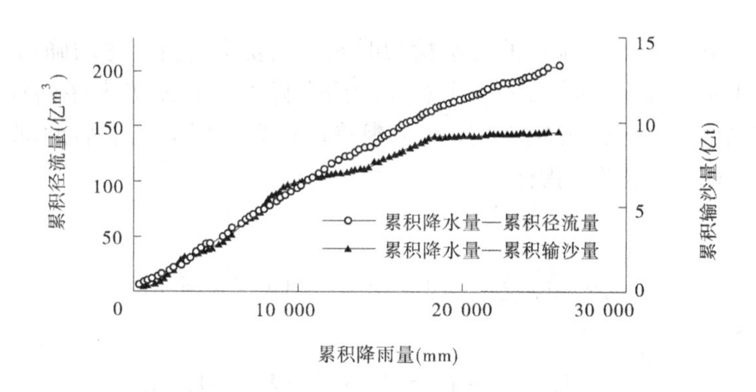

图 4-5　秃尾河流域累积降雨量与累积径流量和累积输沙量的关系

析。它是根据时间序列资料找出突变点，并检定该点前后段资料之累积分布函数是否有

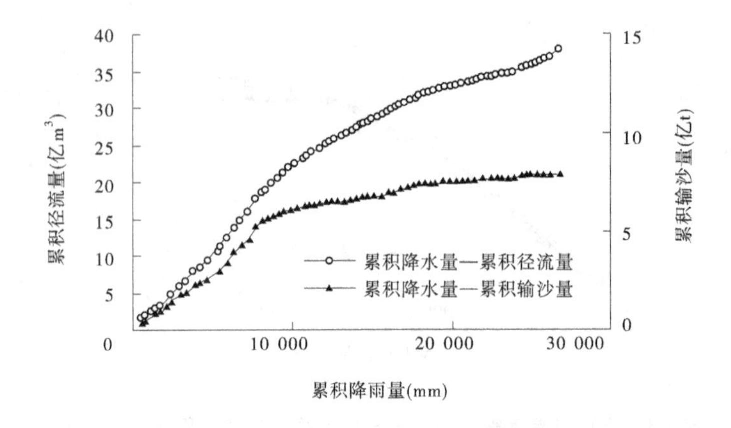

图 4-6　佳芦河流域累积降雨量与累积径流量和累积输沙量的关系

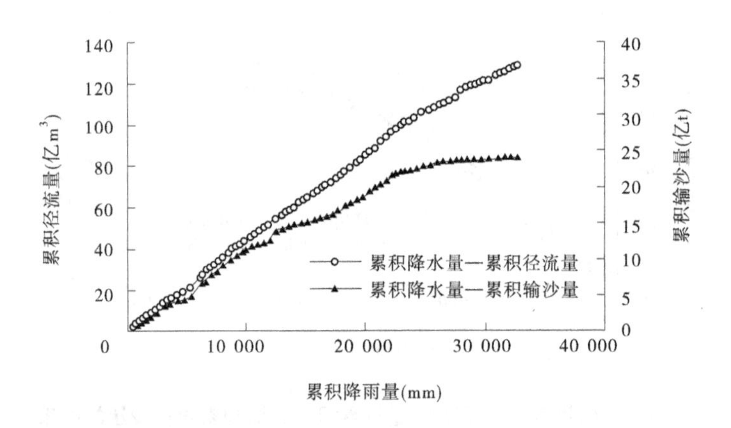

图 4-7　延水流域累积降雨量与累积径流量和累积输沙量的关系

显著的差异。其核心是通过统计的方法检验时间序列要素均值变化的确切时间来确定突变变化的确切时间。本质是检验同一个总体的两个样本。假设 T 为序列资料长度，先假设序列中最可能的变化点为 t 时刻，因此考虑将该序列资料分成前后两部分，$X_1, \cdots, X_t$ 和 $X_{t+1}, \cdots, X_T$。Pettitt 定义一指标：

$$U_t = \sum_{i=1}^{t} \sum_{j=t+1}^{T} \operatorname{sign}(X_i - X_j) \quad (1 \leqslant t \leqslant T) \tag{4-3}$$

其中：

$$\operatorname{sign}(X_i - X_j) = 1 \quad (X_i - X_j > 0)$$
$$\operatorname{sign}(X_i - X_j) = 0 \quad (X_i - X_j = 0)$$
$$\operatorname{sign}(X_i - X_j) = -1 \quad (X_i - X_j < 0)$$

由 $|U_t|$ 的最大值来确定可能发生的突变点位置。MWP 检定法检定序列资料时，依据顺序统计量的理论，进而引用 K-S 两样本检定，检定两样本累积分布函数的最大差值

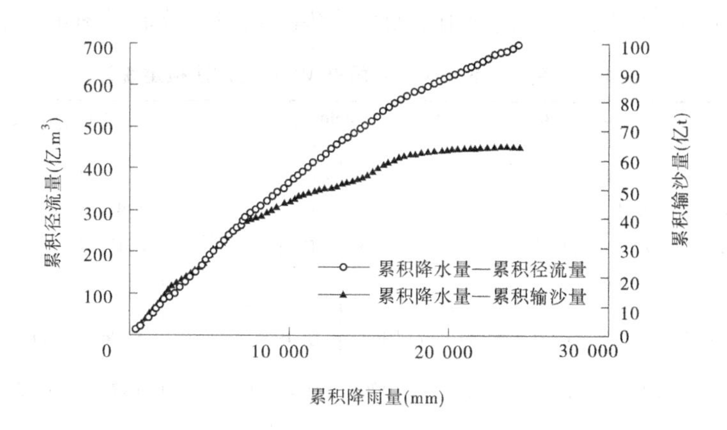

图 4-8　无定河流域累积降雨量与累积径流量和累积输沙量的关系

所求算得累积概率如式(4-4)所示,即为该序列资料中,由 $|U_t|$ 的最大值找到可能发生突变点位置下的累积概率(P)。

$$P(K_T \leqslant \alpha) = 1 - \exp\left[\frac{-6K_T^{\ 2}}{T^3 + T^2}\right] \tag{4-4}$$

其中:

$$K_T = \max_{1 \leqslant t \leqslant T} |U_t|$$

若累积概率 P 值越接近 1,则存在突变点的趋势越明显。若令 α 为置信度,当 $P>P_\alpha$(α 为置信度)时,则表示存在突变点的趋势明显。

选用各支流建站以来到 2016 年的降雨、径流深、输沙模数为基础资料,

判定指标:看累积概率(P)值的大小,若 $P>P_\alpha$ 则表示存在突变点;反之,表示未出现突变点。若累积概率 P 值越接近 1,则说明存在突变点的趋势越明显。当 P 值大于 $P_{0.05}$ 时,表示存在显著性突变点;当 P 值大于 $P_{0.01}$ 时,表示存在极显著性突变点。

为了消除降雨因素的波动,选取年径流系数(径流量/降雨量)和产沙系数(输沙量/降雨量)为判定因子,判断年径流系数和产沙模数最早发生的突变年份作为早期的突变点,在突变点之后,再次进行判定出的突变点作为近期发生过的突变点,将每条支流分别划分为早期、中期和近期三个阶段。

第二节　划分结果

一、降雨突变点分析

统计各支流的年、汛期(6~9 月)以及主汛期(7~8 月)的降水量的累积概率,年降水量累积概率范围为 0.20~0.80,汛期降水量累积概率范围为 0.24~0.87,主汛期降水量累积概率范围为 0.18~0.88,经分析各支流由 MWP 检定法检定降雨量均未达到任何的显著水平,降水量没有表现出明显的趋势变化现象(见表 4-1)。皇甫川皇甫水文站和秃尾

河高家川水文站年、汛期和主汛期降雨量变化趋势的 Pettitts 检验见图 4-9~图 4-14。

表 4-1 各支流不同时期降雨量 MWP 检定法检定统计

河名	水文站	全年			汛期(6~9 月)			主汛期(7~8 月)			判析突变点(年)
		突变点(年)	最大 P 值	结果	突变点(年)	最大 P 值	结果	突变点(年)	最大 P 值	结果	
皇甫川	皇甫	1961	0.40	O	1961	0.49	O	1996	0.62	O	—
孤山川	高石崖	1961	0.54	O	1970	0.49	O	1970	0.76	O	—
窟野河	温家川	1961	0.25	O	1979	0.40	O	1996	0.51	O	—
秃尾河	高家川	1971	0.80	O	1971	0.86	O	1971	0.88	O	—
佳芦河	申家湾	1970	0.71	O	1970	0.87	O	1970	0.88	O	—
无定河	白家川	1964	0.25	O	1964	0.24	O	1979	0.31	O	—
延水	甘谷驿	1985	0.20	O	1985	0.34	O	1982	0.18	O	—

注:O:接受 H_0, X: 拒绝 H_0; H_0:假设无突变点。

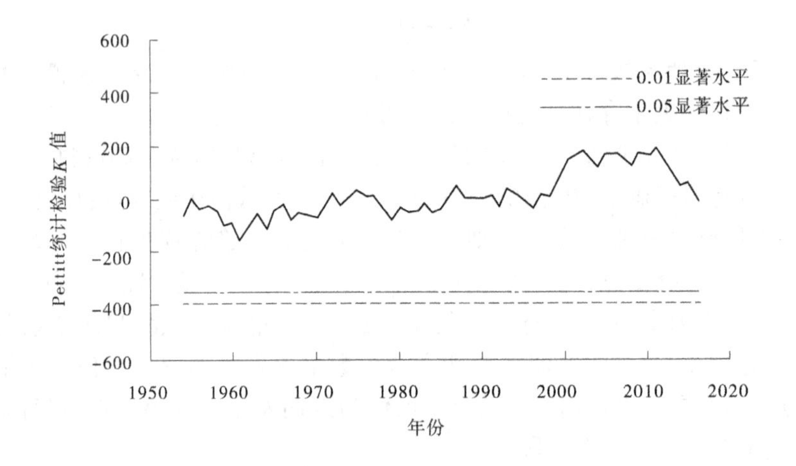

图 4-9 皇甫川皇甫水文站年降雨量变化趋势的 Pettitts 检验

二、径流深突变点的判析

统计各支流的年、汛期(6~9 月)以及主汛期(7~8 月)的径流深的累积概率,年、汛期和主汛期径流深累积概率范围为 0.99~1.00,经分析各支流由 MWP 检定法检定径流深均达到 0.01 信度的显著水平,径流深表现出明显的趋势变化现象(见表 4-2)。皇甫川皇甫水文站年、汛期和主汛期径流深变化趋势的 Pettitts 检验见图 4-15~图 4-17。

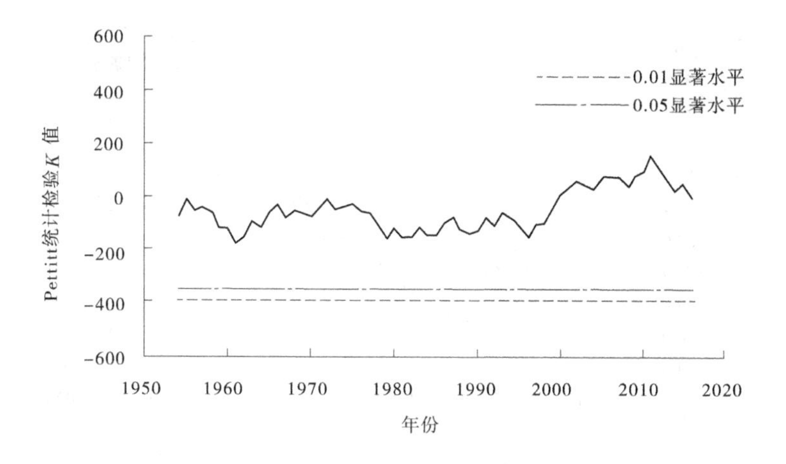

图4-10　皇甫川皇甫水文站汛期降雨量变化趋势的Pettitts检验

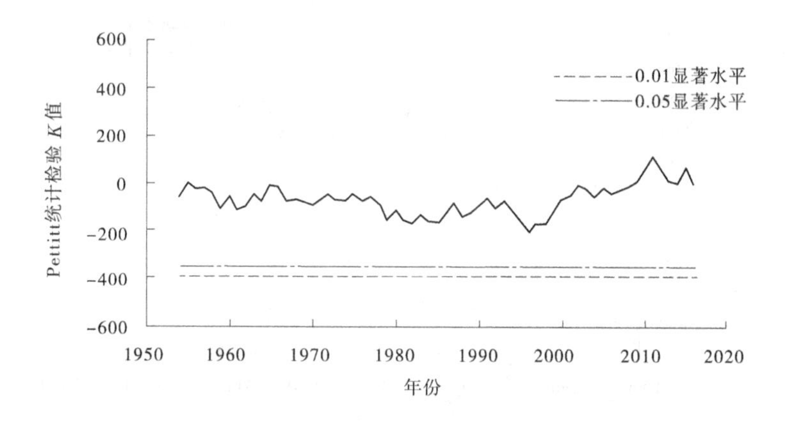

图4-11　皇甫川皇甫水文站主汛期降雨量变化趋势的Pettitts检验

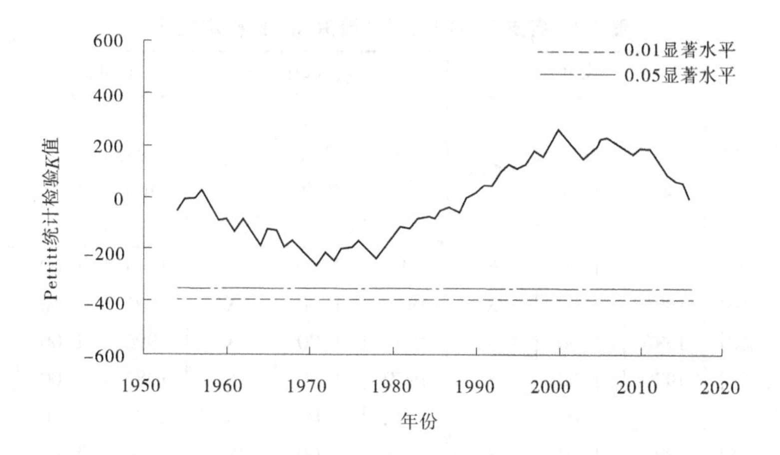

图4-12　秃尾河高家川水文站年降雨量变化趋势的Pettitts检验

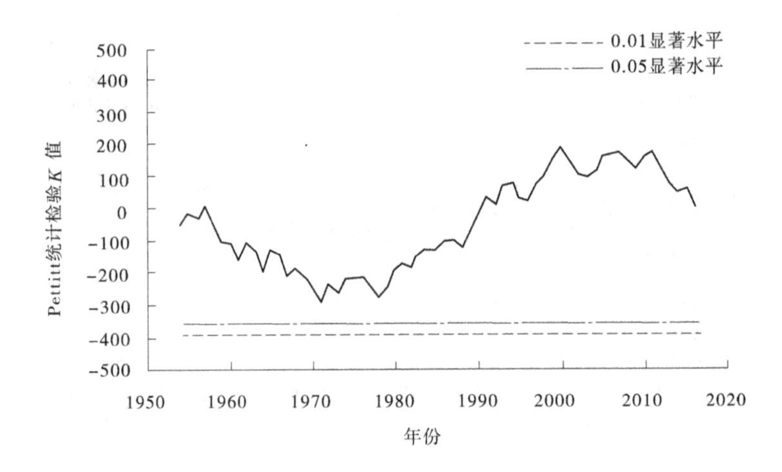

图 4-13　秃尾河高家川水文站汛期降雨量变化趋势的 Pettitts 检验

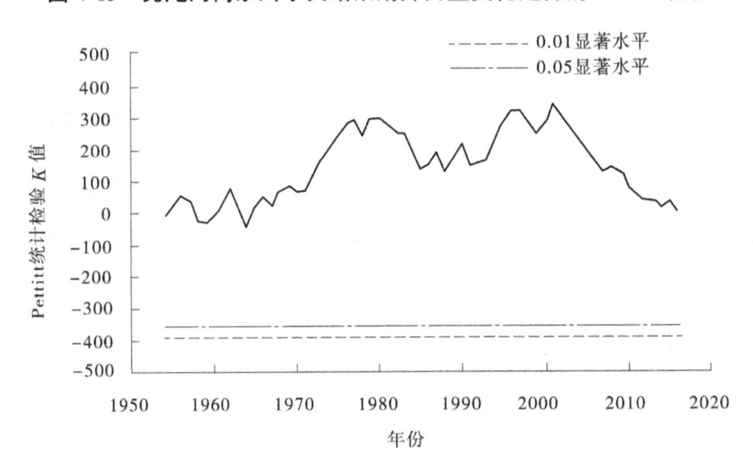

图 4-14　秃尾河高家川水文站主汛期降雨量变化趋势的 Pettitts 检验

表 4-2　各支流不同时期径流深 MWP 检定统计

河名	水文站	全年			汛期(6~9 月)			主汛期(7~8 月)			判析突变点(年)
		突变点(年)	最大 P 值	结果	突变点(年)	最大 P 值	结果	突变点(年)	最大 P 值	结果	
皇甫川	皇甫	1989	1.00	X	1996	1.00	X	1998	1.00	X	1989
孤山川	高石崖	1996	1.00	X	1996	1.00	X	1996	1.00	X	1996
窟野河	温家川	1996	1.00	X	1996	1.00	X	1996	1.00	X	1996
秃尾河	高家川	1979	1.00	X	1979	1.00	X	1982	1.00	X	1979
佳芦河	申家湾	1982	1.00	X	1982	1.00	X	1982	1.00	X	1982
无定河	白家川	1981	1.00	X	1981	1.00	X	1979	1.00	X	1979
延水	甘谷驿	1996	1.00	X	1996	1.00	X	1996	1.00	X	1996

注:O:接受 H_0, X: 拒绝 H_0; H_0:假设无突变点。

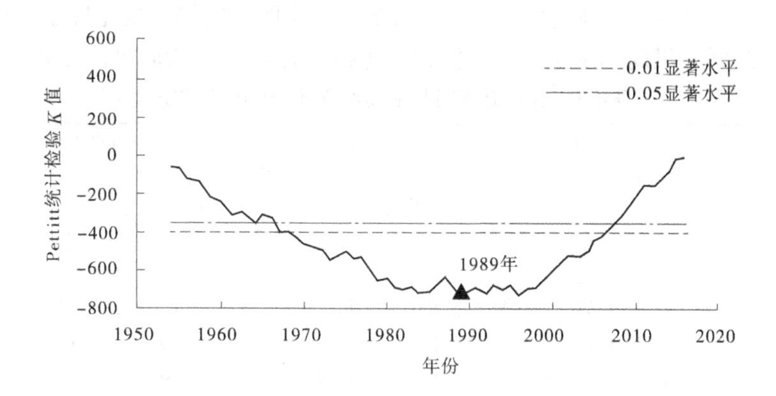

图 4-15　皇甫川皇甫水文站年径流深变化趋势的 Pettitts 检验

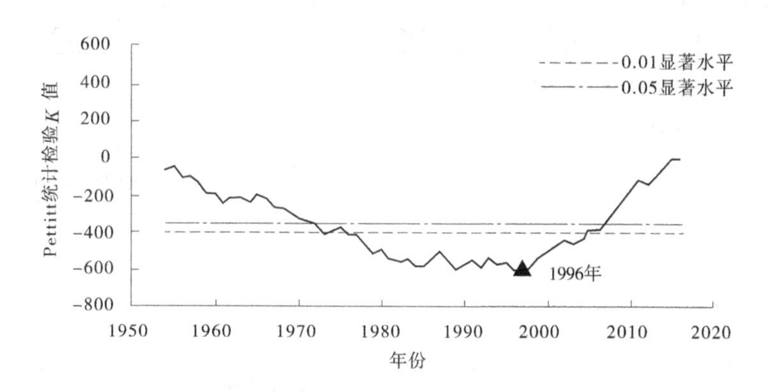

图 4-16　皇甫川皇甫水文站汛期径流深变化趋势的 Pettitts 检验

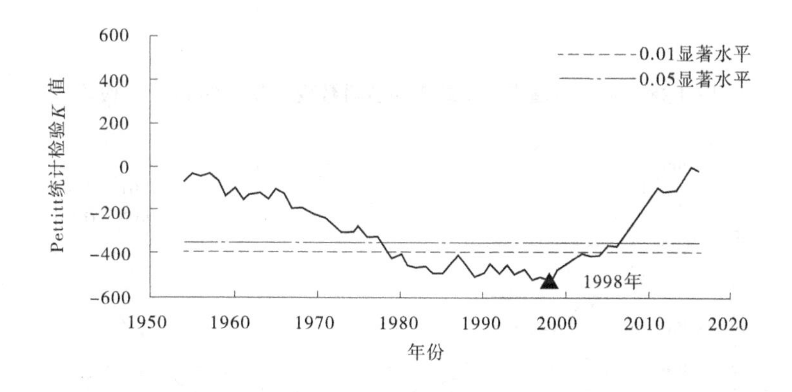

图 4-17　皇甫川皇甫水文站主汛期径流深变化趋势的 Pettitts 检验

三、输沙模数突变点的判析

统计各支流的年、汛期(6~9 月)以及主汛期(7~8 月)的输沙模数的累积概率,年、汛期和主汛期输沙模数累积概率范围为 0. 99~1. 00,经分析各支流由 MWP 检定法检定输沙模数均达到0.01信度的显著水平,输沙模数表现出明显的趋势变化现象(见表4-3)。皇甫川皇甫水文站年、汛期和主汛期输沙模数变化趋势的Pettitts检验见图4-18~图4-20。

表4-3　各支流不同时期输沙模数MWP检定统计

河名	水文站	全年			汛期(6~9月)			主汛期(7~8月)			判析突变点(年)
		突变点(年)	最大*P*值	结果	突变点(年)	最大*P*值	结果	突变点(年)	最大*P*值	结果	
皇甫川	皇甫	1989	1.00	X	1992	1.00	X	1989	1.00	X	1989
孤山川	高石崖	1996	1.00	X	1996	1.00	X	1996	1.00	X	1996
窟野河	温家川	1996	1.00	X	1996	1.00	X	1996	1.00	X	1996
秃尾河	高家川	1998	1.00	X	1998	1.00	X	1998	1.00	X	1998
佳芦河	申家湾	1978	1.00	X	1978	1.00	X	1978	1.00	X	1978
无定河	白家川	1978	1.00	X	1978	1.00	X	1979	1.00	X	1978
延水	甘谷驿	1996	1.00	X	1996	1.00	X	1996	1.00	X	1996

注:O:接受H_0, X:拒绝H_0; H_0:假设无突变点。

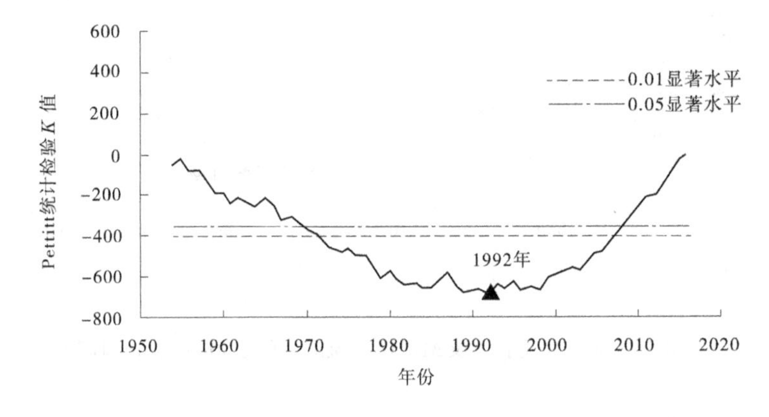

图4-18　皇甫川皇甫水文站年输沙模数变化趋势的Pettitts检验

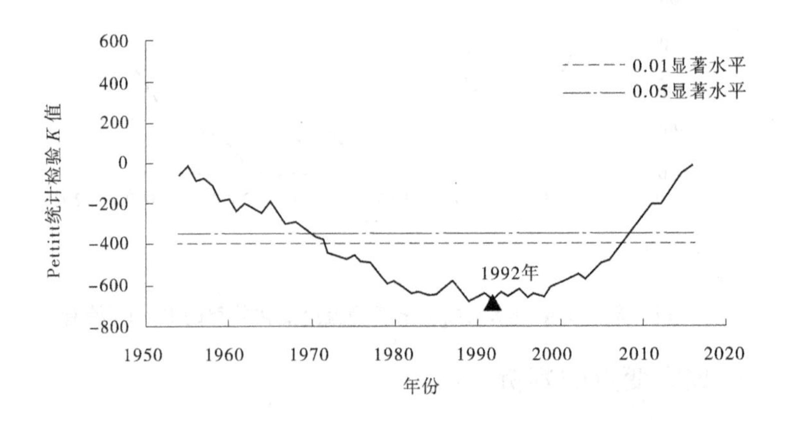

图4-19　皇甫川皇甫水文站汛期输沙模数变化趋势的Pettitts检验

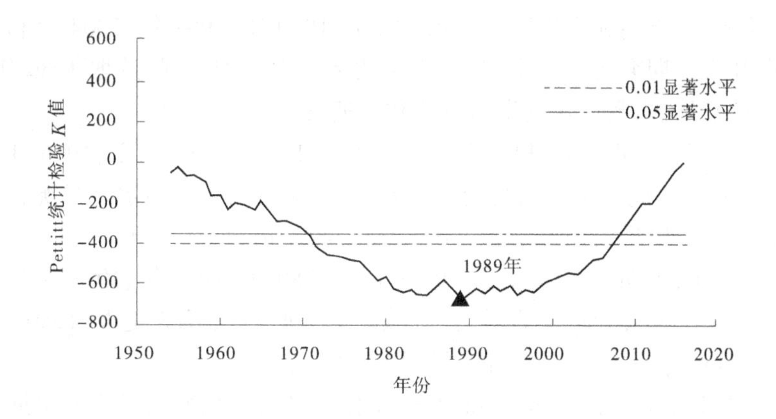

图 4-20　皇甫川皇甫水文站主汛期输沙模数变化趋势的 Pettitts 检验

四、径流系数突变点的判析

为了消除降水波动变化的影响，故采用径流系数来进行突变点分析。径流系数是指同一流域面积、同一时段内径流深与降水量的比值。按时段的不同，有各种径流系数。多年平均径流系数是个稳定的数值，它综合反映流域内自然地理因素对降水形成径流过程的影响，故具有一定的地区性；径流系数主要受降雨量和地形地貌等因素的影响。在相同的下垫面条件下，径流深度随降水量的增加而增大；在同样的降水条件下，径流深随下垫面条件差异而增减。

径流系数计算用

$$\alpha = R/P \tag{4-5}$$

式中：α 为径流系数，以小数（百分数）表示；R 为径流深度；P 为降水量；α 值变化于 0~1，湿润地区 α 值大、干旱地区 α 值小。

利用降雨量和实测径流量分别计算出支流的年、汛期（6~9 月）以及主汛期（7~8 月）径流系数，经分析各支流由 MWP 检定法检定径流系数突变点结果见表 4-4。

表 4-4　各支流不同时段径流系数 MWP 检定法检定统计

支流名	水文站	全年				汛期(6~9月)				主汛期(7~8月)				综合突变点	
		变1	变2	最大P值	结果	变1	变2	最大P值	结果	变1	变2	最大P值	结果	早期(年)	近期(年)
		年				年				年					
皇甫川	皇甫	1989	2004	1.00	X	1998	2006	1.00	X	1989	2006	1.00	X	1989	1998
孤山川	高石崖	1998	1979	1.00	X	1996		1.00	X	1994	2003	1.00	X	1979	1998
窟野河	温家川	1989	2000	1.00	X	1996		1.00	X	1998		1.00	X	1989	1996
秃尾河	高家川	1997	2006	1.00	X	1997	1974	1.00	X	1999	1974	1.00	X	1974	1997
佳芦河	申家湾	1999	1972	1.00	X	1980	1999	1.00		1981	1999	1.00	X	1972	1999
无定河	白家川	2000	1972	1.00	X	1999	1971	1.00	X	1999	1971	1.00	X	1971	1999
延水	甘谷驿	1999		1.00	X	1996		1.00	X	2002		1.00	X	1996	2002

注：O：接受 Ho，X：拒绝 Ho；Ho：假设无突变点。

皇甫川流域年、汛期和主汛期突变点发生在1989年、1998年、2004年和2006年，依据当年、汛期和主汛期突变点检测，结合流域的下垫面治理情况，选取1989年和1998年作为皇甫川流域径流系数变化发生的早期和近期突变点。

孤山川流域年、汛期和主汛期突变点发生在1979年、1994年、1996年、1998年和2003年，依据当年、汛期和主汛期突变点检测，结合流域的下垫面治理情况，选取1979年和1998年作为孤山川流域径流系数变化发生的早期和近期突变点。

窟野河流域年、汛期和主汛期突变点发生在1989年、1996年、1998年和2000年，依据当年、汛期和主汛期突变点检测，结合流域的下垫面治理情况，选取1989年和1996年作为窟野河流域径流系数变化发生的早期和近期突变点。

同理，秃尾河流域选取1974年和1997年作为径流系数变化发生的早期和近期突变点，佳芦河流域选取1972年和1999年作为径流系数变化发生的早期和近期突变点，无定河流域选取1971年和1999年作为径流系数变化发生的早期和近期突变点，延水流域选取1996年和2002年作为径流系数变化发生的早期和近期突变点。

五、产沙系数突变点的判析

产沙系数是指同一流域面积、同一时段内降雨量和泥沙量的比值。它综合反映了流域内自然地理因素对降水产生泥沙的影响，产沙系数主要受降雨量和下垫面等因素的影响。一般来讲，在相同的下垫面条件下，随着降雨量的增大，产沙量相应地也变大，反之则变小。

本书中产沙系数计算式为

$$\beta = V_{泥沙} / V_{降雨} = V_{泥沙} / (PF) \tag{4-6}$$

式中：β 为产沙系数，用百分数表示；$V_{泥沙}$ 为泥沙体积，$V_{泥沙} = W_{泥沙} / r_s$，$W_{泥沙}$ 为泥沙重量，r_s 为泥沙密度，取 2.7 t/m^3；$V_{降雨}$ 为降雨量体积；PF 为降雨量(P)与流域面积(F)的乘积。

经分析，各支流年、汛期和主汛期产沙系数MWP检验法检定突变点结果见表4-5。

表4-5 各支流不同时期产沙系数MWP检定法检定统计

支流名	水文站	全年				汛期(6~9月)				主汛期(7~8月)				综合突变点	
		变1	变2	最大P值	结果	变1	变2	最大P值	结果	变1	变2	最大P值	结果	早期(年)	近期(年)
		年				年				年					
皇甫川	皇甫	1989	2006	1.00	X	1992	2006	1.00	X	1989	2006	1.00	X	1989	2006
孤山川	高石崖	1994	2006	1.00	X	1974	1998	1.00	X	1994	2006	1.00	X	1974	1994
窟野河	温家川	1996	2006	1.00	X	1996	2006	1.00	X	1996		1.00	X	1996	2006
秃尾河	高家川	1974	1998	1.00	X	1994	2006	1.00	X	1996		1.00	X	1974	1996
佳芦河	申家湾	1977	2001	1.00	X	1977	1999	1.00	X	1977	2002	1.00	X	1977	1999
无定河	白家川	1971	2002	1.00	X	1978	2002	1.00	X	1978	2002	1.00	X	1971	2002
延水	甘谷驿	1996	2005	1.00	X	1996	2005	1.00	X	1996		1.00	X	1996	2005

注：O：接受 H_0，假设无突变点；X：拒绝 H_0。

皇甫川流域年、汛期和主汛期突变点发生在1989年、1992年和2006年,依据当年、汛期和主汛期突变点检测,结合流域的下垫面治理情况,选取1989年和2006年作为皇甫川流域产沙系数变化发生的早期和近期突变点。

孤山川流域年、汛期和主汛期突变点发生在1974年、1994年、1998年和2006年,依据当年、汛期和主汛期突变点检测,结合流域的下垫面治理情况,选取1974年和1994年作为孤山川流域产沙系数变化发生的早期和近期突变点。

窟野河流域年、汛期和主汛期突变点发生在1996年和2006年,依据当年、汛期和主汛期突变点检测,结合流域的下垫面治理情况,选取1996年和2006年作为窟野河流域产沙系数变化发生的早期和近期突变点。

同理,秃尾河流域选取1974年和1996年作为产沙系数变化发生的早期和近期突变点,佳芦河流域选取1977年和1999年作为产沙系数变化发生的早期和近期突变点,无定河流域选取1971年和2002年作为产沙系数变化发生的早期和近期突变点,延水流域选取1996年和2005年作为产沙系数变化发生的早期和近期突变点。

从上述年、汛期和主汛期产沙系数来判定,发生的突变年份也不完全一致,部分支流会出现多个突变年份。

六、各支流突变点的综合判析结果

从前面分析的结果来看,除年、汛期和主汛期降雨量没有发生显著的趋势性变化外,其余各支流的径流深、输沙模数、产流系数和产沙系数在年、汛期和主汛期所表现出来的转折年份不尽相同。为了消除因降雨量的不同对径流和泥沙所产生的影响,同时从长系列、大尺度的角度出发,本次重点是针对年产沙系数和产流系数的变化共同来判定支流的水沙突变点(见表4-6、图4-21~图4-33)。

表4-6　各支流MWP检定法检定水沙突变综合判断点

支流名	产沙系数			产流系数			综合突变点	
	突变点1	突变点2	突变点3	突变点1	突变点2	突变点3	早期(年)	近期(年)
皇甫川	1989		2006	1989		2004	1989	2004
窟野河	1996		2006	1989		2000	1989	2000
孤山川	1994		2006	1994	1979	2003	1979	2003
秃尾河	1998	1974	2006	1997			1974	1998
佳芦河	1977		2001	1982	1972	1999	1972	1999
延水	1996		2005	1999			1996	2005
无定河	1979	1971	2002	1983	1972	2000	1971	2000

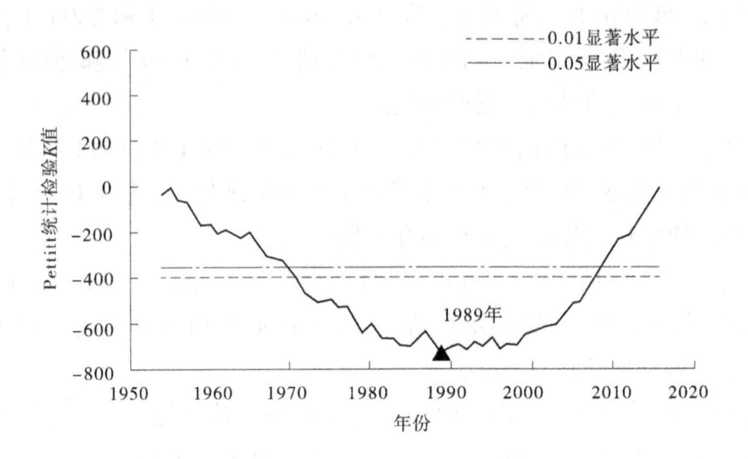

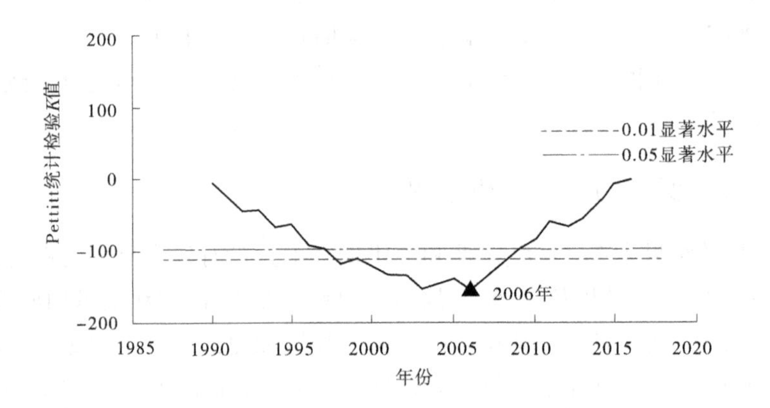

图 4-21　皇甫川产沙系数变化趋势的 Pettitts 检验

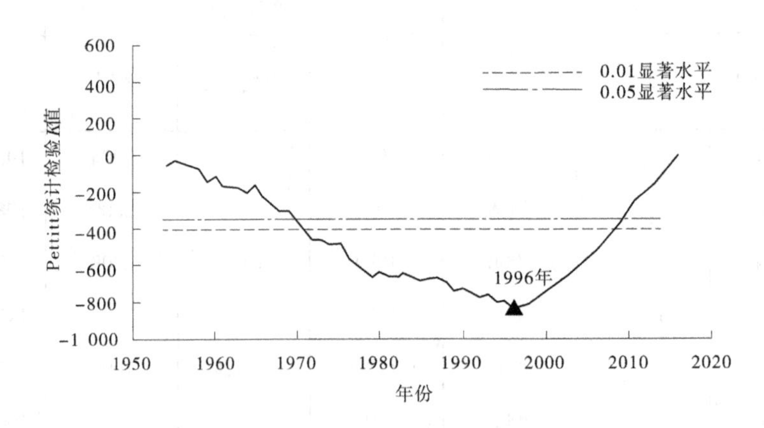

图 4-22　窟野河产沙系数变化趋势的 Pettitts 检验

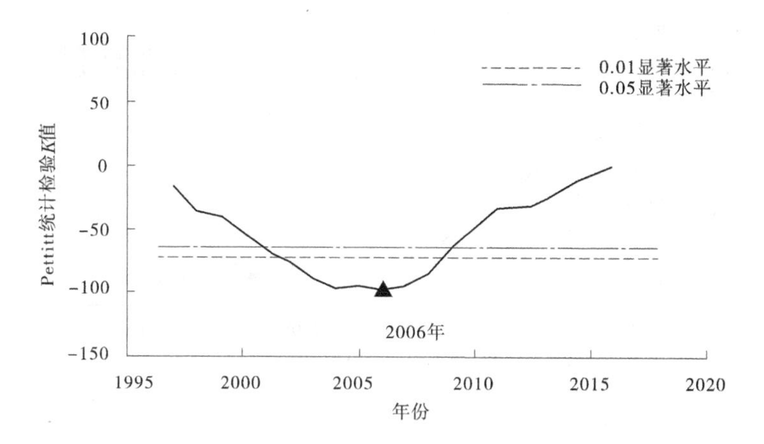

续图 4-22

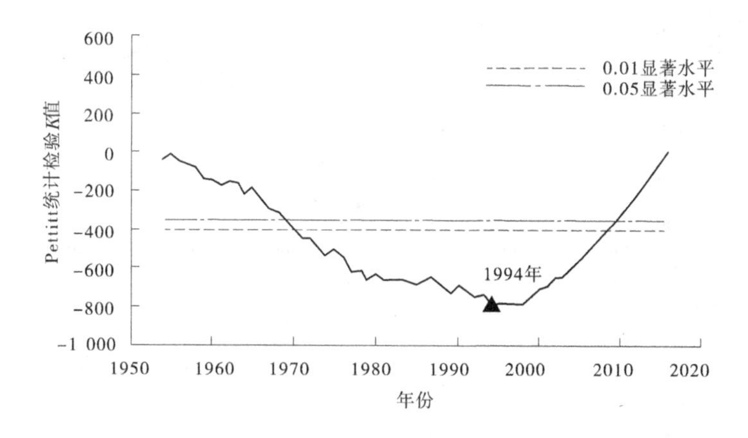

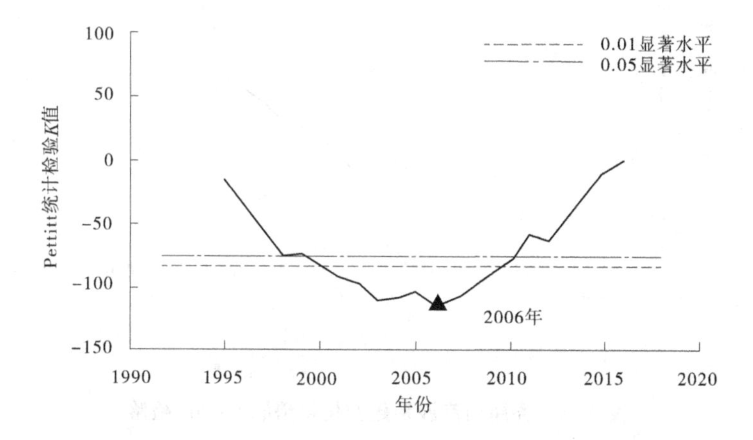

图 4-23　孤山川产沙系数变化趋势的 Pettitts 检验

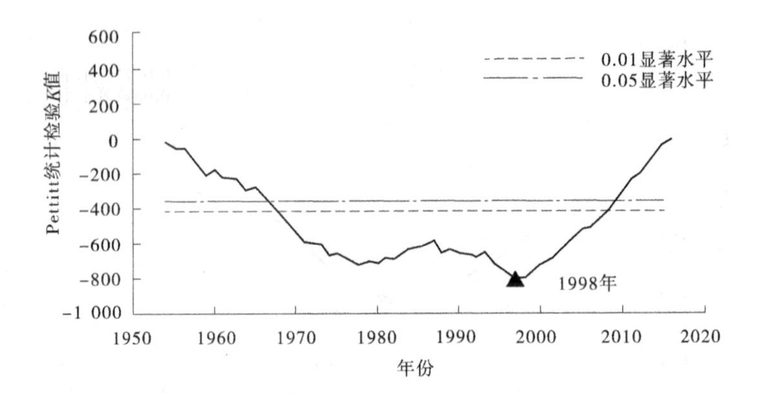

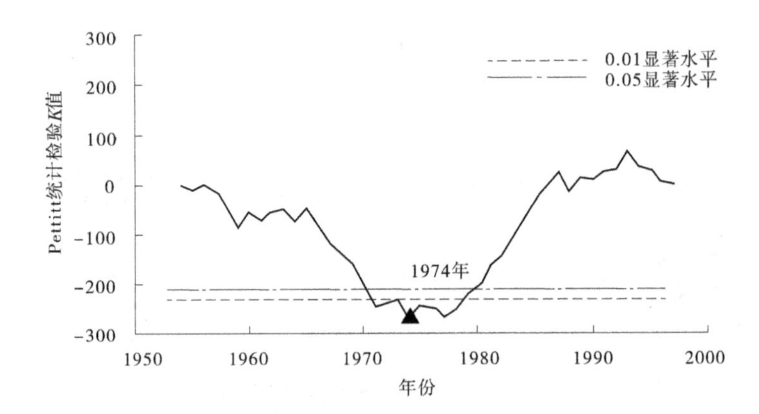

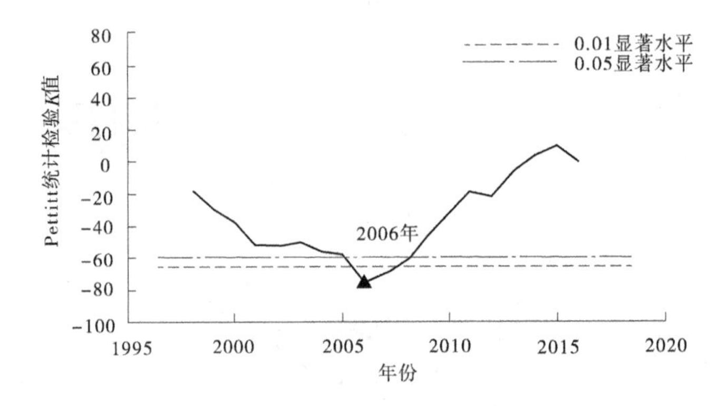

图 4-24　秃尾河产沙系数变化趋势的 Pettitts 检验

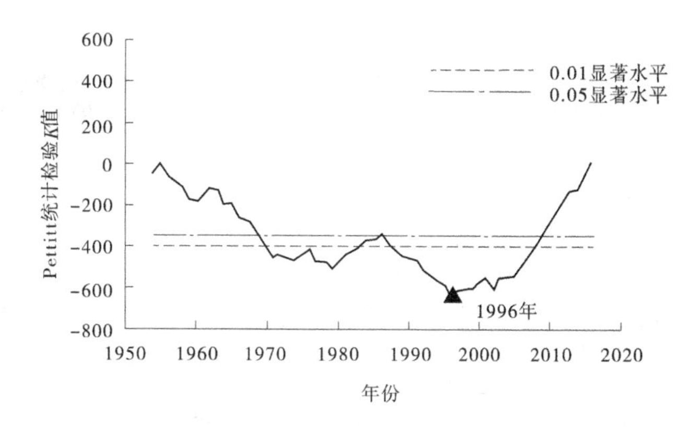

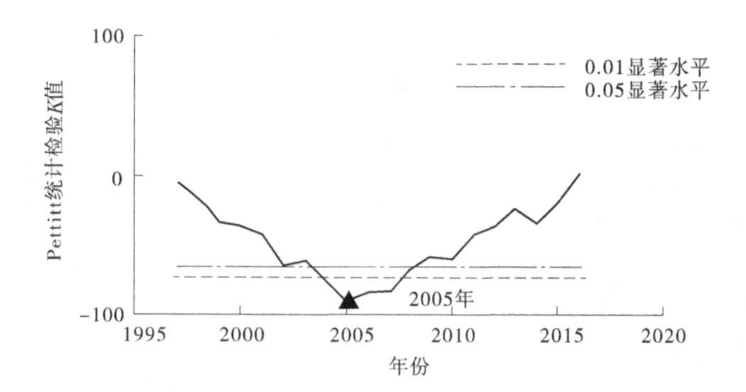

图 4-25 延水产沙系数变化趋势的 Pettitts 检验

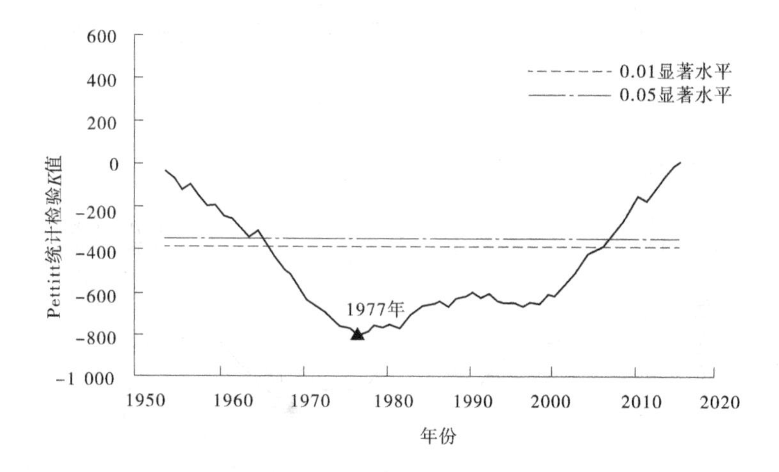

图 4-26 佳芦河产沙系数变化趋势的 Pettitts 检验

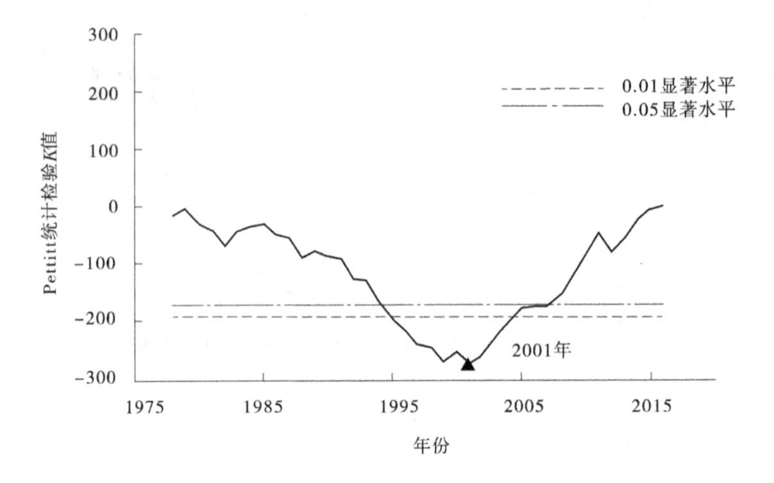

续图 4-26

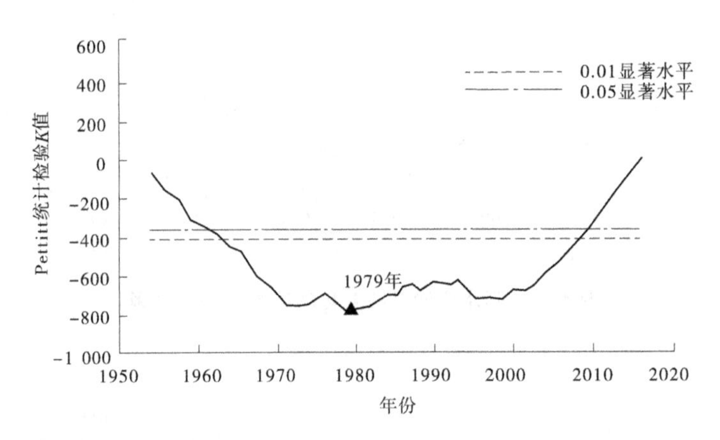

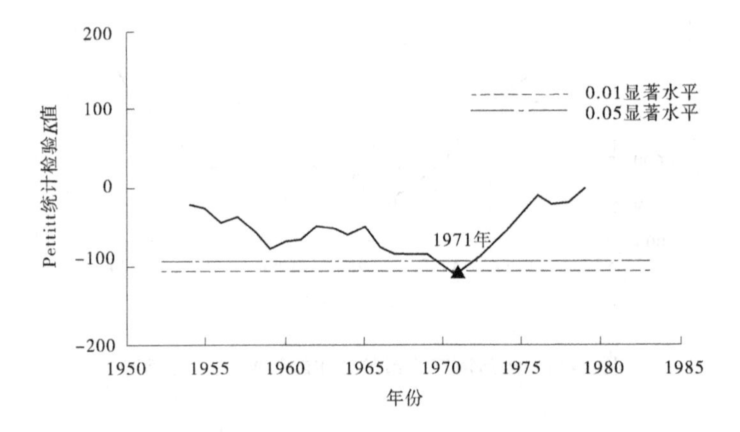

图 4-27　无定河产沙系数变化趋势的 Pettitts 检验

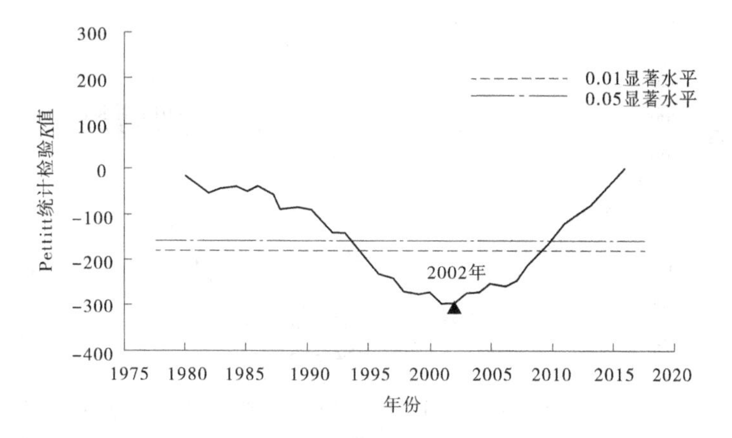

续图 4-27

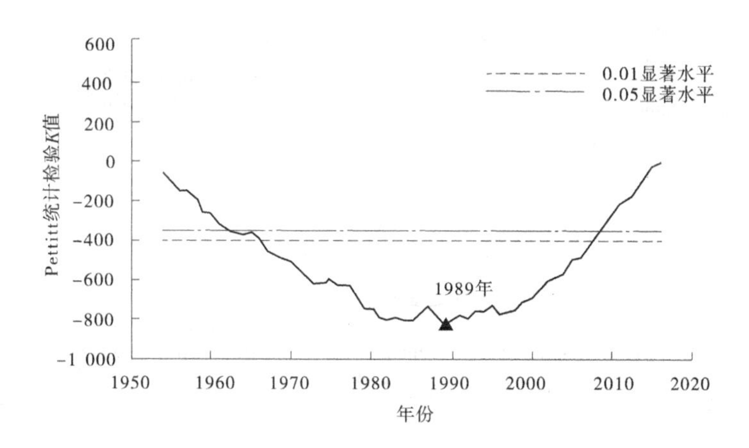

图 4-28　皇甫川产流系数变化趋势的 Pettitts 检验

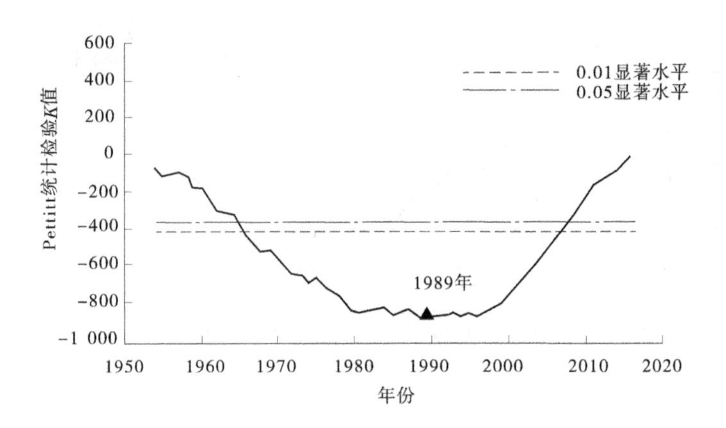

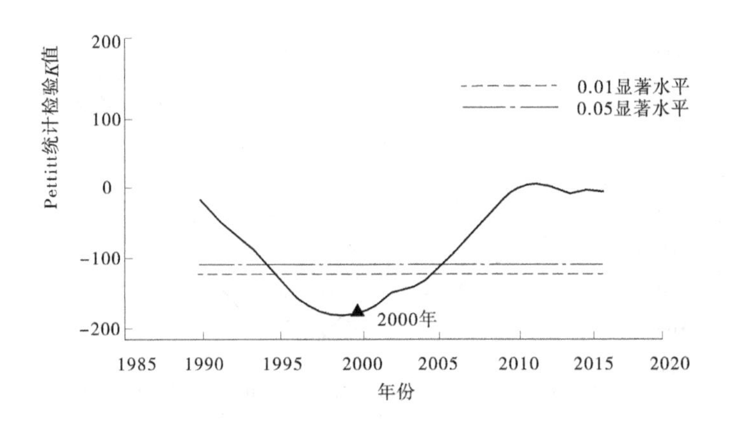

图 4-29　窟野河产流系数变化趋势的 Pettitts 检验

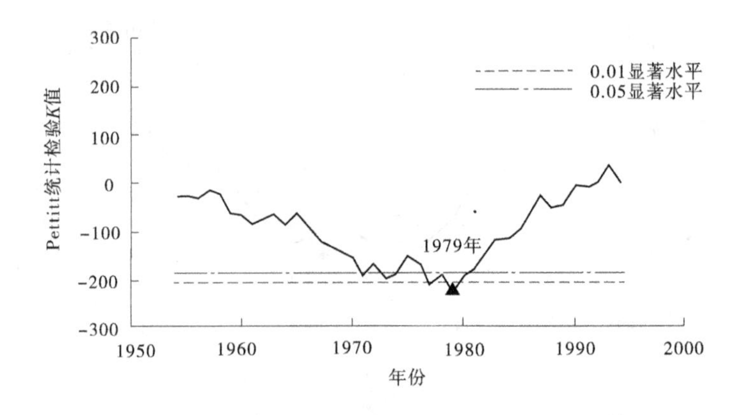

图 4-30　孤山川产流系数变化趋势的 Pettitts 检验

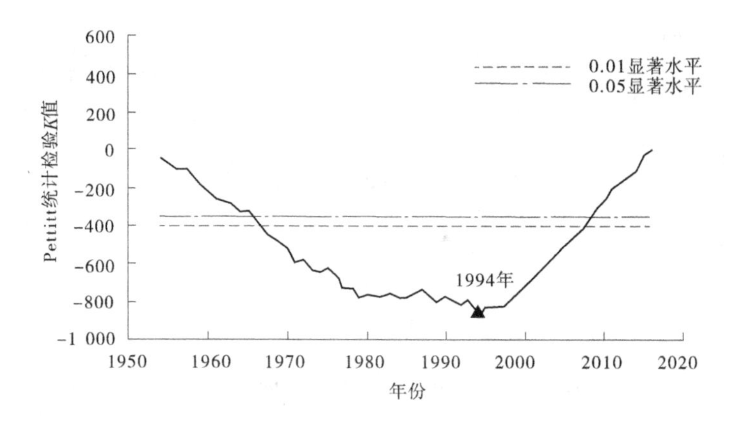

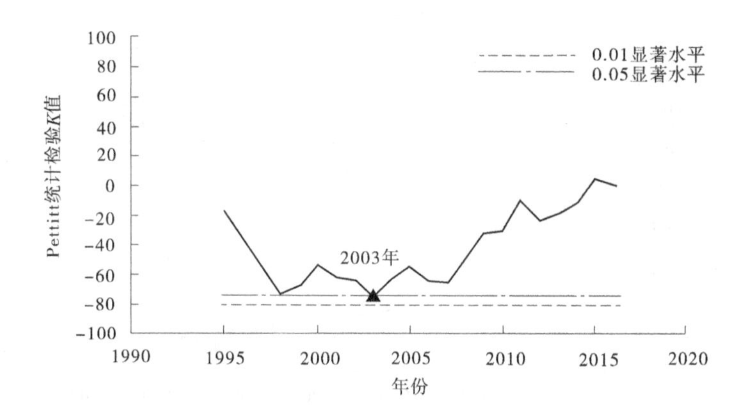

续图 4-30

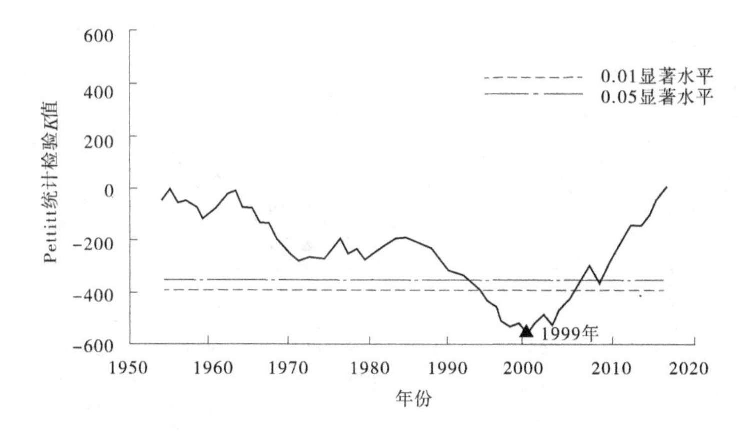

图 4-31　延水产流系数变化趋势的 Pettitts 检验

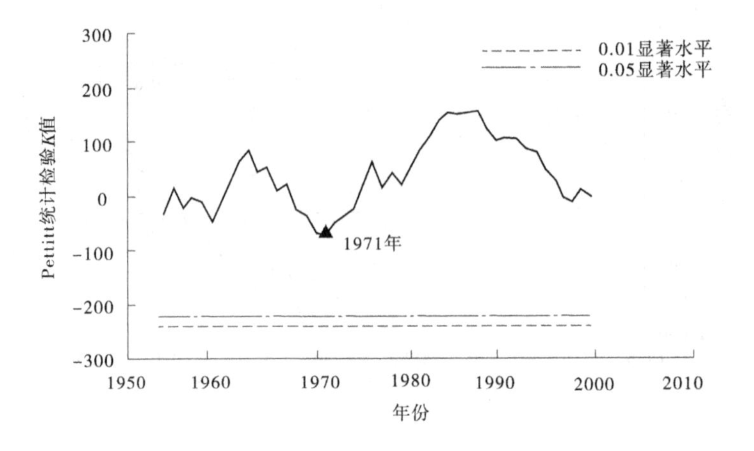

续图 4-31

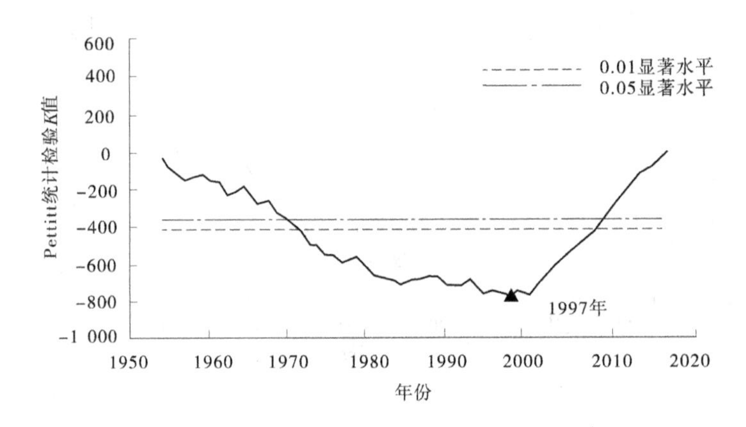

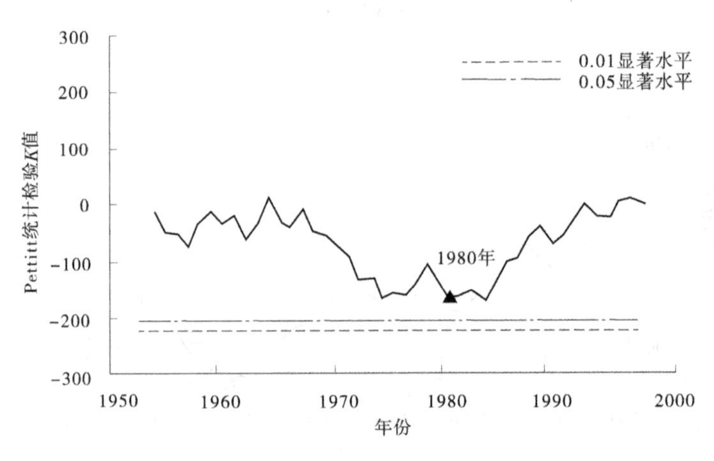

图 4-32　秃尾河产流系数变化趋势的 Pettitts 检验

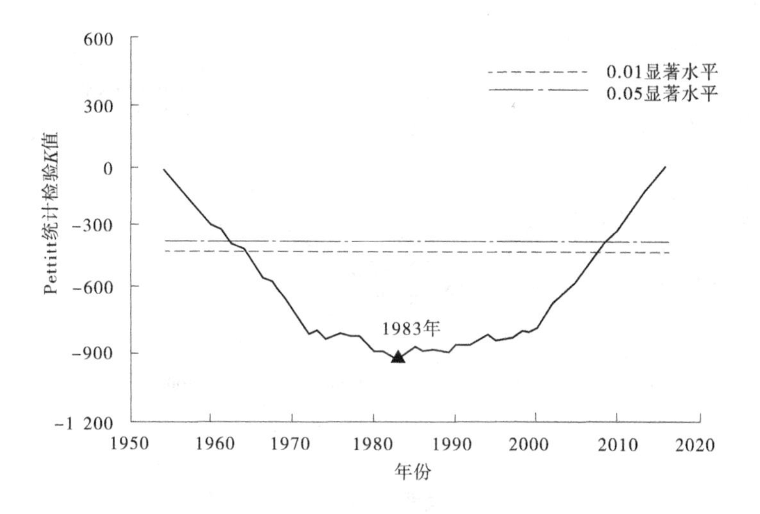

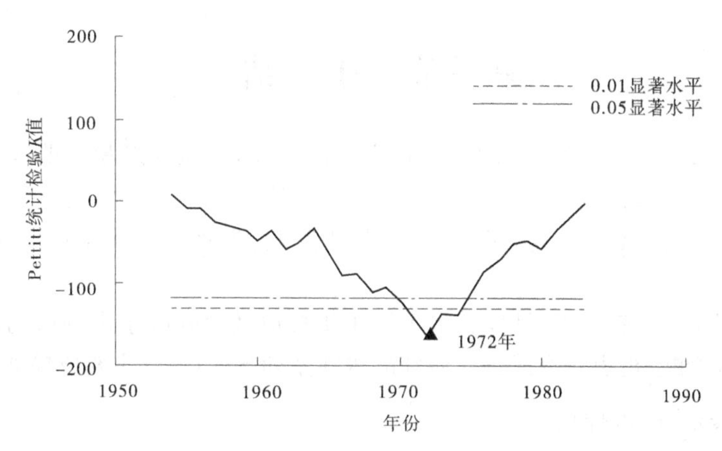

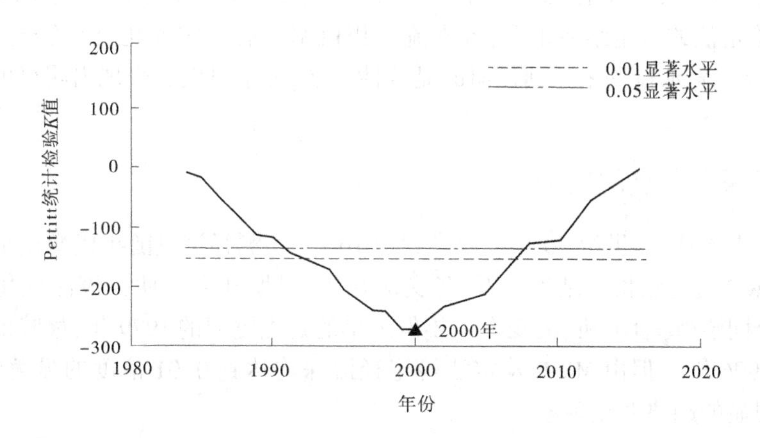

图 4-33　无定河产流系数变化趋势的 Pettitts 检验

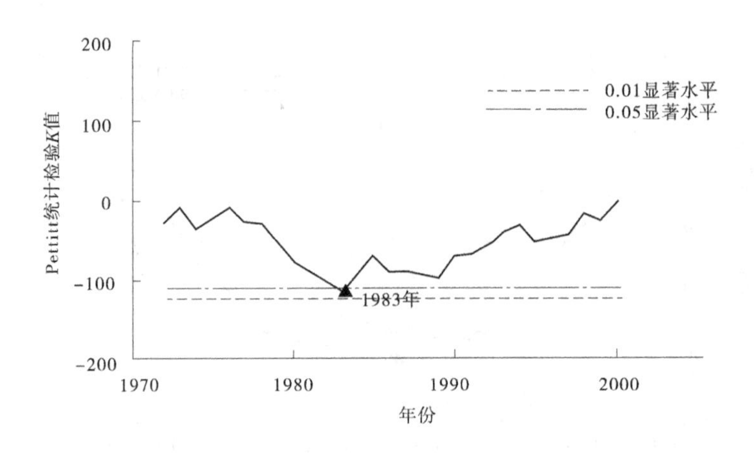

续图 4-33

第三节　小　结

本次通过比较双累积曲线法和 MWP 检定法的优缺点，认为双累积曲线虽然是目前用于水文气象要素一致性或长期演变趋势分析中最简单、最直观、最广泛的方法，但相对于 MWP 检定法来说，MWP 检定法更直观，且易于判断，为此本书重点采用 MWP 检定法来分析判断。

本书采用降水、径流深和输沙模数等单因子指标以及消除降水影响后的产流系数和产沙系数来综合判断，得出研究区各支流和的水沙系列突变点，其主要成果如下。

一、降水突变点的判析

研究区各支流从 20 世纪 50 年代以来到 2016 年，降水量随年代变化呈现波动的趋势，从 MWP 检定法的检定结果来看，各支流累积概率虽有一定变化，但经分析各支流由 MWP 检定法检定降水量均未达到任何的显著性水平，降水量没有表现出明显的趋势变化现象。

二、径流深突变点的判析

研究区各支流从 20 世纪 50 年代以来到 2016 年，实测径流量随年代变化呈现出减少的趋势，从 MWP 检定法检定结果来看，各支流在年、汛期和主汛期径流深变化虽然年代变化并非完全同步(综合分析，突变发生年份最早的是秃尾河的 1979 年，最晚的是孤山川和窟野河的 1996 年)，但由 MWP 检定法检定径流深均达到 0.01 信度的显著性水平，径流深表现出明显的趋势变化现象。

三、输沙模数突变点的判析

研究区各支流从 20 世纪 50 年代以来到 2016 年，实测输沙模数随年代变化呈现出减少的趋势，从 MWP 检定法检定结果来看，各支流在年、汛期和主汛期输沙模数变化虽然年代变化并非完全同步（综合分析，突变发生年份最早的是佳芦河和无定河的 1978 年，最晚的是孤山川和窟野河的 1996 年），但由 MWP 检定法检定输沙模数均达到 0.01 信度的显著性水平，输沙模数表现出明显的趋势变化现象。

四、径流系数突变点的判析

研究区各支流从 20 世纪 50 年代以来到 2016 年，实测径流系数随年代变化呈现出减少的趋势，从 MWP 检定法检定结果来看，各支流在年、汛期和主汛期径流系数变化虽然年代变化并非完全同步（综合分析，突变发生年份最早的是无定河的 1971 年，最晚的是延水的 2002 年），但由 MWP 检定法检定径流系数均达到 0.01 信度的显著性水平，径流系数表现出明显的趋势变化现象。

五、产沙系数突变点的判析

研究区各支流从 20 世纪 50 年代以来到 2016 年，实测产沙系数随年代变化呈现出减少的趋势，从 MWP 检定法检定结果来看，各支流在年、汛期和主汛期产沙系数变化虽然年代变化并非完全同步（综合分析，突变发生年份最早的是无定河的 1971 年，最晚的是皇甫川和窟野河的 2006 年），但由 MWP 检定法检定产沙系数均达到 0.01 信度的显著性水平，产沙系数表现出明显的趋势变化现象。

六、综合突变点的判析

为了消除降水波动变化的影响，本次采用年产流系数和年产沙系数来综合判定其水沙变化突变点：从产沙系数来判断，皇甫川、窟野河、孤山川、佳芦河和延水 5 条支流为 2 个转折点，秃尾河和无定河则表现为 3 个转折点；秃尾河和延水支流产流系数为 1 个转折点，皇甫川和窟野河支流产流系数为 2 个转折点，孤山川佳芦河和无定河支流产流系数为 3 个转折点。经综合分析，无论是产流系数和产沙系数发生最早的年份定位早期发生的突变点，2000 年左右判定为近期发生的突变点，这样 7 条支流早期突变点发生最早的是无定河的 1971 年，最晚的是延水的 1996 年，近期突变点发生最早的是佳芦河的 1999 年，最晚的是延水的 2005 年。

第五章　暴雨洪水分析

第一节　洪水选择

一、分析阶段的划分

按照支流突变点辨析结果，确定了支流的天然时期（早期）以及时段。从近期发生的时段来说，几条支流均发生在1999年黄土高原各地陆续实施了退耕还林还草和封山禁牧政策后，退耕后的土地主要转为林草地，效果非常显著，近期突变点发生最早的是秃尾河的1998年，最晚的是延水的2005年（见表5-1）。

表5-1　典型支流水沙变化转折点

支流	控制站	早期	中期	近期
皇甫川	皇甫	1959～1989年	1990～2004年	2005～2016年
窟野河	温家川	1954～1989年	1990～2000年	2001～2016年
孤山川	高石崖	1954～1979年	1980～2003年	2004～2016年
秃尾河	高家川	1956～1974年	1975～1998年	1999～2016年
佳芦河	申家湾	1957～1972年	1973～1999年	2000～2016年
延水	甘谷驿	1954～1996年	1997～2005年	2006～2016年
大理河	绥德	1960～1971年	1972～2000年	2001～2016年

二、洪水选择标准

（一）支流的选取

通过统计发现，入选的支流中，设站最早的是延水河流域的甘谷驿站，1952年设站，最晚的是无定河流域大理河支流控制站绥德站，1959年设站，说明所选支流设站起步较早，基本能满足暴雨洪水分析的需要，建站以来洪峰流量大于10 000 m^3/s的洪水有皇甫川、孤山川和窟野河，实测最大洪峰流量最小的是无定河流域大理河的2 450 m^3/s和秃尾河的3 500 m^3/s（见表5-2）。

表 5-2　典型支流实测最大洪峰流量统计

支流名	水文站名	水文站控制面积(km^2)	设站时间(年)	实测最大洪峰流量(m^3/s)	发生时间(年-月-日)
皇甫川	皇甫	3 199	1953	11 600	1989-07-21
孤山川	高石崖	1 263	1953	10 300	1977-08-02
窟野河	温家川	8 645	1953	14 100	1959-08-03
秃尾河	高家川	3 253	1955	3 500	1970-08-02
佳芦河	申家湾	1 121	1956	5 770	1970-08-02
无定河	绥德	3 893	1959	2 450	1977-08-05
延水	甘谷驿	5 891	1952	9 050	1977-07-06

(二)洪水的选取

以支流入黄控制站建站以来年最大一场洪峰多年平均值为标准(见表 5-3),各年大于均值的洪水全部入选,小于均值的每年选最大一场洪水入选,保证每年有一场洪水入选(见表 5-4);经初步统计,选取的支流总计 485 场洪水,其中早期、中期和近期分别为 232 场、157 场和 96 场(见表 5-5)。

表 5-3　典型支流逐年实测最大洪峰流量统计　(单位:m^3/s)

年份	支流						
	皇甫川	高石崖	温家川	高家川	申家湾	绥德	甘谷驿
1954	2 160	2 670	10 800				1 150
1955	887	235	649	182			266
1956	1 420	1 500	1 350	298			2 000
1957	1 200	616	2 460	652	315		939
1958	1 060	603	2 760	2 040	3 980		536
1959	2 900	2 730	14 100	2 800	770		1 230
1960	800	782	760	153	154	239	853
1961	1 930	885	8 710	510	1 270	1 600	519
1962	594	96.8	1 090	127	250	11.2	230
1963	630	336	715	445	1 670	1 300	411
1964	1 290	3 990	4 100	2 090	1 870	1 740	1 910
1965	168	178	171	120	128	176	713
1966	1 620	1 190	8 380	840	1 290	1 720	2 480

续表 5-3

年份	支流						
	皇甫川	高石崖	温家川	高家川	申家湾	绥德	甘谷驿
1967	2 650	5 670	6 630	2 170	2 320	1 090	664
1968	818	526	3 010	1 520		662	1 180
1969	747	1 700	1 620	950	1 090	1 440	2 410
1970	1 830	2 700	4 450	3 500	5 770	1 100	908
1971	4 950	2 430	13 500	2 760	2 430	2 420	1 450
1972	8 400	668	6 260	457	885	433	861
1973	3 000	2 800	3 230	1 360	494	295	1 350
1974	1 230	782	1 880	2 880	335	923	545
1975	588	105	1 690	634	905	186	804
1976	2 270	2 330	14 000	650	336	87.2	269
1977	2 260	10 300	8 480	875	365	2 450	9 050
1978	4 120	867	11 000	636	338	497	566
1979	5 990	2 310	6 300	80.7	91.5	259	1 070
1980	629	137	275	562	528	274	295
1981	5 120	1 430	2 630	119	251	630	453
1982	2 580	247	2 110	310	222	672	455
1983	1 010	396	1 320	68.5	67.3	237	946
1984	2 700	837	5 640	110	164	700	738
1985	2 070	1 270	4 750	406	293	560	731
1986	315	361	887	422	264	221	339
1987	167	335	1 380	417	541	1 350	1 270
1988	6 790	2 880	3 190	1 630	614	614	870
1989	11 600	1 980	9 480	681	132	661	2 150
1990	1 800	135	1 460	1 240	231	182	841
1991	1 420	2 320	5 020	660	238	840	522
1992	4 700	3 010	10 500	486	630	479	1 360
1993	575	513	364	510	275	430	3 150

续表 5-3

年份	支流						
	皇甫川	高石崖	温家川	高家川	申家湾	绥德	甘谷驿
1994	2 590	2 410	6 060	1 460	1 130	2 100	2 220
1995	710	513	2 210	1 330	606	1 350	569
1996	5 110	1 030	10 000	1 050	408	476	2 450
1997	1 190	1 220	3 050	995	378	408	384
1998	2 190	786	3 630	1 330	316	904	896
1999	402	88.7	96.5	123	244	473	248
2000	1 430	401	224	196	75.2	327	232
2001	1 500	804	668	378	582	1 510	1 120
2002	1 330	290	338	70	201		1 880
2003	6 700	2 910	2 600	167	23.6	212	263
2004	2 110	214	1 420	435	81.4	499	1 020
2005	273	243	279	207	22.8		598
2006	1 830	975	145	1 010	346	1 250	133
2007	211	215	520	98.9	217	823	86.4
2008	262	140	89.8	91	139	44.7	89.9
2009	753	30.3	43.9	66.4	16.8	471	124
2010	558	22.7	189	199	4.61	176	335
2011	0	19.9	98.4	30.4	31	74.4	95.1
2012	4 720	805	2 050	1 020	2 010	350	123
2013	534	77.5	603	96.5	99	404	926
2014	118	59.7	104	133	32.7	284	180
2015	0.221	17.8	443	345	174	178	94.3
2016	2 290	175	456	857	711		556
均值	2 124	1 243	3 530	775	667	718	1 002

表 5-4　各支流(站)入选洪水情况统计

水文站	序号	时间(年-月-日 T 时:分)	洪峰(m^3/s)	序号	时间(年-月-日 T 时:分)	洪峰(m^3/s)	序号	时间(年-月-日 T 时:分)	洪峰(m^3/s)
皇甫川皇甫	1	1959-07-30T21:18	2 500	22	1978-08-31T01:00	2 810	43	1996-07-14T13:36	3 760
	2	1959-08-03T17:06	2 900	23	1979-08-10T21:36	4 960	44	1996-08-09T11:12	5 110
	3	1960-09-28T11:00	800	24	1979-08-13T00:00	5 990	45	1997-07-31T08:42	1 190
	4	1961-07-31T04:54	1 930	25	1980-07-24T04:48	629	46	1998-07-12T22:00	2 190
	5	1962-07-25T19:48	594	26	1981-07-21T19:06	5 120	47	1999-08-28T23:42	402
	6	1963-07-23T08:56	630	27	1982-07-30T19:06	2 580	48	2000-08-10T03:12	1 430
	7	1964-08-18T04:54	1 290	28	1983-08-04T08:00	1 010	49	2001-08-16T19:42	1 500
	8	1965-07-07T02:15	168	29	1984-07-30T23:00	2 700	50	2002-08-03T21:42	1 330
	9	1966-07-28T15:06	1 620	30	1985-08-24T10:36	2 070	51	2003-07-30T04:24	6 700
	10	1967-08-05T23:24	2 650	31	1986-07-03T14:14	315	52	2004-08-10T05:30	2 110
	11	1968-08-22T03:18	818	32	1987-06-05T02:42	167	53	2005-08-12T02:36	273
	12	1969-07-08T21:48	747	33	1988-08-05T06:00	6 790	54	2006-08-12T15:48	1 830
	13	1970-08-08T06:42	1 830	34	1988-08-05T18:24	3 560	55	2007-07-31T01:00	211
	14	1971-07-23T16:36	4 950	35	1989-07-21T10:24	11 600	56	2008-08-17T19:00	262
	15	1972-07-19T18:18	8 400	36	1989-07-22T22:42	3 520	57	2009-08-17T06:30	753
	16	1973-08-24T07:00	3 000	37	1990-08-28T01:42	1 800	58	2010-09-21T01:06	558
	17	1974-07-23T13:30	1 230	38	1991-06-10T09:18	1 420	59	2012-07-21T10:48	4 720
	18	1975-07-22T00:24	588	39	1992-08-08T07:00	4 700	60	2013-07-07T22:18	534
	19	1976-08-02T11:18	2 270	40	1993-07-31T17:48	575	61	2014-07-07T13:12	118
	20	1977-07-22T21:20	2 260	41	1994-08-12T19:30	2 590	62	2016-08-18T06:36	2 290
	21	1978-08-07T12:24	4 120	42	1995-08-05T06:48	710			

续表 5-4

水文站	序号	时间（年-月-日 T 时:分）	洪峰（m^3/s）	序号	时间（年-月-日 T 时:分）	洪峰（m^3/s）	序号	时间（年-月-日 T 时:分）	洪峰（m^3/s）
孤山川高石崖	1	1954-07-12T07:40	2 670	24	1974-07-29T07:30	782	47	1996-08-08T17:12	1 030
	2	1955-08-07T23:20	235	25	1975-08-31T04:00	105	48	1997-07-29T20:42	1 220
	3	1956-09-15T18:24	1 500	26	1976-08-02T11:54	2 330	49	1998-07-12T21:06	786
	4	1957-08-26T10:42	616	27	1977-08-02T08:48	10 300	50	1999-07-14T00:30	88.7
	5	1958-07-14T03:18	603	28	1978-08-31T03:00	867	51	2000-08-14T00:12	401
	6	1959-08-03T19:42	2 730	29	1979-08-11T04:28	2 310	52	2001-07-24T12:30	804
	7	1959-08-16T18:50	2 250	30	1980-09-10T00:42	137	53	2002-07-31T06:30	290
	8	1960-08-29T21:00	782	31	1981-07-27T08:36	1 430	54	2003-07-30T07:36	2 910
	9	1961-07-31T04:30	885	32	1982-08-07T23:18	247	55	2004-08-21T21:24	214
	10	1963-07-23T20:00	336	33	1983-06-29T20:06	396	56	2005-08-15T11:00	243
	11	1964-08-12T21:03	3 990	34	1984-07-31T00:00	837	57	2006-07-13T17:30	975
	12	1965-08-05T22:33	178	35	1985-08-12T01:00	1 270	58	2007-08-28T17:30	215
	13	1966-07-28T17:18	1 190	36	1986-07-03T18:48	361	59	2008-06-30T16:54	140
	14	1967-08-02T05:00	1 720	37	1987-07-09T19:12	335	60	2009-08-01T16:12	30.3
	15	1967-08-06T03:48	5 670	38	1988-08-05T07:00	1 650	61	2010-08-11T19:30	22.7
	16	1967-08-10T11:18	2 140	39	1988-08-05T20:00	2 880	62	2011-07-14T00:48	19.9
	17	1967-09-01T01:00	2 070	40	1989-07-21T13:54	1 980	63	2012-07-21T15:00	805
	18	1968-08-21T23:00	526	41	1990-09-04T12:42	135	64	2013-09-17T09:12	77.5
	19	1969-07-29T12:06	1 700	42	1991-07-21T03:30	2 320	65	2014-07-21T05:48	59.7
	20	1970-08-01T22:00	2 700	43	1992-08-08T09:00	3 010	66	2015-08-02T06:00	17.8
	21	1971-07-25T08:12	2 430	44	1993-09-14T16:30	513	67	2016-07-12T00:30	175
	22	1972-07-19T15:42	668	45	1994-07-07T08:18	2 410			
	23	1973-08-14T06:42	2 800	46	1995-07-29T03:12	513			

续表 5-4

水文站	序号	时间（年-月-日 T 时:分）	洪峰（m^3/s）	序号	时间（年-月-日 T 时:分）	洪峰（m^3/s）	序号	时间（年-月-日 T 时:分）	洪峰（m^3/s）
窟野河温家川	1	1954-07-12T10:00	10 800	26	1971-07-25T09:42	13 500	51	1994-08-04T18:06	6 060
	2	1954-09-02T07:30	5 100	27	1972-07-19T22:24	6 260	52	1995-07-29T08:18	2 210
	3	1957-07-23T16:18	2 460	28	1973-08-14T09:36	3 230	53	1996-07-14T20:12	4 000
	4	1958-07-10T20:45	1 440	29	1974-07-31T06:08	1 880	54	1996-08-09T16:24	10 000
	5	1958-07-13T01:50	2 760	30	1975-08-11T19:00	1 690	55	1997-07-31T08:54	3 050
	6	1959-07-21T06:20	12 000	31	1976-08-02T14:42	14 000	56	1998-07-12T21:54	3 630
	7	1959-08-03T20:36	14 100	32	1977-08-02T09:54	8 480	57	1999-07-14T13:48	96.5
	8	1959-08-06T06:30	4 880	33	1978-08-31T05:00	11 000	58	2000-07-27T17:48	224
	9	1960-09-28T16:00	760	34	1979-08-08T03:44	5 180	59	2001-08-18T23:30	668
	10	1961-07-22T12:21	8 710	35	1979-08-11T06:36	6 300	60	2002-07-31T21:30	338
	11	1961-07-31T07:20	4 550	36	1979-08-13T07:22	4 440	61	2003-07-30T11:54	2 600
	12	1961-08-01T12:30	4 440	37	1980-08-27T02:36	275	62	2004-08-22T07:24	1 420
	13	1962-07-07T04:48	1 090	38	1981-07-27T12:30	2 630	63	2005-08-12T10:00	279
	14	1963-07-23T23:06	715	39	1982-07-08T15:30	2 110	64	2006-07-31T12:24	145
	15	1964-08-12T22:27	4 100	40	1983-08-05T05:24	1 320	65	2007-08-29T00:12	520
	16	1965-06-10T18:48	171	41	1984-07-31T03:14	5 640	66	2008-08-08T20:36	89.8
	17	1966-07-28T17:00	8 380	42	1985-08-05T20:12	4 750	67	2010-08-11T14:30	189
	18	1966-08-13T23:48	6 230	43	1986-06-26T18:00	887	68	2011-08-14T21:06	98.4
	19	1967-08-06T05:36	6 630	44	1987-07-09T22:00	1 380	69	2012-07-21T18:48	2 050
	20	1967-08-10T13:00	4 250	45	1988-08-05T11:00	3 190	70	2013-07-27T01:18	603
	21	1967-09-01T01:38	6 500	46	1989-07-21T16:12	9 480	71	2014-08-27T23:36	104
	22	1968-08-22T01:54	3 010	47	1990-08-28T07:18	1 460	72	2015-08-02T05:18	443
	23	1969-08-16T09:42	1 620	48	1991-07-21T06:36	5 020	73	2016-08-15T15:54	448
	24	1970-08-02T07:00	4 450	49	1992-08-08T11:54	10 500	74	2016-08-18T21:18	456
	25	1971-07-23T20:18	4 960	50	1993-07-30T09:36	364			

续表 5-4

水文站	序号	时间（年-月-日 T 时:分）	洪峰（m^3/s）	序号	时间（年-月-日 T 时:分）	洪峰（m^3/s）	序号	时间（年-月-日 T 时:分）	洪峰（m^3/s）
秃尾河高家川	1	1956-08-05T19:35	298	25	1972-07-19T15:26	457	49	1995-09-03T22:30	1 330
	2	1957-07-23T17:04	652	26	1973-08-23T12:30	1 360	50	1996-08-01T05:36	1 050
	3	1958-07-13T02:48	2 040	27	1974-07-31T07:10	2 880	51	1996-08-06T19:36	860
	4	1958-07-14T00:00	1 530	28	1975-08-31T04:42	634	52	1996-08-09T18:00	900
	5	1959-07-21T06:15	2 800	29	1976-07-28T23:24	650	53	1997-07-31T09:12	995
	6	1960-09-25T15:00	153	30	1977-08-05T22:14	875	54	1998-07-12T22:18	1 330
	7	1961-09-27T17:30	510	31	1978-07-27T22:04	636	55	1999-07-20T20:24	123
	8	1962-07-12T18:42	127	32	1979-08-13T07:48	80. 7	56	2000-07-25T15:24	196
	9	1963-06-17T00:30	445	33	1980-08-08T17:35	562	57	2001-08-19T00:30	378
	10	1964-08-12T21:30	2 090	34	1981-07-13T13:30	119	58	2002-06-24T18:18	70
	11	1965-07-27T11:45	120	35	1982-08-04T09:10	310	59	2003-07-30T08:36	167
	12	1966-07-26T11:18	840	36	1983-07-28T08:34	68. 5	60	2004-08-12T01:18	404
	13	1967-08-01T07:00	1 630	37	1984-08-27T09:24	110	61	2005-07-19T14:30	207
	14	1967-08-10T14:00	924	38	1985-09-26T17:24	406	62	2006-08-09T10:51	1 010
	15	1967-08-20T02:54	2 170	39	1986-06-26T16:12	422	63	2007-08-29T10:00	99
	16	1967-09-01T03:12	1 000	40	1987-07-03T20:36	417	64	2008-09-24T06:54	91
	17	1968-07-15T20:30	1 520	41	1988-07-07T04:36	1 550	65	2009-08-19T06:00	66
	18	1969-08-10T01:00	950	42	1988-07-23T04:41	1 630	66	2010-08-11T11:12	199
	19	1970-08-02T06:06	3 500	43	1989-07-22T10:42	681	67	2012-07-28T01:54	1 020
	20	1970-08-08T04:12	2 380	44	1990-08-27T23:56	1 240	68	2013-07-15T08:42	96. 5
	21	1971-07-05T09:42	2 030	45	1991-07-27T22:12	660	69	2014-08-27T22:42	130
	22	1971-07-06T02:24	1 000	46	1992-07-28T07:42	486	70	2015-08-02T05:42	345
	23	1971-07-23T20:30	1 340	47	1993-08-04T12:12	510	71	2016-08-15T15:30	857
	24	1971-07-25T03:42	2 760	48	1994-07-07T09:56	1 460			

续表 5-4

水文站	序号	时间（年-月-日 T 时:分）	洪峰（m^3/s）	序号	时间（年-月-日 T 时:分）	洪峰（m^3/s）	序号	时间（年-月-日 T 时:分）	洪峰（m^3/s）
佳芦河申家湾	1	1957-07-23T16:50	315	24	1974-07-31T04:30	335	47	1996-08-09T18:18	408
	2	1958-07-13T03:40	3 980	25	1975-07-28T23:48	861	48	1997-07-31T08:42	378
	3	1959-07-21T09:42	770	26	1975-08-31T04:33	902	49	1998-07-12T23:18	316
	4	1960-07-05T19:18	154	27	1976-07-28T22:18	336	50	1999-07-20T19:31	244
	5	1961-07-05T07:00	1 270	28	1977-08-02T12:30	365	51	2000-08-29T21:48	75.2
	6	1961-07-21T06:48	1 210	29	1978-08-07T18:54	338	52	2001-08-18T23:42	582
	7	1961-07-31T07:48	881	30	1979-07-23T19:18	91.5	53	2002-08-05T00:30	201
	8	1962-07-23T08:30	250	31	1980-08-08T17:12	528	54	2003-09-01T19:12	23.6
	9	1963-06-17T03:12	1 670	32	1981-07-07T13:00	251	55	2004-07-13T18:24	81.4
	10	1964-08-12T21:12	1 870	33	1982-07-30T17:36	222	56	2005-07-19T12:00	22.8
	11	1966-06-26T18:24	121	34	1983-07-26T17:12	67.3	57	2006-08-12T20:36	346
	12	1966-08-15T14:45	1 290	35	1984-08-06T20:06	164	58	2007-08-03T22:12	217
	13	1967-08-01T08:00	2 320	36	1985-08-05T19:00	293	59	2008-09-24T08:42	139
	14	1967-08-20T01:12	1 940	37	1986-06-26T17:18	264	60	2009-08-01T18:36	17
	15	1967-08-22T05:30	835	38	1987-08-26T02:42	541	61	2011-07-21T00:24	31
	16	1969-07-29T13:25	1 090	39	1988-07-07T05:06	614	62	2012-07-27T09:00	1 680
	17	1970-08-01T08:30	2 070	40	1989-07-22T08:00	132	63	2012-07-28T02:00	2 010
	18	1970-08-02T06:24	5 770	41	1990-08-28T01:12	277	64	2013-07-01T18:00	99
	19	1970-08-08T04:18	1 590	42	1991-09-14T23:15	238	65	2014-07-01T17:00	28
	20	1971-07-05T10:24	2 430	43	1992-08-02T08:00	630	66	2015-08-02T05:30	174
	21	1971-07-23T20:54	1 400	44	1993-07-31T16:36	275	67	2016-08-14T12:30	711
	22	1972-07-19T15:42	885	45	1994-08-05T07:30	1 130			
	23	1973-07-17T21:18	494	46	1995-08-05T09:30	606			

续表 5-4

水文站	序号	时间（年-月-日 T 时:分）	洪峰（m^3/s）	序号	时间（年-月-日 T 时:分）	洪峰（m^3/s）	序号	时间（年-月-日 T 时:分）	洪峰（m^3/s）
延水甘谷驿	1	1954-09-02T23:00	1 150	25	1974-07-22T19:54	545	49	1996-08-01T05:00	2 450
	2	1955-09-06T21:00	266	26	1975-07-28T23:47	804	50	1996-08-09T23:30	1 780
	3	1956-07-22T17:48	2 000	27	1976-09-30T01:18	269	51	1997-05-07T02:00	384
	4	1957-07-24T04:51	939	28	1977-07-06T08:18	9 050	52	1998-08-24T04:48	896
	5	1958-08-11T16:12	536	29	1978-07-28T01:48	566	53	1999-07-11T02:42	248
	6	1959-08-28T22:15	1 230	30	1979-07-28T03:48	1 070	54	2000-07-27T11:30	232
	7	1960-07-05T08:12	853	31	1980-06-28T22:42	295	55	2001-08-19T03:54	1 120
	8	1961-08-13T13:12	519	32	1981-06-30T22:30	453	56	2002-07-04T11:36	1 470
	9	1963-08-26T20:00	411	33	1982-07-30T10:18	455	57	2002-07-05T10:24	1 880
	10	1964-07-05T23:48	1 910	34	1983-09-07T14:30	946	58	2003-08-24T10:24	263
	11	1964-07-16T21:06	1 400	35	1984-07-11T01:00	107	59	2004-08-10T07:36	1 020
	12	1964-07-21T13:30	1 370	36	1984-08-27T05:06	738	60	2005-07-02T10:42	598
	13	1965-07-21T05:24	713	37	1985-08-06T01:12	731	61	2006-08-26T05:36	133
	14	1966-06-27T05:36	1 160	38	1986-06-26T19:12	339	62	2007-07-26T17:30	86
	15	1966-07-26T10:30	2 480	39	1987-07-09T17:26	1 250	63	2008-08-16T10:00	90
	16	1966-08-16T05:45	1 190	40	1987-08-26T09:35	1 270	64	2009-07-17T13:06	124
	17	1967-07-17T22:00	664	41	1988-08-06T07:18	870	65	2010-08-11T22:00	335
	18	1968-08-18T05:36	1 180	42	1989-07-16T18:54	2 150	66	2011-07-29T16:30	95
	19	1968-08-21T10:48	1 090	43	1990-07-20T23:18	841	67	2012-06-22T02:36	123
	20	1969-08-10T02:54	2 410	44	1991-06-10T12:00	522	68	2013-07-25T12:24	926
	21	1970-08-25T11:18	908	45	1992-08-10T12:48	1 360	69	2014-07-09T14:36	180
	22	1971-08-17T07:46	1 450	46	1993-08-04T02:18	3 150	70	2015-08-02T22:18	94
	23	1972-07-01T05:12	861	47	1994-08-31T14:42	2 220	71	2016-07-19T04:42	556
	24	1973-07-18T00:42	1 350	48	1995-08-05T21:30	569			

续表 5-4

水文站	序号	时间（年-月-日 T 时:分）	洪峰（m^3/s）	序号	时间（年-月-日 T 时:分）	洪峰（m^3/s）	序号	时间（年-月-日 T 时:分）	洪峰（m^3/s）
大理河绥德	1	1960-07-22T21:12	239	26	1974-07-31T09:28	923	51	1993-08-21T07:00	430
	2	1961-08-01T23:00	1 600	27	1975-07-29T07:33	93	52	1994-08-04T22:00	1 650
	3	1963-08-26T22:54	828	28	1975-08-31T13:06	186	53	1994-08-10T12:44	2 100
	4	1963-08-28T23:36	1 300	29	1976-09-06T15:16	87	54	1995-07-17T18:00	855
	5	1964-07-06T03:36	1 740	30	1977-08-05T10:24	2 450	55	1995-09-01T23:48	1 350
	6	1964-07-21T09:00	1 300	31	1978-07-27T20:00	388	56	1996-08-01T08:00	476
	7	1964-08-02T16:36	852	32	1978-08-25T22:36	497	57	1997-07-30T01:42	408
	8	1965-08-04T18:10	176	33	1979-07-23T22:00	259	58	1998-08-24T00:48	904
	9	1966-07-17T21:34	1 140	34	1980-06-29T00:00	132	59	1999-07-20T17:40	473
	10	1966-08-09T19:24	968	35	1980-08-18T19:18	274	60	1999-09-21T01:24	234
	11	1966-08-15T22:00	1 720	36	1981-07-07T15:42	630	61	2000-07-08T04:42	327
	12	1967-07-17T22:18	440	37	1982-07-30T14:00	672	62	2001-08-19T01:20	1 510
	13	1967-08-26T18:30	1 090	38	1983-07-26T20:53	237	63	2003-09-01T18:27	212
	14	1967-09-01T04:45	447	39	1984-08-26T17:12	700	64	2004-07-26T06:04	499
	15	1968-08-22T04:30	662	40	1985-09-22T22:48	560	65	2007-09-01T06:09	823
	16	1969-05-11T18:48	1 440	41	1986-06-26T19:30	221	66	2008-09-27T08:42	45
	17	1969-08-10T02:18	1 040	42	1987-08-26T04:28	1 350	67	2009-07-17T07:54	471
	18	1970-08-02T05:30	931	43	1988-07-07T00:24	614	68	2010-08-11T20:00	176
	19	1970-08-08T11:12	720	44	1988-07-15T11:18	553	69	2011-09-09T08:18	74
	20	1970-08-27T23:12	1 100	45	1989-07-16T22:06	434	70	2012-07-30T19:48	350
	21	1971-07-06T18:00	629	46	1989-07-22T02:00	661	71	2013-07-27T02:54	404
	22	1971-07-24T09:00	2 420	47	1990-07-13T05:29	182	72	2014-06-30T07:06	284
	23	1972-06-23T22:15	433	48	1991-06-10T07:12	840	73	2015-07-22T23:12	178
	24	1972-07-19T19:26	184	49	1992-07-28T15:29	479			
	25	1973-07-18T02:57	295	50	1992-08-05T07:00	161			

表 5-5　典型支流洪水入选场次

支流名	控制站	截止时间(年)	早期(场)	中期(场)	近期(场)	合计(场)
皇甫川	皇甫	2016	36	16	10	62
孤山川	高石崖	2016	29	25	13	67
窟野河	温家川	2016	46	12	16	74
秃尾河	高家川	2016	27	27	17	71
佳芦河	申家湾	2016	22	28	17	67
延水	甘谷驿	2016	50	10	11	71
大理河	绥德	2016	22	39	12	73
合计			232	157	96	485

第二节　场次暴雨洪水泥沙资料的处理

一、次暴雨资料的处理

(一)次暴雨资料的摘录

本次暴雨资料的摘录，首先需要研究的场次洪水的起涨时间到峰顶时间所经过的时程，参照分析支流在该时程和降雨累计过程线综合判定降雨起止时间，再按确定的降雨时程计算各站的次洪雨量。

(二)暴雨等值线的绘制

选择分析站点，根据每一年雨量情况每年生成一个雨量站站点经纬度文件，并利用地理信息系统(GIS)建立研究区各支流各年雨量站站网图。对暴雨在各支流边缘的，为便于勾绘等值线，需要尽可能地补充研究区周边的雨量资料。依据收集雨量站点资料信息绘制等值线，在遇到较大的山脉地形时，需要考虑地形对降雨的影响。

从理论上说，等值线间隔越小越好，但为了便于后期各等值线间降雨量的统计，本次暴雨等值线的绘制是在国家基础地理信息中心发布的比例尺为1∶25万的电子地图基础上来绘制完成的。采用1980西安坐标系、1985国家高程基准、统一的Albers Equal Area投影。

本次暴雨等值线图的绘制，是以站点观测数据为基础，通过人机交互的方式，在ArcGIS平台下绘制的。等值线绘制的基本方法是：对收集到的每场暴雨数据进行地理空间插值以推求无资料地区的暴雨量，从而获得整个研究支流降雨的空间分布数据，在对三种插值方法(反距离插值、样条插值、克里金插值)进行比较分析后，本次采用的插值方法为克里金插值法；根据空间插值结果，在ArcGIS平台下自动生成降雨等值线；由于各区间站网密度分布不均，总体上河谷地带多于山区地带的站点，因此计算机自动生成的等值线难以充分反映降雨特性，必须进行人工修正，所以最后我们基于站点实测数据以及降雨与高程的关系对计算机自动生成的等值线进行了修正，以得到能够充分反映暴雨空间变化趋势的等值线图。绘制的等值线间距采用 5 mm、10 mm、25 mm、50 mm、75 mm、100 mm、125 mm、150 mm…等间隔绘制等值线图。

(三)场次暴雨中心雨强的处理

根据现有研究成果来看,本次选择的支流大部分以超渗产流为主、蓄满产流为辅,近年来兼有超渗蓄满混合产流模式存在。因此,在产流产沙计算中必须考虑雨强这一因子。所谓雨强,就是单位时间的降雨量。由于在研究区暴雨的时空分布极为不均,因此用于代表分析降雨产流产沙的雨强又十分困难。

一是由于暴雨空间分布的不均而引起产流在空间上的不均,研究区各雨量站之间的雨强差别也很大,加之本次研究的流域是大中尺度流域,为了能够凸显暴雨在产流产沙分析中的作用,本次选择流域最大的 3 个雨量站分析其雨量变化。

二是降雨的时程分布不均,引起产流的过程不均,从单个雨量站的降雨时程来看,其雨强并非时时一样,这就提出一个暴雨集中度的概念。从多站来看,各站降雨历时又有长短之分,使得站与站之间的雨强差别也很大。

根据上述产流分布不均、降雨时间不均,同时需要体现出雨强在产洪产沙中的作用,本次选取暴雨中心区 3 个雨量站来反映其雨强的变化。具体做法是:在每场暴雨等值线图中,判断出暴雨中心区,对暴雨中心区选几个雨量最大的雨量站,求出各站历时最短的相应 40%、50%、…、90%降雨量的时长,据此,计算各单站各主雨时段的雨强,再根据各站的计算结果求算暴雨中心区各对应(40%、50%、…、90%)主雨时段的平均雨强。然后在分析暴雨、洪水、泥沙关系中,通过计算机优选出最好的主雨雨强,只有这样才能尽可能找出符合各支流(区间)影响产流产沙的实际主雨雨强,尽可能减少一些人为的强加作用。

降雨强度不仅与次洪降雨量有关,还与次洪降雨历时有关。主雨时段拟选择次洪雨量的 40%、50%、60%、70%、80%和 90%共 6 个标准的对应最短时间进行统计,从而确定降雨的集中度,排除小雨的干扰。

二、场次洪水资料的处理

(一)洪水过程

对各站入选的所有洪水,绘制其洪水过程线,并统计各场洪水洪峰流量、洪峰出现时间、起迄时间等。同时,在与洪水相同的起迄时间内,挑选出该场洪水的沙峰和沙峰出现时间。

(二)次洪量的计算

采用面积包围法计算次洪量,公式如下:

$$
\begin{aligned}
W_w &= \frac{(Q_1+Q_2)\times\Delta t_1}{2}+\cdots+\frac{(Q_{n-1}+Q_n)\times\Delta t_{n-1}}{2} \\
&= \frac{(Q_1+Q_2)\times(t_2-t_1)}{2}+\cdots+\frac{(Q_{n-1}+Q_n)\times(t_n-t_{n-1})}{2}
\end{aligned}
\tag{5-1}
$$

式中:W_w 为次洪量;Q_1 是 t_1 时刻的流量;Q_2 是 t_2 时刻的流量;…;依此类推。用次洪总洪量减去基流量即为次洪地表径流量。

三、场次泥沙资料的处理

(一)含沙量插补

在次洪水泥沙的计算中,一次洪水过程中由于含沙量的数据个数远少于流量数据个数,因此依据流量数据个数将含沙量进行同数目内插,其插补方法是依据两点间时间直线内插。用含沙量与对应流量的乘积得到与流量数据个数相同的输沙率数据个数,再由输沙率过程求得次洪输沙量。

(二)次洪输沙量的计算

将相同时刻的流量和含沙量相乘,得到相同时刻的输沙率,再采用面积包围法即可计算出次洪输沙量,公式如下:

$$W_s = \frac{(Q_{s1}+Q_{s2})\times\Delta t_1}{2}+\cdots+\frac{(Q_{sn-1}+Q_{sn})\times\Delta t_{n-1}}{2}$$
$$=\frac{(Q_{s1}+Q_{s2})\times(t_2-t_1)}{2}+\cdots+\frac{(Q_{sn-1}+Q_{sn})\times(t_n-t_{n-1})}{2} \tag{5-2}$$

式中:W_s 为次洪输沙量;Q_{s1} 为 t_1 时刻的输沙率;Q_{s2} 为 t_2 时刻的输沙率;…;依此类推。

第三节　不同阶段洪水变化分析

在不考虑雨强的基础上,通过分别建立次降雨量与次洪径流量和次降雨量与次洪输沙量的关系,分析其斜率变化,计算了与早期下垫面相比中期和近期的水沙变化量。

一、皇甫川流域皇甫站

从图 5-1、图 5-2 和表 5-6 可以看出,同早期下垫面相比,皇甫川流域相同的次洪降雨量产生的次洪径流量有所减少,中期和近期分别减少 24.1%和 67.3%;相同的次洪降雨量产生的次洪输沙量有所减少,中期和近期分别减少 35.1%和 84.9%。总体来看,与早期相比,皇甫川流域近期下垫面相同的暴雨产生次洪径流量和次洪输沙量均有所减少,表明相同的暴雨产生的次洪输沙量减少的幅度最大。

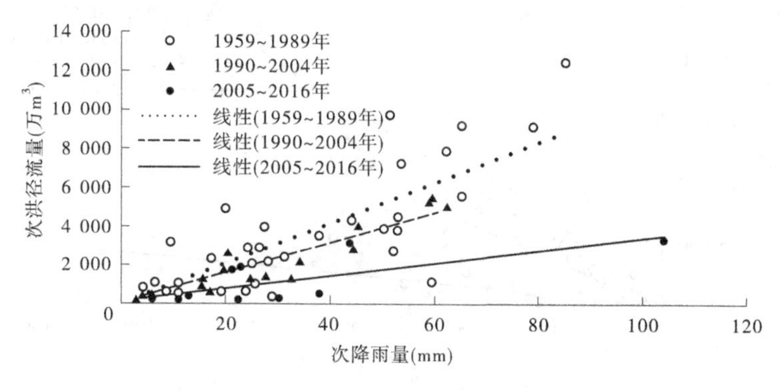

图 5-1　皇甫川流域皇甫站次洪径流量和次降雨量关系

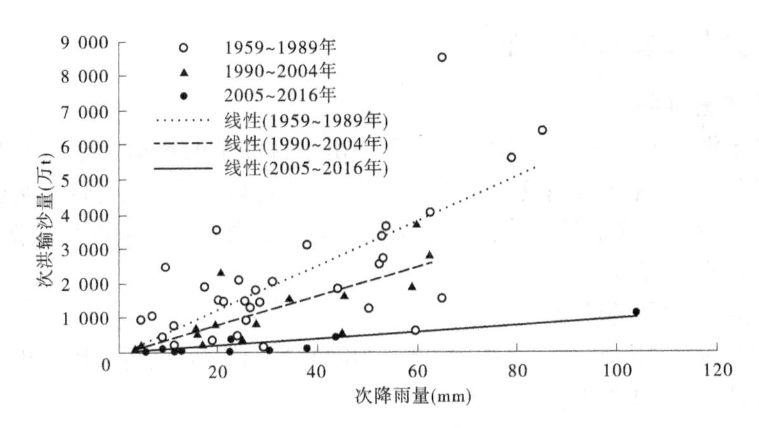

图 5-2　皇甫川流域皇甫站次洪输沙量和次降雨量关系

表 5-6　皇甫川流域皇甫站不同阶段雨洪沙变化统计

支流	时段	斜率		变化量(%)	
		雨洪关系	雨沙关系	雨洪关系	雨沙关系
皇甫川	早期	103.8	63.4		
	中期	78.8	41.2	-24.1	-35.1
	近期	33.9	9.6	-67.3	-84.9

二、窟野河流域温家川站

从图 5-3、图 5-4 和表 5-7 可以看出,同早期下垫面相比,窟野河流域相同的次降雨量产生的次洪径流量有所减少,中期和近期分别减少 32.6%和 84.3%;相同的次降雨量产生的次洪输沙量有所减少,中期和近期分别减少 39.3%和 97.5%。总体来看,与早期相比,窟野河流域近期下垫面相同的暴雨产生次洪径流量和次洪输沙量均有所减少,分别减少 84.3%和 97.5%,相同的暴雨产生的次洪输沙量减少的幅度最大。

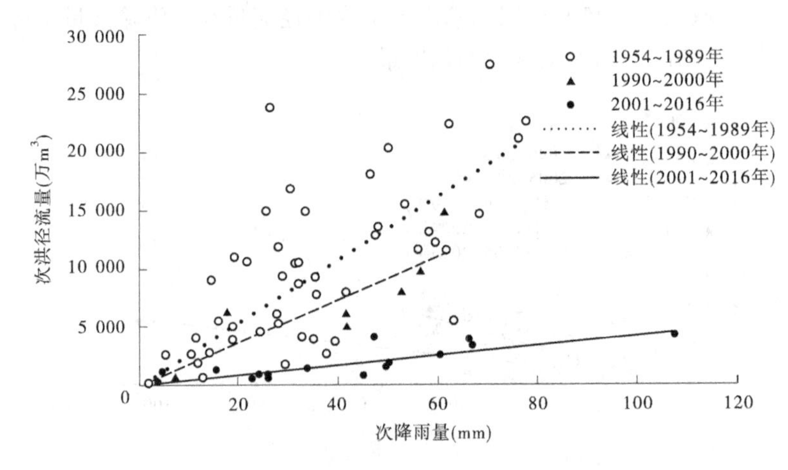

图 5-3　窟野河流域温家川站次洪径流量和次降雨量关系

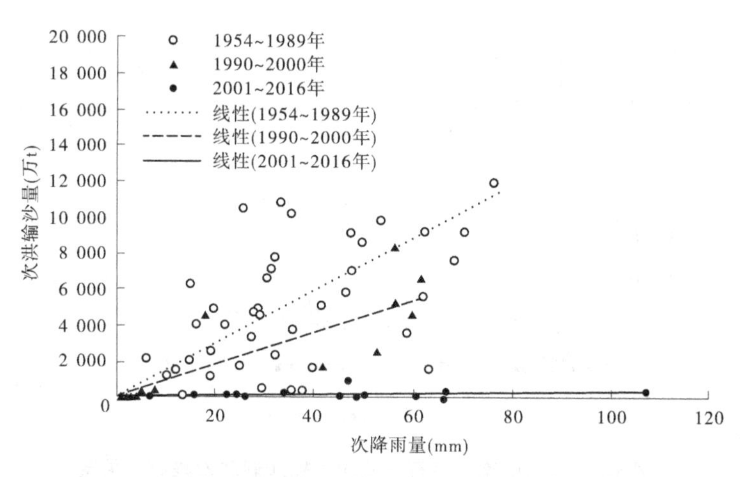

图 5-4　窟野河流域温家川站次洪输沙量和次降雨量关系

表 5-7　窟野河流域温家川站不同阶段雨洪沙变化统计

支流	时段	斜率		变化量(%)	
		雨洪关系	雨沙关系	雨洪关系	雨沙关系
窟野河	早期	277.6	146.7		
	中期	187.0	89.1	-32.6	-39.3
	近期	43.5	3.7	-84.3	-97.5

三、孤山川流域高石崖站

从图 5-5、图 5-6 和表 5-8 可以看出,同早期下垫面相比,孤山川流域中期和近期相同的次降雨量产生的次洪径流量有所减少,中期和近期分别减少 31.0%和 84.2%;中期和近期相同的次降雨量产生的次洪输沙量有所减少,中期和近期分别减少 55.6%和 97.4%。总体来看,与早期相比,孤山川流域近期下垫面相同的暴雨产生次洪径流量和次洪输沙量均有所减少,分别减少 84.2%和 97.4%,相同的暴雨产生的次洪输沙量减少的幅度最大。

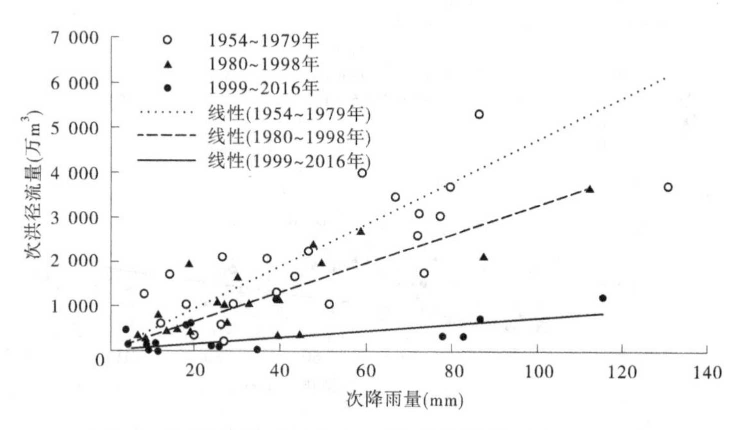

图 5-5　孤山川流域高石崖站次洪径流量和次降雨量关系

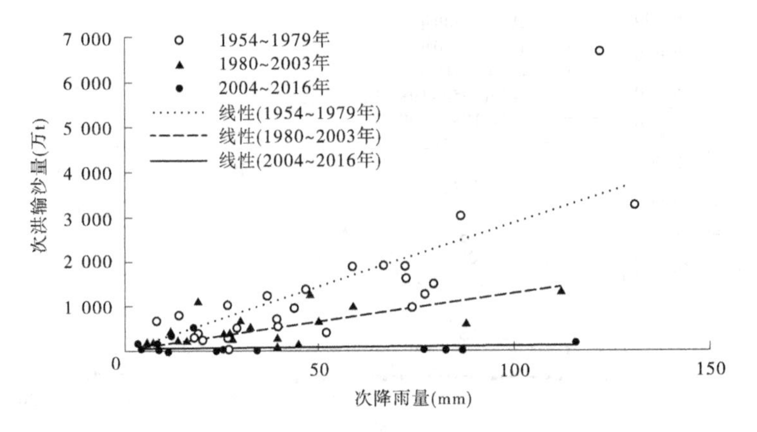

图 5-6　孤山川流域高石崖站次洪输沙量和次降雨量关系

表 5-8　孤山川流域高石崖站不同阶段雨洪沙变化统计

支流	时段	斜率		变化量(%)	
		雨洪关系	雨沙关系	雨洪关系	雨沙关系
孤山川	早期	47.5	28.4		
	中期	32.7	12.6	-31.0	-55.6
	近期	7.5	0.8	-84.2	-97.4

四、秃尾河流域高家川站

从图 5-7、图 5-8 和表 5-9 可以看出，同早期下垫面相比，秃尾河流域相同的次降雨量产生的次洪径流量有所减少，中期和近期分别减少 41.7%和 70.9%；相同的次降雨量产生的次洪输沙量有所减少，中期和近期分别减少 54.3%和 92.8%。总体来看，与早期相比，秃尾河流域近期下垫面相同的暴雨产生次洪径流量和次洪输沙量均有所减少，分别减少 70.9%和 92.8%，相同的暴雨产生的次洪输沙量减少的幅度最大。

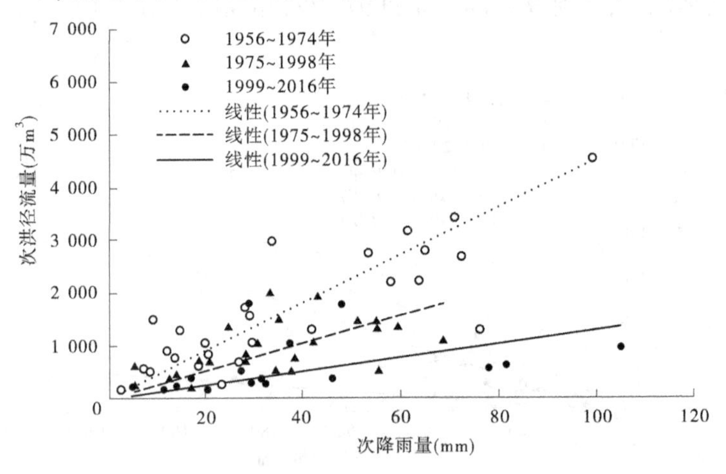

图 5-7　秃尾河流域高家川站次洪径流量和次降雨量关系

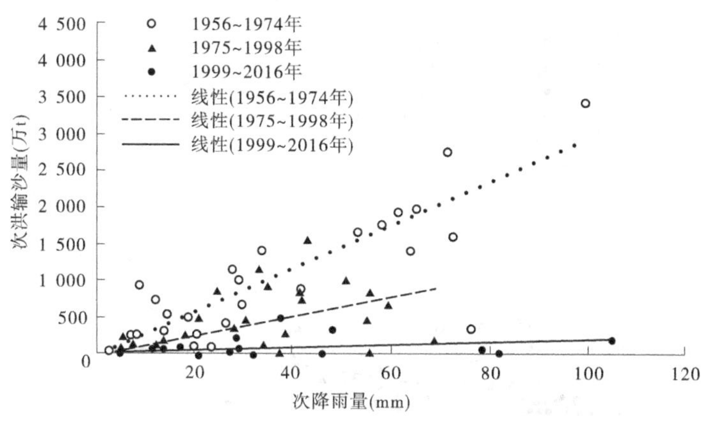

图 5-8　秃尾河流域高家川站次洪输沙量和次降雨量关系

表 5-9　秃尾河流域高家川站不同阶段雨洪沙变化统计

支流	时段	斜率		变化量(%)	
		雨洪关系	雨沙关系	雨洪关系	雨沙关系
秃尾河	早期	44.9	29.4		
	中期	26.2	13.4	-41.7	-54.3
	近期	13.1	2.1	-70.9	-92.8

五、佳芦河流域申家湾站

从图 5-9、图 5-10 和表 5-10 可以看出，同早期下垫面相比，佳芦河流域相同的次降雨量产生的次洪径流量有所减少，中期和近期分别减少 59.2%和 52.2%；相同的次降雨量产生的次洪输沙量有所减少，中期和近期分别减少 69.0%和 79.6%。总体来看，与早期相比，佳芦河流域近期下垫面相同的暴雨产生次洪径流量和次洪输沙量均有所减少，分别减少 52.2%和 79.6%，相同的暴雨产生的次洪输沙量减少的幅度最大。

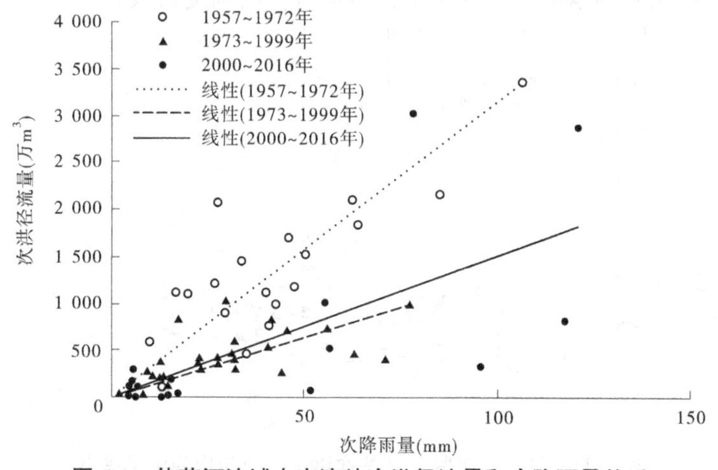

图 5-9　佳芦河流域申家湾站次洪径流量和次降雨量关系

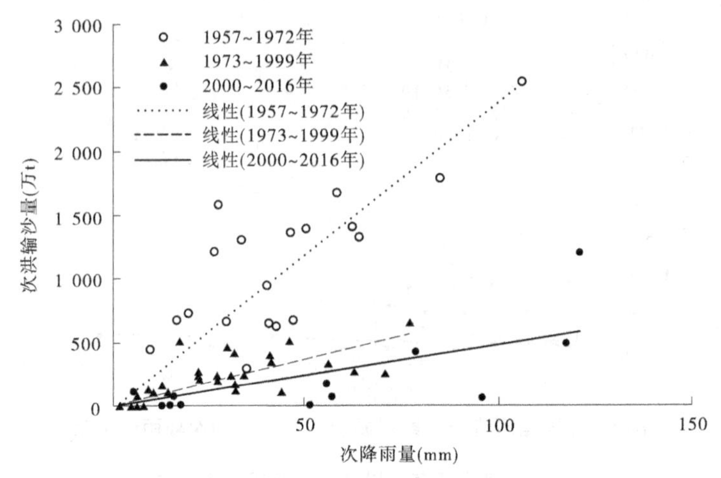

图 5-10 佳芦河流域申家湾站次洪输沙量和次降雨量关系

表 5-10 佳芦河流域申家湾站不同阶段雨洪沙变化统计

支流	时段	斜率		变化量(%)	
		雨洪关系	雨沙关系	雨洪关系	雨沙关系
佳芦河	早期	31.6	23.8		
	中期	12.9	7.4	-59.2	-69.0
	近期	15.1	4.9	-52.2	-79.6

六、延水流域甘谷驿站

从图 5-11、图 5-12 和表 5-11 可以看出,同早期下垫面相比,延水流域相同的次降雨量产生的次洪径流量有所减少,中期和近期分别减少 30.2%和 65.1%;相同的次降雨量产生的次洪输沙量有所减少,中期和近期分别减少 38.2%和 89.8%。总体来看,与早期相比,延水流域近期下垫面相同的暴雨产生次洪径流量和次洪输沙量均有所减少,分别减少 65.1%和 89.8%,相同的暴雨产生的次洪输沙量减少的幅度最大。

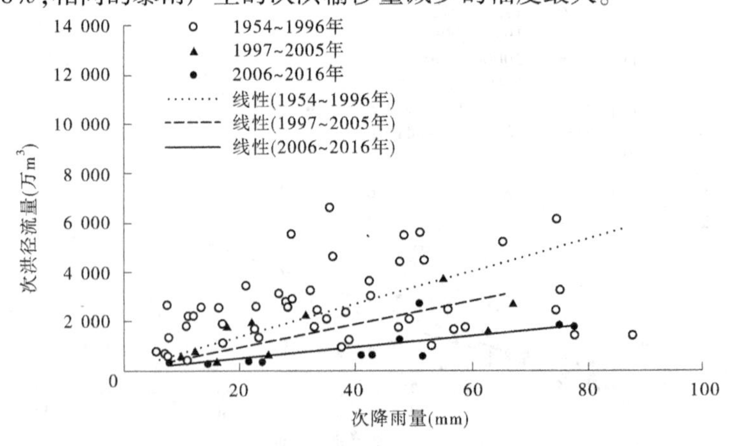

图 5-11 延水流域甘谷驿站次洪径流量和次降雨量关系

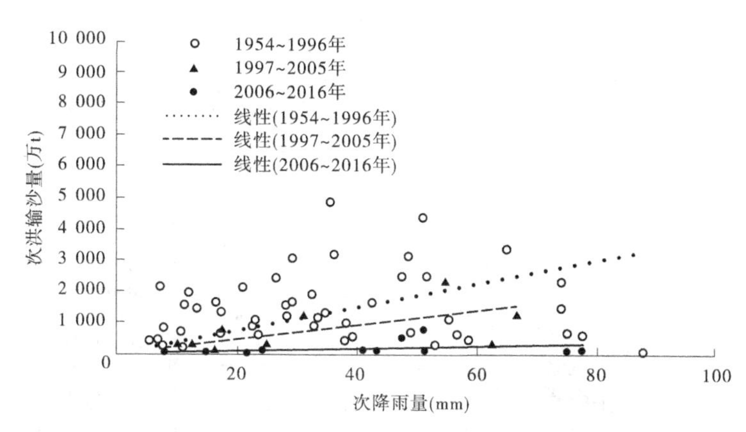

图 5-12　延水流域甘谷驿站次洪输沙量和次降雨量关系

表 5-11　延水流域甘谷驿站不同阶段雨洪沙变化统计

支流	时段	斜率		变化量(%)	
		雨洪关系	雨沙关系	雨洪关系	雨沙关系
延水	早期	66.9	36.9		
	中期	46.7	22.8	-30.2	-38.2
	近期	23.4	3.8	-65.1	-89.8

七、大理河绥德站

从图 5-13、图 5-14 和表 5-12 可以看出，同早期下垫面相比，大理河流域相同的次降雨量产生的次洪径流量有所减少，中期和近期分别减少 30.4%和 48.2%；相同的次降雨量产生的次洪输沙量有所减少，中期和近期分别减少 42.8%和 64.2%。总体来看，与早期相比，大理河流域近期下垫面相同的暴雨产生次洪径流量和次洪输沙量均有所减少，分别减少 48.2%和 64.2%，相同的暴雨产生的次洪输沙量减少的幅度最大。

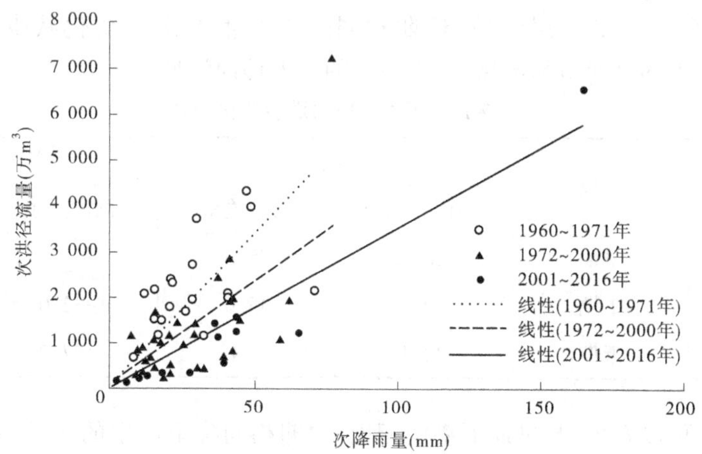

图 5-13　大理河流域绥德站次洪径流量和次降雨量关系

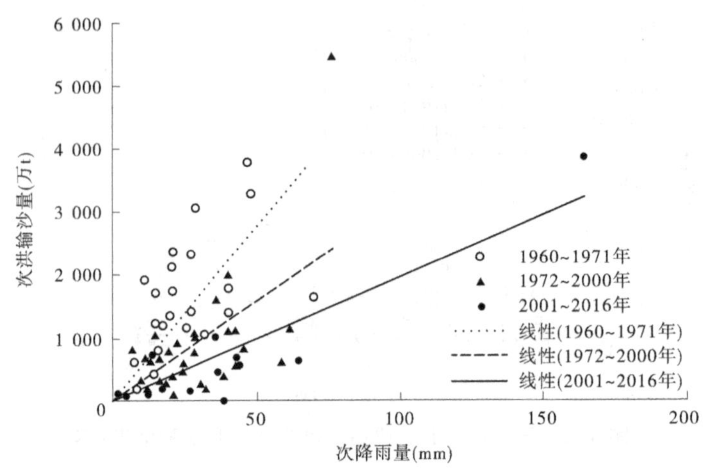

图 5-14　大理河流域绥德站次洪输沙量和次降雨量关系

表 5-12　大理河流域绥德站不同阶段雨洪沙变化统计

支流	时段	斜率		变化量(%)	
		雨洪关系	雨沙关系	雨洪关系	雨沙关系
大理河	早期	67.5	54.8		
	中期	47.0	31.3	-30.4	-42.8
	近期	35.0	19.6	-48.2	-64.2

八、研究区

同早期下垫面相比，在研究的支流中，相同的次降雨量产生的次洪径流量有所减少，中期和近期分别减少 32.0%和 77.2%；相同的次降雨量产生的次洪输沙量有所减少，中期和近期分别减少 40.5%和 91.5%(见表 5-13)。从图 5-15 可以看出，与早期下垫面相比，中期相同降雨产生的次洪径流量变化减少量在 24.1%~59.2%，减少最大的是佳芦河流域，减少最小的是皇甫川流域，近期相同降雨产生的次洪变化减少量在 48.2%~84.3%，减少最大的是窟野河流域，减少最小的是大理河流域。

表 5-13　不同阶段雨洪沙变化统计

支流	时段	斜率		变化量(%)	
		雨洪关系	雨沙关系	雨洪关系	雨沙关系
研究区	早期	133.2	75.6		
	中期	90.5	45.0	-32.0	-40.5
	近期	30.4	6.4	-77.2	-91.5

从图 5-16 可以看出，与早期下垫面相比，中期相同降雨产生的次洪沙量变化减少量在 35.1%~69.0%，减少最大的是佳芦河流域，减少最小的是皇甫川流域，近期相同降雨

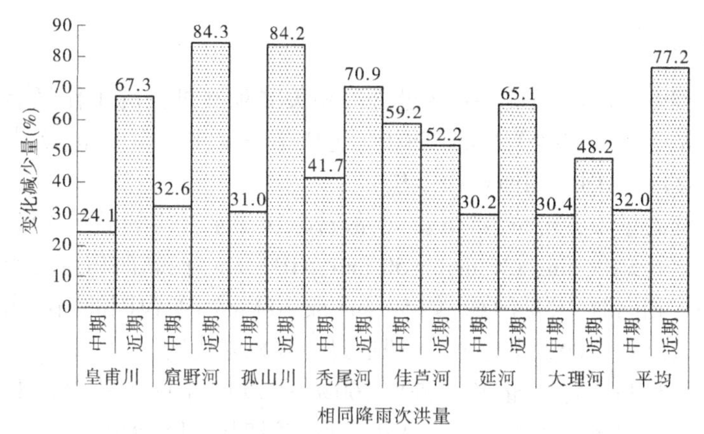

图 5-15　与早期相比的相同降雨次洪量变化量关系

产生的次洪沙量变化减少量在 64.2%~97.5%，减少最大的是窟野河流域，减少最小的是大理河流域。

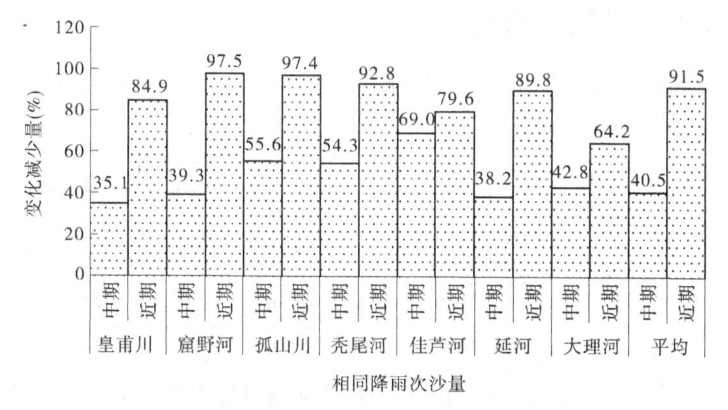

图 5-16　与早期相比的相同降雨次沙量变化量关系

综上所述，除佳芦河流域外，与早期下垫面相比，在研究的支流中相同降雨下的次洪径流量近期均大于中期的减少量，且中期减水量秃尾河和佳芦河达到了 40%以上，皇甫川流域减水量小于 25%，其余的支流在 30%左右；近期减水量窟野河和孤山川达到了 80%以上，皇甫川、秃尾河和延水流域减水量达到 65%以上，其余的佳芦河和大理河支流在 50%左右。与早期下垫面相比，在研究的支流中相同降雨下的次洪沙量变化量近期均大于中期，且中期减沙量孤山川、秃尾河和佳芦河达到了 50%以上，其余的支流在 40%左右；近期减沙量除大理河外，其余支流的次洪减沙量基本均在 80%以上，大部分大于 90%。

第四节　不同阶段洪水变化特征分析

在考虑雨强及暴雨等级笼罩范围的基础上，通过分别建立次洪量（次沙量）与面雨量、暴雨强度和笼罩范围组合关系，按照相关关系最好的原则，建立了早期的次洪量与暴雨强度及其对应笼罩范围关系，并分析对比与早期下垫面相比中期和近期的水沙变化量。

一、因子的选择

影响产洪产沙的降雨因子较多，通过查阅相关文献和过去的工作经验以及便于分析的原则，在本次暴雨洪水泥沙关系的模拟中，选取了三个主要自变量：次洪对应的面平均雨量(P)、雨强(I)和暴雨包围面积(F_i/F_0)。

一般来讲，降雨量大，产洪产沙量就大，故选取次洪水对应的面平均雨量。

相应级别降雨(>10 mm、>25 mm、>50 mm、>100 mm)控制面积也是影响产洪产沙的因素，在其他要素相同时，大暴雨量(如 50 mm 或 100 mm)所包围的面积占流域控制面积的百分比越大，其产洪产沙量也越大，一般通过计算机来优选。

暴雨中心雨强(指次降雨量 40%、50%、60%、…、90%集中期的雨强平均值)：在黄河中游黄土高原地区，大多为超渗产流。在年雨量或汛期雨量相近的情况下，有的年份产流产沙量大，有的年份产流产沙量则小，这说明，雨强更是影响超渗产流地区产流产沙的重要因素之一。

二、暴雨洪水泥沙关系的建立

建立各支流场次洪水对应的面平均雨量、暴雨集中度和暴雨包围面积与次洪洪量(W_w)和次洪输沙量(W_s)关系，见表 5-14。

表 5-14　各支流水文站早期暴雨洪水泥沙关系

河名	站名	模拟对象	关系式		相关系数
皇甫川	皇甫	W_w	组合 A	$W_w=72.1P^{0.740}I_{40}^{0.240}(1+F_{50}/F_{总})^{1.106}$	0.77
			组合 B	$W_w=62.9P^{0.966}[I_{40}(1+F_{50}/F_{总})]^{0.213}$	0.76
		W_s	组合 A	$W_s=75.6P^{0.623}I_{40}^{0.249}(1+F_{25}/F_{总})^{0.97}$	0.67
			组合 B	$W_s=140.3(PI_{40})^{0.384}(1+F_{25}/F_{总})^{1.630}$	0.66
窟野河	温家川	W_w	组合 A	$W_w=208.4P^{1.04}I_{100}^{-0.06}(1+F_{10}/F_{总})^{0.43}$	0.79
			组合 B	$W_w=225.8[P(1+F_{10}/F_{总})]^{0.932}I_{100}^{-0.07}$	0.79
		W_s	组合 A	$W_s=93.6P^{1.146}I_{40}^{-0.041}(1+F_{50}/F_{总})^{0.037}$	0.65
			组合 B	$W_s=107.7[P(1+F_{10}/F_{总})]^{0.955}I_{100}^{-0.053}$	0.65
孤山川	高石崖	W_w	组合 A	$W_w=71.9P^{0.642}I_{50}^{0.228}(1+F_{50}/F_{总})^{1.016}$	0.84
			组合 B	$W_w=118.2(PI_{50})^{0.365}(1+F_{50}/F_{总})^{1.648}$	0.83
		W_s	组合 A	$W_s=46.3P^{0.532}I_{60}^{0.283}(1+F_{50}/F_{总})^{1.448}$	0.81
			组合 B	$W_s=63.2(PI_{60})^{0.363}(1+F_{50}/F_{总})^{1.846}$	0.81
秃尾河	高家川	W_w	组合 A	$W_w=317.4P^{0.382}I_{90}^{-0.117}(1+F_{25}/F_{总})^{1.386}$	0.64
			组合 B	$W_w=168.7[P(1+F_{25}/F_{总})]^{0.57}I_{90}^{0.6225}$	0.79
		W_s	组合 A	$W_s=75.1P^{0.471}I_{100}^{0.066}(1+F_{25}/F_{总})^{1.774}$	0.56
			组合 B	$W_s=173.7(PI_{100})^{0.117}(1+F_{25}/F_{总})^{2.761}$	0.75

续表 5-14

河名	站名	模拟对象	关系式		相关系数
延水	甘谷驿	W_w	组合 A	$W_w=852.9P^{-0.048}I_{40}^{-0.004}(1+F_{50}/F_{总})^{2.245}$	0.56
			组合 B	$W_w=815.2(PI)^{-0.003}(1+f/F)^{2.086}$	0.56
		W_s	组合 A	$W_s=1\,375.3P^{-0.544}I_{40}^{-0.005}(1+F_{50}/F_{总})^{3.408}$	0.36
			组合 B	$W_s=871.6(PI)^{-0.081}(1+f/F)^{1.763}$	0.31
大理河	绥德	W_w	组合 A	$W_w=120.9P^{0.382}I_{40}^{0.241}(1+F_{10}/F_{总})^{1.434}$	0.82
			组合 B	$W_w=138.0(PI_{40})^{0.262}(1+F_{10}/F_{总})^{1.763}$	0.81
		W_s	组合 A	$W_s=66.8P^{0.542}I_{40}^{0.203}(1+F_{10}/F_{总})^{1.392}$	0.73
			组合 B	$W_s=81.0(PI_{40})^{0.295}(1+F_{10}/F_{总})^{1.938}$	0.78

三、雨洪关系分析结果

利用各支流水文站早期暴雨洪水泥沙关系，将中期和近期的各项指标分别代入计算出场次洪水的次洪量，以及与早期下垫面相比中期和近期次洪和次洪沙量的变化。

从表 5-15 可以看出，经分析所选的支流来看，与实测时段相比，中期减洪量占 34.2%，近期减洪量占 74.0%。

表 5-15　不同支流不同阶段洪水变化分析

支流	面积 (km^2)	时段		实测次洪量 (万 m^3)	计算次洪量(万 m^3)			次洪量变化	
					组合 A	组合 B	均值	减少量 (万 m^3)	减少率 (%)
皇甫川	3 204	早期	1958~1989 年	3 380.1					
	3 204	中期	1990~2004 年	2 315.5	3 530	3 324	3 427	1 111.5	32.4
	3 204	近期	2005~2016 年	1 059.9	3 311	3 334	3 323	2 263.1	68.1
窟野河	8 645	早期	1954~1989 年	9 776.2					
	8 645	中期	1990~2000 年	6 656.1	10 557	10 623	10 590	3 933.9	37.1
	8 645	近期	2001~2016 年	1 810.1	11 609	11 439	11 524	9 713.9	84.3
孤山川	1 263	早期	1954~1979 年	2 110.1					
	1 263	中期	1980~1998 年	1 140.0	1 446	1 513	1 480	340	23.0
	1 263	近期	1999~2014 年	453.7	1 754	1 698	1 726	1 272.3	73.7
秃尾河	3 253	早期	1956~1974 年	1 822.1					
	3 253	中期	1975~1998 年	935.5	1 802.6	1 772.2	1 787	851.5	47.6
	3 253	近期	1999~2016 年	536.5	1 726.4	1 801.3	1 764	1 227.5	69.6

续表 5-15

支流	面积(km²)	时段		实测次洪量(万 m³)	计算次洪量(万 m³)			次洪量变化	
					组合 A	组合 B	均值	减少量(万 m³)	减少率(%)
延水	5 891	早期	1956~1996 年	2 825.5					
	5 891	中期	1997~2005 年	1 633.3	2 527.1	2 523.4	2 525	891.7	35.3
	5 891	近期	2006~2016 年	937.9	2 858.8	2 870.5	2 865	1 927.1	67.3
大理河	3 893	早期	1956~1971 年	2 041.1					
	3 893	中期	1972~2000 年	1 541.5	1 803.4	1 785.9	1 795	253.5	14.1
	3 893	近期	2001~2016 年	1 264.8	2 147.3	2 043.4	2 095	830.2	39.6
合计	26 149	早期		21 955					
	26 149	中期		14 222	21 667	21 542	21 604	7 382	34.2
	26 149	近期		6 063	23 406	23 185	23 296	17 233	74.0

从表 5-16 分析所选的支流来看，与实测时段相比，中期减沙量占 46.3%，近期减沙量占 89.8%。

总的来看，中期减洪量减少了 1/3，减沙量减少了 1/2；近期减洪量减少了 3/4，减沙量减少了 4/5。

表 5-16　不同支流不同阶段泥沙变化分析

支流	面积(km²)	时段		实测次沙量(万 t)	计算次沙量(万 t)			次沙量变化	
					组合 A	组合 B	均值	减少量(万 t)	减少率(%)
皇甫川	3 204	早期	1958~1989 年	2 167.0	2 167	2 167	2 167		
	3 204	中期	1990~2004 年	1 199.1	2 293	2 316	2 305	1 105.9	48.0
	3 204	近期	2005~2016 年	247.1	2 131	2 205	2 168	1 920.9	88.6
窟野河	8 645	早期	1954~1989 年	5 318.8	5 319	5 271	5 295		
	8 645	中期	1990~2000 年	3 234.8	5 730	5 744	5 737	2 502.2	43.6
	8 645	近期	2001~2016 年	165.3	6 465	6 229	6 347	6 181.7	97.4
孤山川	1 263	早期	1954~1979 年	1 191.9	1 192	1 192	1 192		
	1 263	中期	1980~1998 年	490.0	819	842	831	341	41.0
	1 263	近期	1999~2014 年	105.3	985	968	977	871.7	89.2
秃尾河	3 253	早期	1956~1974 年	1 132.8	1 133	1 133	1 133		
	3 253	中期	1975~1998 年	476.5	1 169	1 245	1 207	730.5	60.5
	3 253	近期	1999~2016 年	84.0	1 188	1 115	1 152	1 068	92.7

续表 5-16

支流	面积(km^2)	时段		实测次沙量(万 t)	计算次沙量(万 t)			次沙量变化	
					组合 A	组合 B	均值	减少量(万 t)	减少率(%)
延水	5 891	早期	1956~1996 年	1 611.8	1 612	1 612	1 612		
	5 891	中期	1997~2005 年	801.7	1 467	1 434	1 451	649.3	44.7
	5 891	近期	2006~2016 年	168.2	1 548	1 609	1 579	1 410.8	89.3
大理河	3 893	早期	1956~1971 年	1 660.9	1 661	1 661	1 661		
	3 893	中期	1972~2000 年	771.9	1 488	1 447	1 468	696.1	47.4
	3 893	近期	2001~2016 年	658.7	1 915	1 671	1 793	1 134.3	63.3
合计	26 149	早期		13 083	13 083	13 036	13 060		
	26 149	中期		6 974	12 965	13 029	12 997	6 023.0	46.3
	26 149	近期		1 429	14 232	13 797	14 015	12 586	89.8

第五节　不同阶段产流产沙系数变化分析

一、计算方法

(一)径流系数

径流系数是指同一流域面积、同一时段内径流深与降水量的比值。按时段的不同,有各种径流系数。多年平均径流系数是个稳定的数值,它综合反映流域内自然地理因素对降水形成径流过程的影响,故具有一定的地区性。径流系数主要受降水量和地形地貌等因素的影响。在相同的下垫面条件下,径流深度随降水量的增加而增大;在同样的降水条件下,径流深随下垫面条件差异而增减。

径流系数按下式计算:

$$\alpha = R/P \tag{5-3}$$

式中:α 为径流系数,以小数(百分数)表示,α 值变化于 0~1,湿润地区 α 大,干旱地区 α 小;R 为径流深;P 为降水量。

(二)产沙系数

产沙系数是指同一流域面积、同一时段内降雨量和泥沙量的比值。它综合反映了流域内自然地理因素对降水产生泥沙的影响。产沙系数主要受降雨量和下垫面等因素的影响。一般来讲,在相同的下垫面条件下,随着降雨量的增大,产沙量相应的也变大,反之则变小。

本书中产沙系数按下式计算:

$$\beta = \frac{V_{泥沙}}{V_{降雨}} \times 100\% \tag{5-4}$$

式中:β 为产沙系数,用百分数表示;$V_{泥沙}$ 为泥沙体积,$V_{泥沙} = W_{泥沙}/r_s$,$W_{泥沙}$ 为泥沙重量,r_s

为泥沙密度,取 2.7 t/m³;$V_{降雨}$为降雨量体积。

二、计算结果

(一)产流系数变化

从研究区所选的支流来看,早期的产流系数平均为 0.25,变化幅度在 0.13~0.36;中期的产流系数平均为 0.16,变化幅度在 0.08~0.27;近期的产流系数平均为 0.06,变化幅度在 0.03~0.13。总体上随着年代增加产流系数在逐渐降低,变化幅度逐渐减小(见图 5-17)。

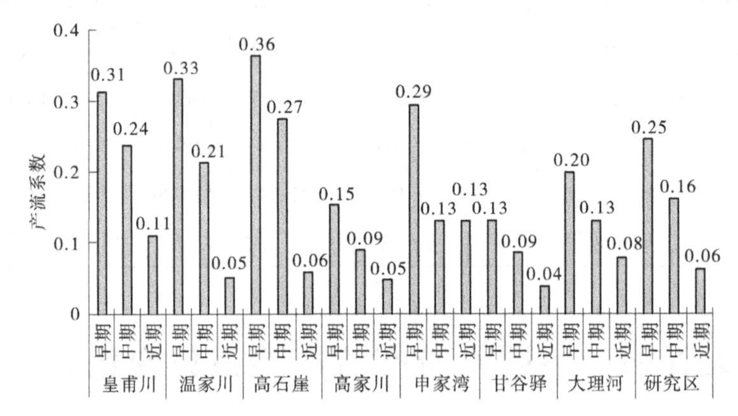

图 5-17　研究区不同时期产流系数柱状图

与早期相比,中期产流系数的平均减少量为 34.1%,减少幅度在 24.0%~55.1%变化;近期产流系数的平均减少量为 74.4%,减少幅度在 56.5%~84.5%变化(见图 5-18)。

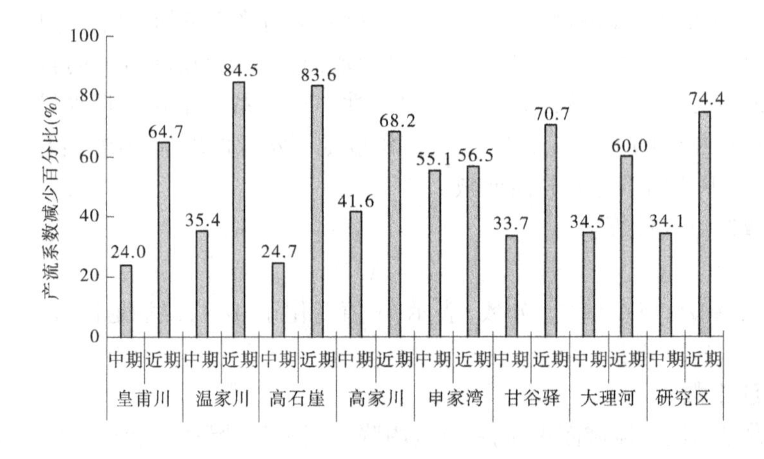

图 5-18　研究区不同时期产流系数减少百分比柱状图

就各支流产流系数而言,早期产流系数最大的支流是孤山川,窟野河次之,无定河最小;中期产流系数最大的支流是孤山川,皇甫川次之,秃尾河最小;近期产流系数最大的支流是佳芦河,皇甫川次之,延水最小。

就各支流产流系数与早期变化减少量而言,中期产流系数变化减少量最大的支流是佳芦河，秃尾河次之，皇甫川最小；近期产流系数变化减少量最大的支流是窟野河，孤山川次之，佳芦河最小。

通过上述分析可以看出，由于受降雨和下垫面等因素的综合影响，各个时期的产流系数差别比较大，经过治理后，中期和近期产流系数的变化都在逐渐减小，但各支流之间变化并非同步进行，同时与早期相比，各支流中期和近期产流系数的减少变化量也不相同。

（二）产沙系数变化

从研究区所选的支流来看，早期的产沙系数平均为0.55，变化幅度在0.27~0.82；中期的产沙系数平均为0.29，变化幅度在0.15~0.46；近期的产沙系数平均为0.05，变化幅度在0.01~0.15。总体上随着年代增加产沙系数在逐渐降低，变化幅度在逐渐减小（见图5-19）。

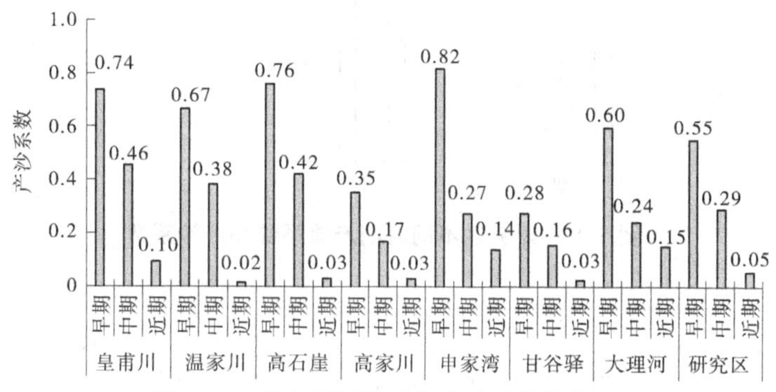

图5-19　研究区不同时期产沙系数柱状图

与早期相比，中期产沙系数的平均减少量为46.8%，减少幅度在38.6%~66.6%；近期产沙系数的平均减少量为90.1%，减少幅度在74.4%~97.4%（见图5-20）。

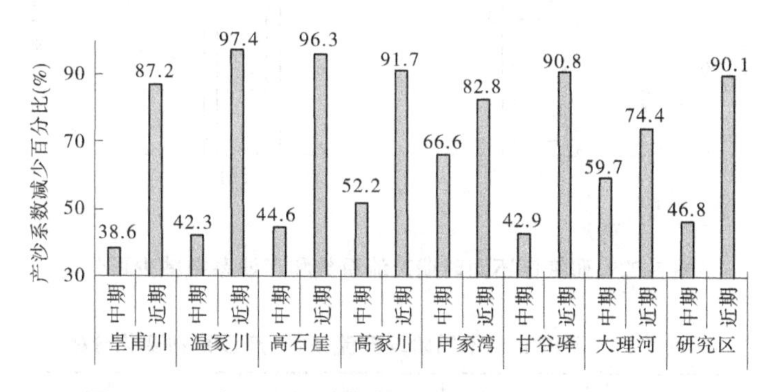

图5-20　研究区不同时期产沙系数减少百分比柱状图

就各支流而言，早期产沙系数最大的支流是佳芦河，孤山川次之，延水最小；中期产沙系数最大的支流是皇甫川，孤山川次之，延水最小；近期产沙系数最大的支流是延水，佳芦河次之，窟野河最小。

就各支流产沙系数与早期变化减少量而言，中期产沙系数变化减少量最大的支流是佳芦河，大理河次之，皇甫川最小；近期产沙系数变化减少量最大的支流是窟野河，孤山川次之，无定河的大理河支流最小。

从上述分析可以看出,同产流系数变化一样,由于受降雨和下垫面等因素的综合影响,各个时期的产沙系数差别比较大,经过治理后,中期和近期的产沙系数的变化都在逐渐减小,但各支流之间变化并非同步进行。同时,与早期相比,各支流中期和近期产沙系数的减少变化量也不相同,产沙系数的减少幅度大于产流系数的减少幅度(见图5-21、图5-22、表5-17)。

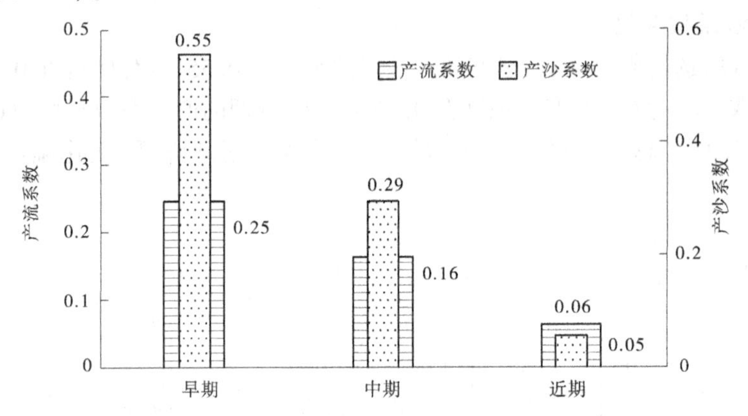

图 5-21　研究区不同时期产流系数和产沙系数

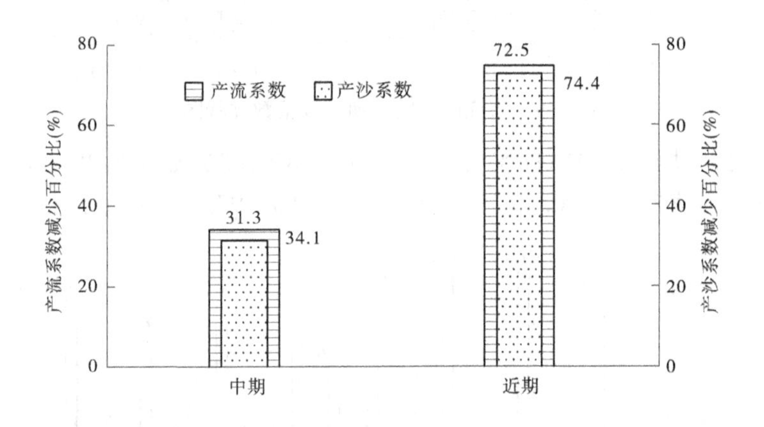

图 5-22　研究区不同时期产流系数和产沙系数减少百分比

表 5-17　不同支流不同阶段产流系数、产沙系数变化分析

支流	面积(km^2)	时段	产流系数	产沙系数	减少变化量(%)	
					产流系数	产沙系数
皇甫川	3 204	早期	0.31	0.74		
	3 204	中期	0.24	0.46	24.0	38.6
	3 204	近期	0.11	0.10	64.7	87.2

续表 5-17

支流	面积 (km²)	时段	产流系数	产沙系数	减少变化量(%)	
					产流系数	产沙系数
窟野河	8 645	早期	0. 33	0. 67		
	8 645	中期	0. 21	0. 38	35. 4	42. 3
	8 645	近期	0. 05	0. 02	84. 5	97. 4
孤山川	1 263	早期	0. 36	0. 76		
	1 263	中期	0. 27	0. 42	24. 7	44. 6
	1 263	近期	0. 06	0. 03	83. 6	96. 3
秃尾河	3 253	早期	0. 15	0. 35		
	3 253	中期	0. 09	0. 17	41. 6	52. 2
	3 253	近期	0. 05	0. 03	68. 2	91. 7
佳芦河	1 121	早期	0. 29	0. 82		
	1 121	中期	0. 13	0. 27	55. 1	66. 6
	1 121	近期	0. 13	0. 14	56. 5	82. 8
延水	5 891	早期	0. 13	0. 28		
	5 891	中期	0. 09	0. 16	33. 7	42. 9
	5 891	近期	0. 04	0. 03	70. 7	90. 8
大理河	3 893	早期	0. 20	0. 60		
	3 893	中期	0. 13	0. 24	34. 5	59. 7
	3 893	近期	0. 08	0. 15	60. 0	74. 4
研究区	27 270	早期	0. 25	0. 55		
	27 270	中期	0. 16	0. 29	34. 1	46. 8
	27 270	近期	0. 06	0. 05	74. 4	90. 1
变化幅度	1 121～8 645	早期	0. 13～0. 36	0. 27～0. 82		
		中期	0. 08～0. 27	0. 15～0. 46	24. 0～55. 1	38. 6～66. 6
		近期	0. 03～0. 13	0. 01～0. 15	56. 5～84. 5	74. 4～97. 4

第六节　小　结

根据支流突变点辨析分析，将各支流划分为早期、中期、近期三个阶段，按照入选支流进行场次洪水选取，在对场次暴雨洪水泥沙资料处理的基础上，对各支流（区间）不同阶段洪水变化进行了分析，用图表和数据的形式体现了不同阶段洪水特征变化规律，同时分析了各支流不同阶段产流系数、产沙系数变化，得出的结论如下：

(1)通过降雨及次洪量和次沙量的单因子分析可以看出，同早期下垫面相比，在研究的支流中，相同的次洪面雨量产生的次洪径流量中期和近期分别减少 32.0%和 77.2%；相同的次洪面雨量产生的次洪输沙量中期和近期分别减少 40.5%和 91.5%。中期相同降雨产生的次洪量变化减少量在 24.1%~59.2%，减少最大的是佳芦河流域，减少最小的是皇甫川流域，近期相同降雨产生的次洪变化减少量在 48.2%~84.3%，减少最大的是窟野河流域，减少最小的是大理河流域；中期相同降雨产生的次洪沙量变化减少量在 35.1%~69.0%，减少最大的是佳芦河流域，减少最小的是皇甫川流域，近期相同降雨产生的次洪沙量变化减少量在 64.2%~97.5%，减少最大的是窟野河流域，减少最小的是大理河流域。

(2)通过分别建立次洪量(次沙量)与面雨量、暴雨强度和笼罩范围组合的多因子关系，按照相关关系最好的原则，建立了早期的次洪量与暴雨强度及其对应笼罩范围关系，并分析对比与早期下垫面相比中期和近期的水沙变化量。与早期相比，中期减洪量减少了 1/3，减沙量减少了 1/2；近期减洪量减少了 3/4，减沙量减少了 4/5。

(3)通过分析各支流的产流系数和产沙系数可以看出，由于受降雨和下垫面等因素的综合影响，各个时期的产流系数和产沙系数差别比较大，经过治理后，中期和近期的产流系数的变化都在逐渐减小，但各支流之间变化并非同步进行，与早期相比，各支流中期和近期产流系数和产沙系数的减少变化量也不相同。

第六章　重点支流剖析

第一节　采矿塌陷对窟野河流域水沙影响浅析

窟野河是黄河中游河口镇—龙门区间一条主要来洪来沙支流,入黄控制站温家川以上面积为 8 645 km^2。该支流曾于 1959 年和 1976 年分别出现过 14 100 m^3/s 和 14 000 m^3/s 的大洪水,是河龙区间大于 10 000 m^3/s 洪峰流量出现频次最多的支流,也是水土流失最严重的支流,1959 年神木至温家川区间输沙模数高达 10 万 t/(km^2 · 年), 1958 年 7 月 10 日还出现 1 700 kg/m^3 的实测最大洪水含沙量。温家川站多年(1954~2015 年)平均实测径流量和输沙量为 5.21 亿 m^3 和 0.77 亿 t。其中:1954~1979 年为丰水丰沙期,实测径流量和输沙量高达 7.48 亿 m^3 和 1.31 亿 t,而 2000~2015 年实测径流量和输沙量为 1.81 亿 m^3 和 0.036 7 亿 t,仅占 1954~1979 年的 24.2%和 2.8%;特别是 2014 年和 2015 年温家川站实测输沙量只有 40 万 t,更加引起人们的关注。一条"暴雨骤、洪峰陡、挟沙多"的支流,为什么会发生如此重大变化,原因何在? 根据现场查勘初步分析认为,这是近期该地区降雨变化和人类活动综合作用的结果。

一、窟野河实测雨水沙变化情况

由于 20 世纪 60 年代之前窟野河流域雨量站相对较少,且降雨大多以暴雨形式出现,极易造成暴雨中心漏测现象,在分析降雨量及雨强变化时代表性较差,故本次分析降雨变化从 20 世纪 70 年代开始,并以 70 年代作为参照进行比较分析。

(一)年降雨总量虽有所增大,但雨强减弱趋势较明显

1.21 世纪以来流域降雨总量有所增大,牸牛川最明显

窟野河流域多年(1970~2015 年,下同)平均年降雨量 378.6 mm,20 世纪 70~90 年代和 21 世纪 00 年代以及 2010~2015 年年均降雨量分别为 389.3 mm、358.3 mm、356.3 mm、383.4 mm 和 423.4 mm,表明 20 世纪降雨量随年代是减少趋势,进入 21 世纪以来年降雨量是增加趋势,特别是 2010~2015 年高达 423.4 mm,比多年平均大 11.8%;其中牸牛川新庙以上和乌兰木伦河王道恒塔以上都是 2010~2015 年最大,分别为 404.8 mm 和 395.2 mm,比对应区间多年平均大 34.3%和 10.3%;王道恒塔和新庙—温家川区间是 2000~2009 年最大,为 504.5 mm,比多年平均大 5.5%。汛期(6~9 月)降雨量与年降雨量变化趋势基本一致。

2.近十几年来林草植被发育关键期降雨也普遍增大

2000 年以来,在林草植被发育关键期的 4~6 月,降雨量更为偏丰,牸牛川新庙以上 2000~2015 年达 85.7 mm,比多年平均高 20.7%,比 1970~1979 年高 66.4%;乌兰木伦河王道恒塔以上 2000~2015 年为 93.8 mm,比多年平均高 15.8%,比 1970~1979 年高

51.3%；王道恒塔和新庙—温家川区间2000~2015年为122.8 mm，比多年平均高10.3%，比1970~1979年高45.5%。年、汛期、林草植被发育关键期的降雨过程见表6-1、图6-1。

表6-1　窟野河流域不同年代降雨量统计

时段	区间	时段降雨量(mm)						
		1970~1979年	1980~1989年	1990~1999年	2000~2009年	2010~2015年	2000~2015年	1970~2015年
全年	新庙以上	306.1	270.5	279.6	287.3	404.8	331.4	301.4
	王道恒塔以上	370.1	345.2	329.9	365.1	395.2	376.4	358.2
	王道恒塔和新庙—温家川区间	495.6	467.1	458.4	504.5	458.4	487.2	478.4
	全流域	389.3	358.3	356.3	383.4	423.4	398.4	378.6
4~6月	新庙以上	51.5	70.2	67.9	78.2	98.2	85.7	71.0
	王道恒塔以上	62.0	90.1	70.3	92.0	96.9	93.8	81.0
	王道恒塔和新庙—温家川区间	84.4	136.4	94.7	126.2	117.1	122.8	111.3
	全流域	65.8	98.8	78.5	98.9	105.1	101.2	88.1
6~9月	新庙以上	248.4	216.2	214.3	213.8	317.5	252.7	235.5
	王道恒塔以上	302.3	269.0	255.0	271.5	305.8	284.4	278.5
	王道恒塔和新庙—温家川区间	388.0	355.0	336.9	382.6	343.7	368.0	362.8
	全流域	310.8	278.2	268.0	288.0	325.3	302.0	291.4

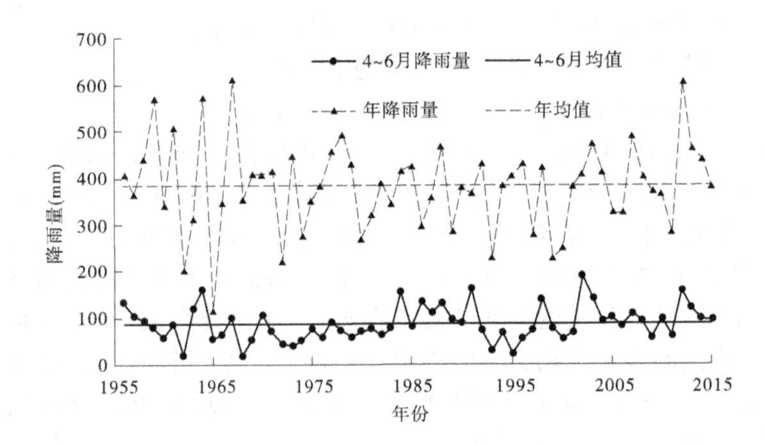

图6-1　窟野河流域年、4~6月降雨量过程线

3. 短时段降雨量减少明显

分别统计年最大3 h、6 h、12 h和24 h降雨量，以此来反映各年代短时段降雨量的变化，也能在某种程度上反映雨强的变化，见表6-2和图6-2。

表 6-2　窟野河流域不同年代时段最大降雨量统计

最大降雨时段	区间	时段降雨量(mm)								
		1970~1979 年	1980~1989 年	1990~1999 年	2000~2009 年	2010~2015 年	2010~2015 年[①]	2000~2015 年	2000~2015 年[②]	1970~2015 年
3 h	新庙以上	35.2	32.0	28.6	30.0	33.6	26.1	31.3	28.7	31.7
	王道恒塔以上	38.4	28.8	29.0	28.8	31.2	28.0	29.7	28.5	31.3
	王道恒塔和新庙—温家川区间	32.8	29.0	30.5	30.0	38.2	37.1	33.0	32.3	31.6
	全流域	35.7	29.4	29.5	29.4	34.3	31.1	31.3	30.0	31.5
6 h	新庙以上	48.3	42.0	38.7	37.9	45.4	31.2	40.7	35.6	42.2
	王道恒塔以上	51.9	37.2	39.4	36.8	41.0	33.4	38.4	35.7	41.3
	王道恒塔和新庙—温家川区间	46.0	39.9	39.4	39.6	48.1	46.0	42.8	41.7	42.1
	全流域	49.0	39.1	39.3	38.0	44.5	37.8	40.5	38.0	41.8
12 h	新庙以上	60.8	50.1	49.0	44.6	53.6	35.7	48.0	41.6	51.5
	王道恒塔以上	62.9	45.0	50.6	44.6	48.6	38.5	46.1	42.5	50.5
	王道恒塔和新庙—温家川区间	58.5	49.6	47.0	49.8	57.3	54.3	52.6	51.3	52.0
	全流域	60.9	47.6	48.9	46.6	52.8	44.0	48.9	45.7	51.2
24 h	新庙以上	72.4	58.6	53.9	50.1	58.6	41.6	53.3	47.3	58.8
	王道恒塔以上	75.0	50.6	54.3	50.6	53.1	42.9	51.5	48.0	57.0
	王道恒塔和新庙—温家川区间	66.8	54.1	52.7	52.9	63.8	59.4	60.0	58.3	58.6
	全流域	71.4	53.3	53.6	51.4	58.1	48.9	55.1	51.8	57.9

注:①为 2010~2015 年不含 2012 年 5 年均值;②为 2000~2015 年不含 2012 年 15 年均值。

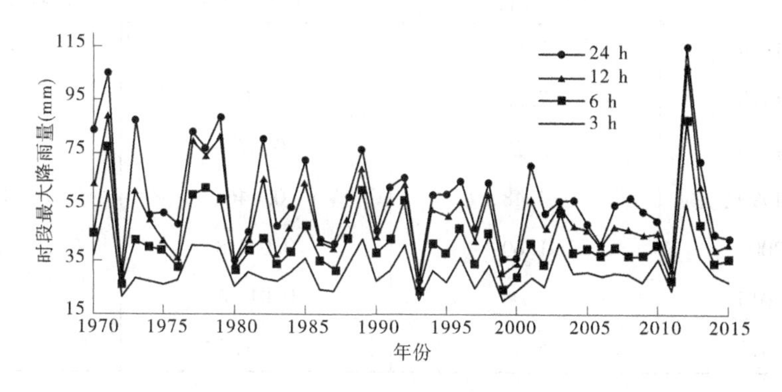

图 6-2　窟野河流域最大 3 h、6 h、12 h 和 24 h 降雨量过程线

窟野河流域年最大 3 h、6 h、12 h 和 24 h 多年平均降雨量分别为 31.5 mm、41.8 mm、51.2 mm 和 57.9 mm，均是 20 世纪 70 年代最大，2010~2015 年第二大。在 2010~2015 年时段，如果去除 2012 年，用 5 年数值平均，除年最大 3 h 降雨量外，最大 6 h、12 h 和 24 h 的降雨量都是 2010~2015 年最小，2000~2009 年次小；对于年最大 3 h 降雨量，由于历时太短，有一定随机性干扰；从年最大 6 h、12 h 和 24 h 来看，时段均值均是逐渐减小的。在 2012 年参与统计的情况下，多年平均年最大 3 h、6 h、12 h 和 24 h 降雨量变化趋势是每 10 年减少 0.43 mm、1.13 mm、1.94 mm 和 3.05 mm，在剔除 2012 年数值的情况下减少就更多，多年平均年最大 3 h、6 h、12 h 和 24 h 降雨量每 10 年减少 1.09 mm、2.37 mm、3.51 mm 和 4.66 mm。由此表明，窟野河流域大雨强的趋势性减弱是非常明显的。

（二）实测径流量、洪峰流量大幅度减少

窟野河流域温家川站多年（1954~2015 年，洪峰、输沙系列均同）平均实测径流量为 5.21 亿 m^3，2000~2009 年的均值下降到 1.69 亿 m^3，较多年均值减少了 67.6%，，较 1954~1979 年（7.48 亿 m^3）偏少 77.4%，而更为明显的是 2011 年仅为 1.212 亿 m^3，较多年均值减少了 76.7%，由于 2012 年降雨量较大，使 2010~2015 年实测径流量回升到 2.00 亿 m^3。总的来看，窟野河流域实测径流量出现了明显大幅度减少。

窟野河流域实测年最大洪峰流量多年平均为 3 580 m^3/s，2010~2015 的均值下降到 581 m^3/s，较多年均值减少了 83.8%，较 1954~1979 年均值（5 312 m^3/s）减少了 89.1%，表明实测洪峰流量也出现大幅度递减。

（三）实测输沙量减少更明显

由于径流和洪水的减少，输沙量的减少尤为显著。窟野河流域多年平均实测输沙量为 0.77 亿 t，2010~2015 年的均值下降到 0.011 4 亿 t，较多年均值减少了 98.5%，较 1954~1979 年均值（1.31 亿 t）减少了 99.1%，实测最小年输沙量为 2009 年，只有 3.15 万 t。由此可见，窟野河的输沙量减少更剧烈。

窟野河温家川站年径流量、输沙量和最大洪峰流量统计见表 6-3，实测年径流量、最大洪峰流量和年输沙量过程线见图 6-3。

表 6-3　窟野河温家川站年径流量、输沙量和最大洪峰流量统计

时段（年）	实测		
	径流量（亿 m^3）	输沙量（亿 t）	洪峰流量（m^3/s）
1954~1969	7.63	1.25	4 207
1970~1979	7.23	1.40	7 079
1980~1989	5.21	0.671	3 166
1990~1999	4.48	0.646	4 239
2000~2009	1.69	0.051 8	633
2010~2015	2.00	0.011 4	581
1954~2015	5.21	0.77	3 580

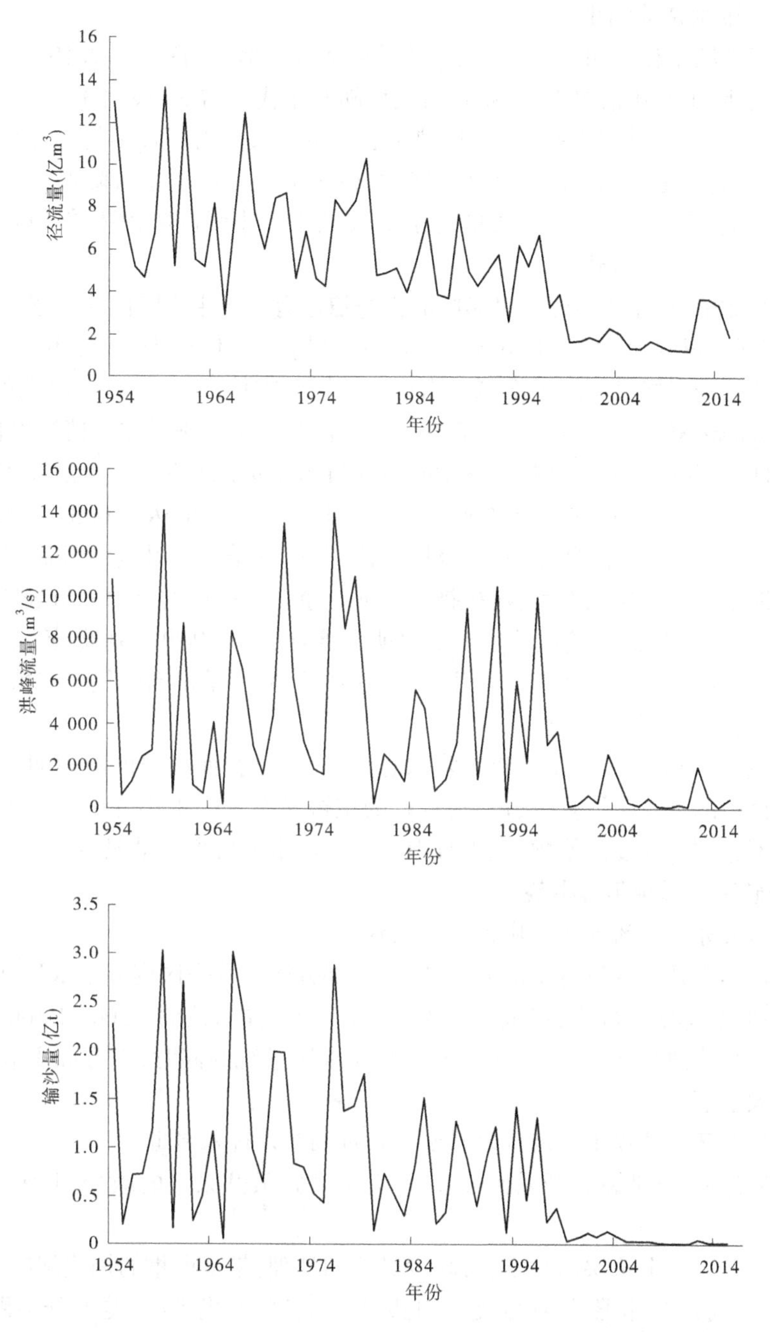

图 6-3　实测年径流量、最大洪峰流量和年输沙量过程线

二、变化原因浅析

针对窟野河流域近期降水总量有所增加，而实测径流量、最大洪峰流量和输沙量为何出现明显锐减的情况，作者从以下几个方面提出自己的浅见。

（一）降雨强度持续偏小

从窟野河流域年和汛期降水量来看，降雨总量有所增大，特别是 2010 年以后更为明显，但从短时段降雨变化情况来看，窟野河流域随着年代的增加，最大 3 h、6 h、12 h 和 24 h 降雨量呈现持续性减小的趋势，这就反映出总雨量较大而雨强较小的特殊组合，由此带来两方面的作用：一是长期无连续高强度降雨，带来流域的产流系数降低；二是中小雨强降雨量有利于植被吸收生长，而植被的增加又有利于中小强度降雨入渗，2000 年以来这种互为良性作用也十分明显。

（二）"政策好、人自觉、天帮忙"形成的良好植被有利于中小降雨的入渗

国家"退耕还林还草"政策的引导，农村劳动力转移后不再上山开荒和牛羊的设施圈养为林草植被的恢复提供了政策保障和当地老百姓的支持。同时，这一时期的"天帮忙"也助力了植被的恢复，主要体现在冬、春季气温升高和春季降雨增加为植被生长提供了良好的水热条件。根据晏利斌的研究，从 1961～2011 年，黄土高原年气温是逐年增加的，冬季气温升高 0.44 ℃/10 年，大于年增温 0.31 ℃/10 年，春季也达到 0.34 ℃/10 年，也大于年增温；佟斯琴的研究表明，植被覆盖指数值随冬、春季气温升高而升高，特别是 3～5 月温度高有助于植被的生长发育，对植被生长尤为重要。前面的降雨分析表明，在植被发育关键期的 4～6 月，窟野河流域的降雨量也明显增加，这一结果与刘晓燕"十二五"国家科技支撑项目的研究结果一致。近十几年来，这样的冬、春季走高的气温与植被生长季的丰沛雨量搭配，是极有利于植被生长的。

总的来说，窟野河流域近十几年来降水总量不减反增，而高强度降雨明显减弱，中小降雨有利于植被的进一步恢复，反过来，良好的植被又有利于中小降雨的入渗，这样的良性互动只要不遇到高强度的暴雨，就很难形成大的洪水和挟带大量泥沙。

（三）开矿活动影响不可小觑

1. 部分露天开采后的景观水域需要一定水量

虽然早期露天开采区进行了部分回填，但一部分露天开采区变成蓄水池，因窟野河流域处于干旱地区，降水量较小，但蒸发量较大，水面蒸发能力达到 1 200～1 500 mm（E_{601}），干旱指数（E/P）达到 3～5，原有的开采区在变成水域景观的同时，一方面不利于产汇流，另一方面加大了蒸发。

2. 采煤塌陷区及其以上汇流区的产水产沙近期难以进入河道

在窟野河流域，早期露天开采比较多，随着适合露天开采区的减少，井采区域也逐渐增加。

由于煤层开采后上覆层的悬空，又缺少必要的处理，带来严重的塌陷问题。从网络报道来看，在窟野河以神木县为中心及其周边县（旗、区）的塌陷地震十分活跃，据统计，2005 年 6 月有第一次地震报道至 2017 年 2 月 1 日，以神木为中心及其周边县（旗、区）共发生地震 55 次，强度范围在 2.1～3.6 级。2012 年最多，达到 16 次，9 次在神木境内，2 次在神木府谷交界处，2 次在神木伊旗交界处，2 次在榆阳，1 次在府谷；其次是 2015 年，为 9 次，其中神木 6 次、榆阳 3 次（见表 6-4）。

表 6-4　2005 年 6 月至 2017 年 2 月 1 日陕西神木及其周边县(旗、区)发生地震报道统计

年份	报道次数(次)	强度范围(级)	明确塌陷所致地震(次)	区域(次)
2005	1	3.1		神木(1)
2007	1	3.3	1	神木(1)
2009	1	3.3	1	神府界(1)
2010	6	2.3~3.0	5	神木(2)府谷(2)准旗(1)神府界(1)
2011	4	2.4~3.6	3	神木(1)榆阳(1)准旗(1)神伊界(1)
2012	16	2.2~3.2	15	神木(9)榆阳(2)府谷(1)神府界(2)神木伊旗交界(2)
2013	7	2.5~3.3	5	神木(5)准旗(2)
2014	6	2.5~3.1	5	神木(3)府谷(2)准旗(1)
2015	9	2.3~3.2	7	神木(6)榆阳(3)
2016	2	2.6~2.8	2	神木(2)
2017	2	2.1~3.0	2	神木(2)

注:非官方提供,作者根据网络报道整理。

这些地震,虽然震级小未直接造成人员伤亡和当时的财产损失,但是频发地震造成了当地土地塌陷(见图 6-4)、湖泊萎缩、河水断流、居民房屋受损,不少人被迫迁移家园,对河道的水沙输移影响是巨大的。

图 6-4　长臂综采引发的地表裂缝

比如 2012 年 7 月 21 日,河龙区间北部遭遇大范围、高强度暴雨,暴雨中心位于窟野河牸牛川,暴雨中心新庙站降水量 176.2 mm,面平均雨量、最大 2 h 和 6 h 雨量分别为 80 mm、84.4 mm 和 135.6 mm,均属历史最大,但牸牛川新庙水文站和窟野河温家川站最大洪峰流量仅为 2 100 m^3/s(该站实测最大洪峰流量为 1989 年的 8 150 m^3/s)和 2 000 m^3/s(该站实测最大洪峰流量为 1959 年的 14 100 m^3/s),含沙量分别为 98 kg/m^3 和 132 kg/m^3,这种大暴雨未出现大水大沙,有研究认为原因是暴雨中心偏上,牸牛川地面比较平坦,沿河露天煤矿开采、河道挖沙填洼量大以及植被良好等,这些因素无疑是影响“7·21”暴雨产洪产沙偏少的一个方面,但大量井采带来的塌陷地震影响更应引起人们

的注意。根据网络上可以查到的窟野河2012年1月1日至“7·21”暴雨前,就发生了13次地震,地震强度在2.2~3.3级,涉及以神木为中心的周边县(旗、区),13次中有11次明确报道为塌陷引起的地震,见表6-5。塌陷后的地表景观如图6-4所示,在这样的下垫面条件下,又十几年未出现连续较大暴雨,“7·21”暴雨来了,水文站未实测到大水大沙,暴雨的产流产沙到哪里去了? 答案也就不言自明了。

表6-5　2012年1月至“7·21”暴雨前陕西神木及其周边县(旗、区)发生地震网络报道统计

时间 (月-日T时:分)	地点 县(旗、区)	北纬 (°)	东经 (°)	强度 (级)	地震 原因
01-25T05:36	神木	38.9	110.4	2.3	塌陷
01-25T05:48	神木	38.9	110.3	2.2	塌陷
01-26T02:36	神木	39.1	110.3	3.2	塌陷
02-05T12:42	神木	39.0	110.5	3.0	塌陷
03-09T15:12	神木府谷交界处	39.1	110.7	2.6	塌陷
04-25T01:12	神木府谷交界处	39.0	110.6	2.3	塌陷
05-09T12:00	神木	38.9	110.2	3.3	
05-13T05:54	神木伊旗交界处	39.3	110.2	2.8	
06-07T14:12	神木	39.0	110.5	2.2	塌陷
06-18T12:31	神木	39.0	110.4	2.5	塌陷
06-23T09:12	榆阳	38.5	109.7	2.8	塌陷
06-23T09:36	榆阳	38.4	109.7	3.2	塌陷
07-06T11:42	神木	38.9	110.2	2.5	塌陷

注:非官方提供,作者根据网络报道整理。

2012年“7·21”暴雨期间,由于窟野河上游乌兰木伦河的煤矿开采引起的滞洪滞沙作用,不仅使王道恒塔水文站的洪峰出现时间推迟了9 h,而且洪峰流量和最大含沙量只有664 m^3/s(实测最大9 760 m^3/s,1976年)和15.4 kg/m^3也就不难理解了。也就是说,在塌陷区及其以上区域,在没有达到新的平衡前的相当一段时期内,已经不是真正意义上的汇流区,在该区产生的洪水泥沙难以在水文断面反映出来。

3. 河道大量挖沙使填洼量增大

在窟野河干流河道,河床采沙现象比较普遍,采砂后,由于河道出现大量高低不平的坑洼,在流域出现中小暴雨时,由降水形成的径流汇入沟道,先期形成的全部用于河道沙坑填洼,这样也不利于形成径流量和产生大的输沙量。

4. 城市景观用水也不可忽视

煤炭资源的开采,一方面带动了该区的经济发展,也改善了人居环境,在城市周围出现大量的橡胶坝和城市绿地;但另一方面,橡胶坝拦蓄水面蒸发和城市景观用水,无形中加大了该区的蒸发用水和绿地浇灌用水,也不利于产生大的洪水泥沙。

三、认识与建议

(一)认识

进入21世纪以来,窟野河流域降雨总量有所增加,但雨强有所减小,实测径流量、洪水泥沙量锐减,这是较大暴雨偏少的天气作用和人类活动共同作用的结果,其中开矿的作用尤其需要被关注。

近期植被恢复较好是“政策好、人自觉、天帮忙”的结果,特别是近年来冬、春季气温的升高和植被生长关键期降雨的增加,这种“天帮忙”的作用是不可小觑的;在历史上的秦汉时期,随着国家移民和戍边政策的推行,农牧分界线北移,天然植被遭到大规模破坏,黄河自此获名。但在随后的魏晋时期,游牧民再次占据黄土高原大部分地区长达500多年,使该区农业人口下降约一半,但由于黄土高原此期间恰逢气候的干冷期,天然植被并未有较好的恢复,这就足以看出气候条件对植被恢复的重要作用。

窟野河流域开矿引起的地震塌陷在一段时期是很频繁的,由此引起对产汇流有很大影响的地表变化,2012年“7·21”暴雨无较大洪水和输沙,主要是煤炭开采引起的塌陷地震等改变下垫面所致。

窟野河流域是黄土高原抬升地貌的核心区,这种抬升近期不会改变;窟野河流域的易侵蚀土壤结构近期也难以改变。因此,这里仍然是黄土高原水土流失的严重地区。随着煤炭开采强度的减弱、塌陷的减少和时间的推移,产水产沙地貌会回归到一个新的平衡,窟野河的产流产沙“野性”定会有较大的恢复。

(二)建议

窟野河流域产水产沙规律发生了很大变化,为了弄清楚其变化原因,在对流域的降雨、气温、蒸发等气象要素变化分析的基础上,下大力气分析下垫面变化对产流产沙的影响,重点分析煤炭资源分布及其采空区面积和流域裂隙情况,对于正确判断窟野河流域的产水产沙变化原因和预估未来变化趋势具有重要意义。

第二节　无定河“7·26”暴雨产洪产沙分析

为了分析评价“7·26”暴雨的产洪产沙情况,分别选取无定河白家川站和大理河绥德站历史实测洪峰流量从大到小排序前25场洪水,建立暴雨洪水泥沙关系。将本次暴雨的降雨相关因子和产洪产沙量点绘入图中,根据在点群的位置分布便可大致评价其产洪产沙及减水减沙情况。

一、因子的选择

影响产洪产沙的降雨因子较多,在本次暴雨洪水泥沙关系的模拟中,选取了三个主要自变量:次洪对应的面平均雨量(P)、雨强(I)和暴雨包围面积(F_i/F_0)。

一般来讲,降雨量大,产洪产沙量就应该大,故选取次洪水对应的面平均雨量。

相应级别降雨(>10 mm、>25 mm、>50 mm、>100 mm)控制面积也是影响产洪产沙的因素,在其他要素相同时,大暴雨量(如50 mm或100 mm)所包围的面积占流域控制面积的百分比越大,其产洪产沙量也越大,一般通过计算机来优选。

暴雨集中期雨强指在最短时间内降雨量为次降雨量40%、50%、60%、…、90%时的平均雨强。在黄河中游黄土高原地区,大多为超渗产流,在年雨量或汛期雨量相近的情况下,有的年份产流产沙量大,有的年份产流产沙量则小,说明雨强更是影响超渗产流地区产流产沙的重要因素之一。

二、暴雨洪水泥沙关系的建立

根据“十一五”国家科技支撑计划专题研究成果，建立无定河流域和大理河流域的暴雨洪水泥沙关系，思路如下：

无定河白家川水文站洪峰、产洪产沙量与次降雨量、次降雨最大50%集中期的雨强(本次采用次暴雨中心最大三站平均值)、25 mm降雨量笼罩面积占支流面积百分比的关系组合比较密切(见表6-6)。

表6-6　白家川和绥德水文站暴雨洪水泥沙关系模拟

河名	站名	对象	关系式	降雨因子组合
无定河	白家川	Q_m	$Q_m=781.2\times(PI_{50})^{0.131}\times(1+F_{25}/F_{总})^{0.562}$	$(PI_{50})^{0.131}\times(1+F_{25}/F_{总})^{0.562}$
		W_w	$W_w=5\ 426.7\times(PI_{50})^{0.017}\times(1+F_{25}/F_{总})^{1.15}$	$(PI_{50})^{0.017}\times(1+F_{25}/F_{总})^{1.15}$
		W_s	$W_s=2\ 754.1\times(PI_{50})^{0.044}\times(1+F_{25}/F_{总})^{0.948}$	$(PI_{50})^{0.044}\times(1+F_{25}/F_{总})^{0.948}$
大理河	绥德	Q_m	$Q_m=625.7\times(PI_{40})^{0.080}\times(1+F_{50}/F_{总})^{0.73}$	$(PI_{40})^{0.080}\times(1+F_{50}/F_{总})^{0.73}$
		W_w	$W_w=202.6\times(PI_{40})^{0.217}\times(1+F_{10}/F_{总})^{1.88}$	$(PI_{40})^{0.217}\times(1+F_{10}/F_{总})^{1.88}$
		W_s	$W_s=375\times(PI_{40})^{0.160}\times(1+F_{10}/F_{总})^{1.08}$	$(PI_{40})^{0.160}\times(1+F_{10}/F_{总})^{1.08}$

大理河绥德水文站洪峰流量与次降雨量和次降雨量最大40%集中期的雨强(三站平均)、50 mm降雨量笼罩面积关系比较密切，次洪量和次洪沙量与次降雨量、最大40%集中期的雨强(三站平均)、10 mm降雨量笼罩面积组合因子的关系比较密切(见表6-6)。

三、雨洪关系分析

(一)无定河流域

建立无定河白家川水文站历史实测洪峰流量从大到小排序前25场次洪对应的面平均雨量、降雨因子组合与洪峰流量、次洪径流量和次洪输沙量的关系(见图6-5~图6-7)。

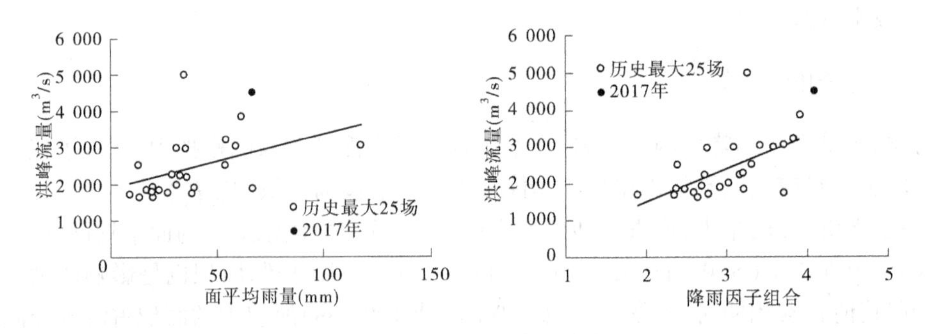

图6-5　白家川站历史最大25场洪水洪峰流量与$\overline{P}$和降雨因子组合的关系

本次洪峰流量在趋势线左上方(见图6-5)，说明无定河流域在遇到“7·26”这样高强度、大范围的暴雨仍会出现大的洪峰。

本次洪水洪量在趋势线左上方(见图6-6)，说明遇到“7·26”这样高强度、大范围的暴雨，无定河仍会产生相对较大的水量。

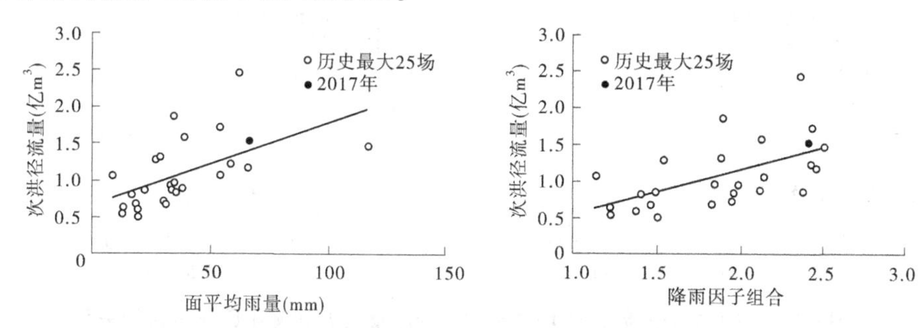

图 6-6　白家川站历史最大 25 场洪水次洪径流量与 $\overline{P}$ 和降雨因子组合的关系

本次洪水的沙量在趋势线左上方（见图 6-7），且与洪峰流量和次洪量的趋势基本一致，说明本流域经过几十年的水土保持治理，下垫面有了明显的改善，但是遇到“7・26”这样的极端强降雨，无定河还是会出现相对较大的沙量。

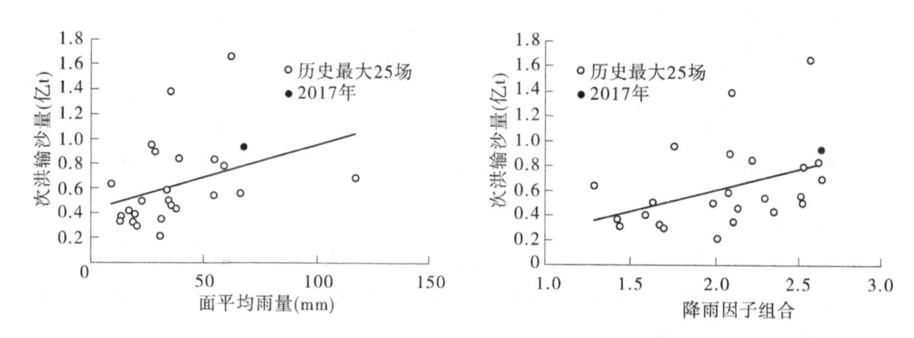

图 6-7　白家川站历史最大 25 场洪水次洪输沙量与 $\overline{P}$ 和降雨因子组合的关系

(二)大理河流域

建立大理河绥德站历史实测洪峰流量从大到小排序前 25 场次洪对应的面平均雨量、降雨因子组合与洪峰流量、次洪径流量和次洪输沙量的关系（见图 6-8~图 6-10）。

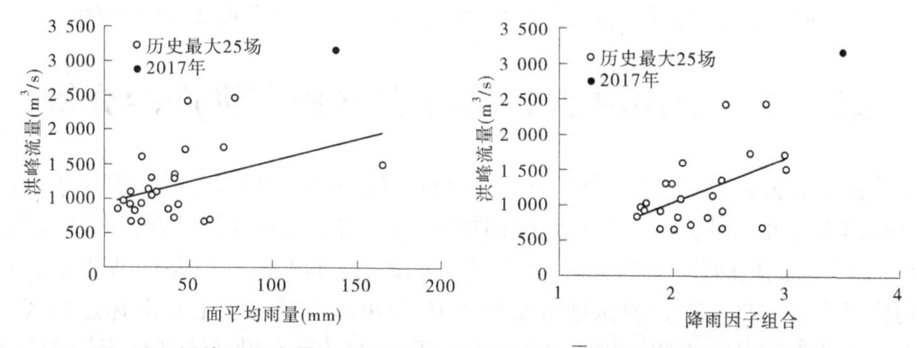

图 6-8　绥德站历史最大 25 场洪水洪峰流量与 $\overline{P}$ 和降雨因子组合的关系

本次洪峰流量在趋势线左上方（见图 6-8），说明大理河流域在遇到“7・26”这样高强度、大范围的暴雨仍会出现大的洪峰。

本次洪水洪量在趋势线左上方（见图 6-9），说明遇到“7・26”这样高强度、大范围的

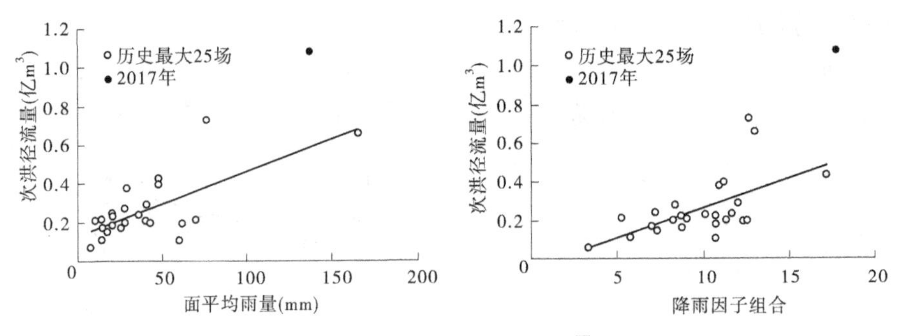

图 6-9　绥德站历史最大 25 场洪水次洪径流量与 $\overline{P}$ 和降雨因子组合的关系

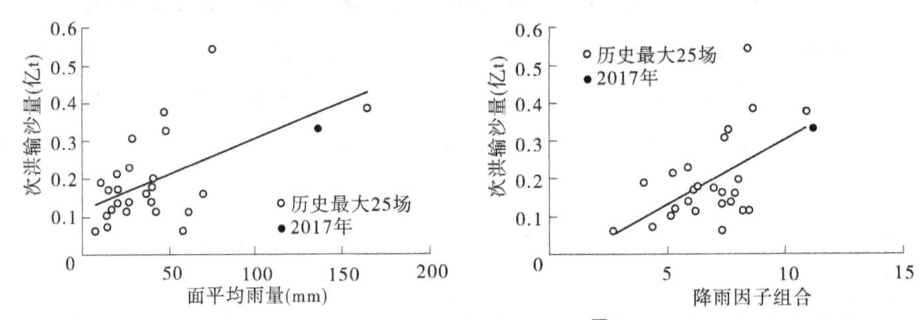

图 6-10　绥德站历史最大 25 场洪水次洪输沙量与 $\overline{P}$ 和降雨因子组合的关系

暴雨，大理河仍会产生较大的水量。

本次洪水沙量在趋势线略偏右下方(见图 6-10)，依然在点群中间，说明本流域经过 50~60 年的水土保持治理后，下垫面有了明显的改善，但是遇到“7·26”这样的极端强降雨，大理河还是会出现相对较大的沙量。

四、认识

通过上述关系可以看出，不管是无定河还是支流大理河，“7·26”暴雨的产洪产沙量仍在实测洪峰流量从大到小排序前 25 场洪水的降雨产洪产沙关系趋势线的附近或偏左上方。表明无定河流域现有水利水保措施遇到“7·26”这样的大暴雨减水减沙作用有限。

第三节　汾川河 2013 年 7 月暴雨产洪产沙分析

汾川河又名云岩河，为黄河中游河龙区间右岸偏南的一级入黄支流，发源于陕西延安宝塔区崂山东麓九龙泉，主要流经延安南部的麻洞川、临镇，在宜川县西沟村注入黄河，干流全长 120 km，流域面积 1 785 km²，河源海拔高度为 1 440 m，河口海拔高度为 453 m，河道平均比降为 0.71%。在黄河流域水文分区中，汾川河流域属于土石山林过渡区。入黄控制水文站新市河以上流域面积 1 662 km²，截至 2011 年，汾川河流域梯田面积为 62.58 km²，林草植被面积 531.12 km²，淤地坝 1 598 座，骨干坝 4 座，淤地面积 25.33 km²，小型蓄水保土工程 1 706 个，有胜利和金盆湾两个小型水库(均为 1972 年修建，现有总库容为 612 万 m³)。总的来看，汾川河水利工程较少，植被较好(植被覆盖度接近 90%)。

2013 年 7 月，汾川河发生连续降雨，流域平均雨量 451.7 mm，为有观测资料以来最大月雨量;新市河站径流量 9 455 万 m^3,输沙量 1 645 万 t,为有观测资料以来最大月径流量和月输沙量;该月降雨量、径流量和输沙量分别是同期多年平均(119.3 mm、557.5 万 m^3 和 102.6 万 t)的 4 倍、17 倍、16 倍。由于汾川河在 7 月出现多次降雨过程,致使新市河站 25 日 12 时出现 1 750 m^3/s 的洪峰流量,为有实测资料以来最大值。因流域内植被涵蓄能力强,前期降雨被土壤涵蓄或填洼而不产流。当下垫面蓄水饱和后再出现强降雨,地表径流很快汇聚形成大洪水并挟带大量泥沙进入河道,造成严重洪灾。

一、雨、水、沙情

汾川河流域 2013 年 7 月先后降雨 6 场次(历时共 17 d),最大单站(临镇)月降雨 574.4 mm,6 次的降雨情况见表 6-7,次洪水泥沙与全月水沙统计见表 6-8,2 h 降雨量及新市河站流量过程见图 6-11。

表 6-7　2013 年 7 月 6 次降雨情况统计

序号	起止日期(日)	历时(d)	平均雨量(mm)	暴雨中心		洪峰情况
				位置	雨量(mm)	
1	3~4	2	53.0	新市河	75.8	无明显洪水
2	7~10	4	80.3	松树林	109.6	无明显洪水
3	11~15	5	100.1	松树林	144.2	无明显洪水
4	17~18	2	73.2	新市河	99.6	无明显洪水
5	21~22	2	90.7	临镇	103.6	洪峰流量 364 m^3/s
6	24~25	2	54.4	临镇	95.4	洪峰流量 1 750 m^3/s

表 6-8　2013 年 7 月汾川河场次洪水泥沙与全月水沙统计

项目	洪峰时间(月-日 T 时:分)	洪峰流量(m^3/s)	洪量(万 m^3)	沙量(万 t)	最大含沙量(kg/m^3)	对应雨量(mm)	暴雨中心雨量(mm)
第一次洪水	07-22T16:18	364	1 951	435	315	90.7	103.6
第二次洪水	07-25T07:24	1 750	5 299	1 009	338	54.4	95.4
全月统计			9 455	1 645		465.6	574.4

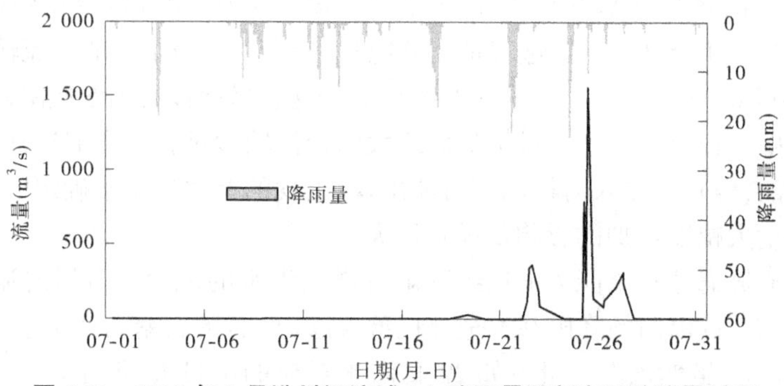

图 6-11　2013 年 7 月汾川河流域 2 h 降雨量及新市河站流量过程

从表6-7和图6-11可以看出,2013年7月接连出现6次较大降雨,平均雨量都在50 mm以上,暴雨中心的雨量在75 mm以上,但前4次较大降雨都没有产生明显的洪水。7月21日、22日,汾川河流域平均雨量为90.7 mm,位于临镇的暴雨中心雨量为103.6 mm时,形成了新市河站7月22日364 m^3/s的洪峰。7月24日、25日,汾川河流域再次出现全流域性降雨,面平均雨量为54.4 mm,暴雨中心仍然位于临镇站,中心次雨量为95.4 mm,形成新市河站7月25日1 750 m^3/s的洪峰,为有实测资料以来的最大洪峰流量。这两次洪水在新市河站产生的径流量和输沙量分别为7 250万m^3和1 444万t,分别占该月产水量(9 455万m^3)和产沙量(1 645万t)的76.7%和87.8%。2013年7月的降雨量是同期多年平均的4倍,可产水产沙量分别是同期多年均值的17倍和16倍,表明前期降雨大量地填洼入渗对后续的产流有很大的影响,同时表明产流产沙与降雨存在高阶关系。

与汾川河北邻的延河(甘谷驿以上控制面积5 891 km^2)2013年7月降雨量和降雨分布与汾川河类似,面平均降雨量为414.2 mm,为有观测资料以来的最大值;虽然延河植被覆盖度比汾川河低,但水土保持措施比较完善,2013年7月25日的最大洪峰只有850 m^3/s。

二、洪水灾情

持续强降雨使横穿延安市宝塔区和宜川县的汾川河两岸川地损毁大半,一人多高的玉米齐刷刷地铺在地上,有的川地上覆土全无,有的则覆盖着厚厚的杂物,2014年8月现场发现还有不少原耕种的河滩地铺满冲下来的大树未清理。山洪还重创宜川县云岩镇、新市河乡及延(安)壶(口)公路,两乡镇街道淤泥过膝,沿河两岸店铺、民房损失严重,河里的所有桥梁被毁。所幸当地政府在洪峰来临前及时将7 000多名群众全部转移到安全地带,没有造成人员伤亡。7月25日的洪水对临镇、新市河水文站造成近60万元的直接经济损失。

三、认识

前期影响雨量对场次暴雨产沙的影响也很大,如2013年7月,位于头龙区间右岸的黄河支流汾川河流域,一场暴雨发生了6次降雨过程,其面平均雨量(465.6 mm)是同期多年均值的3.9倍,但其入黄控制站新市河水文站实测径流量和输沙量分别为0.95亿m^3和0.16亿t,分别是同期多年均值的17倍和15.5倍,均为建站以来的实测最大值。这场暴雨的前4次降雨基本没有产流,主要是下渗和填洼;第5次降雨产生了较小的洪峰;第6次降雨(7月25日)土壤饱气带充分饱和,产生了量级很大的径流输沙过程(洪峰1 750 m^3/s、洪量0.53亿m^3、输沙量0.1亿t)。若这场暴雨没有前5次降雨过程做铺垫,那么第6次降雨过程就不会产生量级如此之大的径流输沙过程。类似这样的场次暴雨目前是无法预测的,但在未来长时期内有可能出现,出现的概率也是不确定的,一旦出现,由此带来的输沙量大幅度增加的影响及风险很大。

植被好的流域遇超拦蓄能力的连续降雨有增大洪水的风险。汾川河流域植被较好,对2013年7月22日以前的降雨基本全部拦蓄入渗,22日的大暴雨产生了364 m^3/s的洪峰;24日继续降雨,虽然该次雨量不如22日洪水对应的雨量大,但是产生了有实测资料以来的最大洪水,原因是前期连续的降雨填洼,使土壤达到极限饱和,因而加大了产洪量。

选取新市河站自1966年建站以来洪峰流量大于400 m^3/s的洪水共17场，与2013年洪水进行对比分析，分别统计各场次暴雨洪水特征值(见表6-9)，并建立次洪量与次降雨量关系(见图6-12)、次洪量与次降雨量和暴雨中心雨强的乘积关系(见图6-13)、次洪沙量与次降雨量关系(见图6-14)、次洪沙量与次降雨量和暴雨中心雨强的乘积关系(见图6-15)。

表6-9　汾川河流域历史洪水及其降雨特征值统计

编号	洪峰(m^3/s)	洪量(万m^3)	面雨量(mm)	暴雨中心	暴雨中心雨量(mm)	历时(h)	雨强(mm/h)	面雨量×雨强(mm^2/h)
19660726	434	618	45.3	临镇	73.3	13.4	5.5	249
19660731	419	121	7	金盆湾	10.7	8.2	1.3	9
19680719	415	173	6.8	新市河	22.5	3.2	7.1	48
19710706	472	343	17	临镇	43.4	1.4	30.6	520
19710823	611	220	2.2	临镇	21.3	1.3	16	35
19710902	714	500	72.7	新市河	75.4	24	3.1	225
19750721	487	300	22	新市河	45	9.4	4.8	106
19750728	1 150	738	52	金盆湾	78.1	13.9	5.6	291
19770705	1 120	263	21.5	新市河	51.4	13.5	3.8	82
19790628	1 120	368	7.9	临镇	31.5	3	10.5	83
19810703	427	385	66.1	野崔山	90.1	23.1	3.9	258
19880627	426	230	12.2	野崔山	57	2	28.5	348
19880718	767	661	17.1	临镇	44.8	6.6	6.8	116
19880825	1 500	631	20.2	金家屯	48.8	11.1	4.4	89
19910728	439	314	31.4	临镇	54.4	2.6	20.7	650
19920811	422	430	32.5	松树林	51.5	9.9	5.2	169
19930712	618	566	64	临镇	90	16.7	5.4	346
20130722	364	1 951	90.7	临镇	103.6	16	6.5	590
20130725	1 750	5 299	54.4	临镇	95.4	8	11.9	647

从图6-12~图6-15可以看出，7月25日的洪量和洪沙量点据高高在上，表明植被好的流域遇超拦蓄能力的连续降雨后有加大洪水的风险。

需正确认识植被的减蚀作用。如果没有2013年7月21日以后的降雨，汾川河流域7月的产流产沙是很少的，植被的减水减沙作用将进一步突显，但在后续的两场降雨作用下又产生了累积性的洪水泥沙。为什么植被这么好的流域，在这次暴雨洪灾中山体滑坡却十分严重？一是降雨量太大，植物根系发达的土壤使前期连续降雨大量入渗；二是该流域地质结构属于湿陷性黄土，土质疏松、黏性较差，大量降雨使得土壤中水分饱和，容易造成山体滑坡；三是该黄土地区重力侵蚀本已比较严重，加上植被的根系盘结，在遇到2013年7月的降雨情形下，会出现大块滑塌。

应建设必要的沟道坝库工程。黄河中游像汾川河这样地理位置比较偏南的支流，其水热条件、土壤 黏性、植被覆盖度等均比北部支流好，水土流失也比较轻，但是在遇到

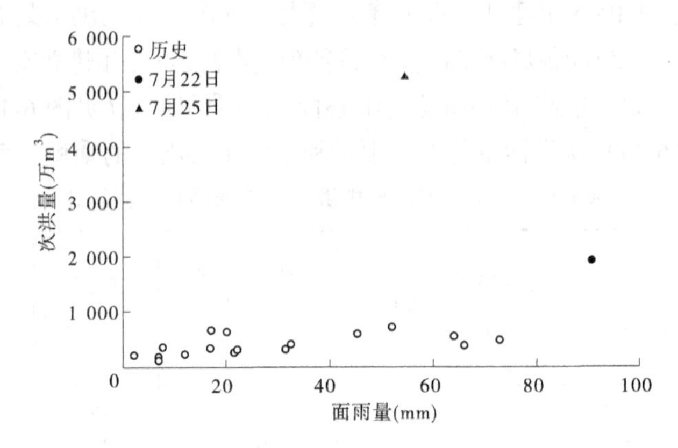

图 6-12　次洪量与次降雨量关系

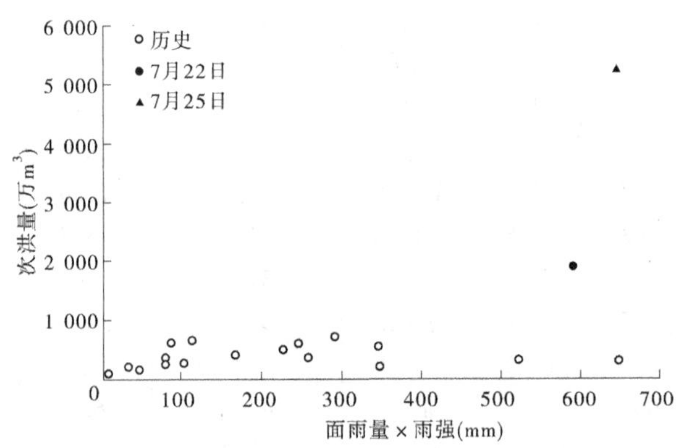

图 6-13　次洪量与次降雨量和暴雨中心雨强的乘积关系

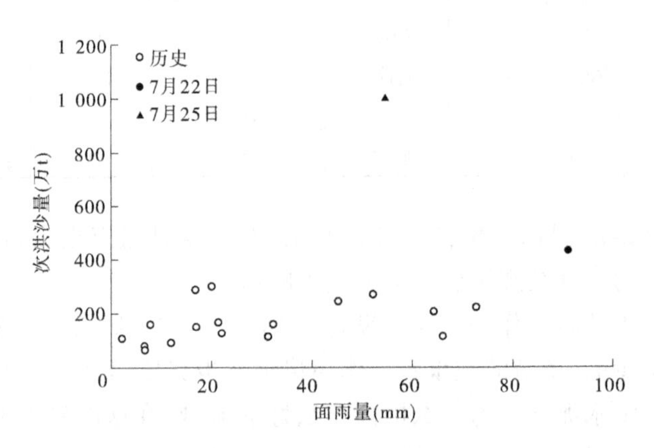

图 6-14　次洪沙量与次降雨量关系

2013 年 7 月这样的暴雨洪水时，对洪水泥沙的拦截仅靠植被措施是不够的，还必须在沟道修建必要的坝库工程进行拦截。

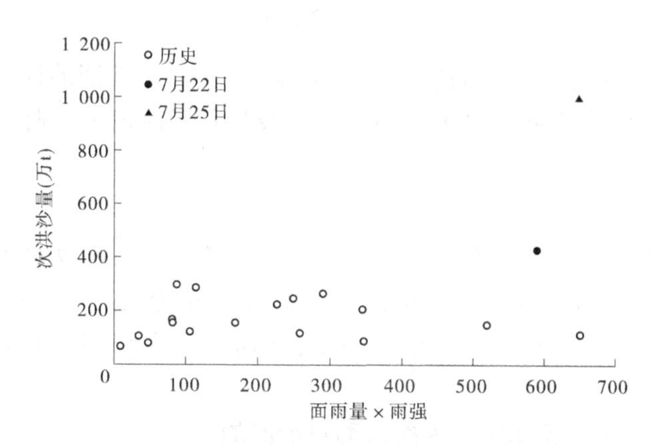

图 6-15　次洪沙量与次降雨量和暴雨中心雨强的乘积关系

第四节　降水和人类活动对北洛河径流变化的定量化研究

一、研究区概况和数据来源

北洛河流域地处 107°33′~110°10′E,34°39′~37°18′N,研究区(洑头以上)总面积 25 154 km^2,处于我国东部季风湿润区与内陆干旱区的过渡地带,年平均降水量少且年内时间上分布不均,6~9 月降水量占全年降水量的 70%~80%,在空间上由南向北递减,属于典型的超渗产流地区,降水量时空分配的差异造成年径流量的不同,且难以度量。

本次分析所需数据主要包括流域年径流、年实际蒸散发和潜在蒸散发、降水量和土地利用数据。其中,径流数据以志丹、交口河、黄陵等 7 个水文站相应的径流深为依据,将北洛河流域分为 7 个子流域,分别进行统计计算;流域年降水数据采用定边、吴旗、延安、榆林等 9 个国家气象站数据,利用 ArcGIS 空间克里格插值法计算;年实际蒸散发和潜在蒸散发采用 MODIS16 产品数据;土地利用数据主要包括 2000 年、2005 年、2011 年 3 期遥感影像数据,将流域土地利用类型划分为耕地、林地、草地、居民与工矿用地、水域和未利用地。

二、研究方法

(一)降水、径流序列分析及研究阶段划分

采用常用的线性回归方法来研究流域降水和径流的变化趋势,利用 M-K 非参数检验法确定突变点发生的位置,并将发生突变前的年份设为基准期,将突变后的时期作为研究期。

(二)双累计曲线法分析降水和人类活动对径流的影响

双累计曲线法即建立基准期降水—径流年累计值的回归关系,然后按照该回归关系,代入研究期降雨量累计值计累计径流值,然后进行分离,具体为:

(1)建立基准期年累计降水量(P)与年累计径流量(Y)的回归方程:

$$\sum Y = k\sum P + b \tag{6-1}$$

(2)利用所建立的方程模拟研究期的径流累计值,将基准期的回归关系应用到研究期得到研究期内的累计径流量,根据累计径流量反推年径流量 Y_{12},则有:

$$\Delta C = Y_{12} - Y_1 \tag{6-2}$$

$$\Delta R = Y_2 - Y_{12} \tag{6-3}$$

式中:Y_{12} 为利用基准期回归关系模拟得到的研究期径流值;ΔC 为降水引起的径流变化部分,为基准期实测径流与研究期模拟径流的差值;ΔR 为人类活动对径流的影响,可以用研究区实测径流与模拟径流的差值来表示,从而实现降水和人类活动对径流影响的分割。

(三)AWY 模型法分析降水和人类活动对径流的影响

利用水文模型进行流域水文要素模拟,然后利用一定的方法分离降水和人类活动对径流量的影响,是目前水文研究中定量分析常用的方法。该方法即为分离评判法,由 Koster 等提出,具体方法如下。

1. AWY 模型简介

AWY(annual water yield)模型又称流域产水量模型,在水量平衡的基础上,结合流域年降水量、实际蒸散发、潜在蒸散发数据对径流变化过程进行模拟,并且该模型已在世界诸多流域进行了验证。简单来说,AWY 模型认为,产流量可以看作是降水量与实际蒸散发之间的差值,如:

流域年径流(Y, mm)

$$Y = P - AET \tag{6-4}$$

其中,实际蒸散发可以根据 zhang(2001)提出的计算公式计算:

$$\frac{AET}{P} = \frac{1 + W\dfrac{PET}{P}}{1 + W\dfrac{PET}{P} + \dfrac{P}{PET}} \tag{6-5}$$

$$AET = \sum (AET_i \times f_i) \tag{6-6}$$

式中:P 为流域年降水量;AET 为流域实际年蒸散发;PET 为流域潜在年蒸散发;W 为某一种土地利用类型的用水系数;f_i 为某一种土地利用类型覆盖率。

此外,该模型与其他机制模型相比,具有模型参数易获取、操作简单等优点,在国外已得到广泛应用,目前国内应用该模型的研究相对较少。

2. 分离评判法

该方法认为径流的变化量由降水和人类活动两部分原因引起,即研究期实测径流与基准期实测径流的差值为降水和人类活动两部分影响量的总和。首先利用基准期的实测水文气象资料率定 AWY 模型参数,保持模型参数不变,将研究期的气候资料输入模型,可以得出研究期还原的自然径流量。那么降水变化引起的径流变化部分等于研究期还原径流值与基准期实测径流的差,人类活动影响部分等于研究期实测径流与还原径流的差值。

三、研究结果与分析

(一)北洛河流域年降水量变化特征

由图6-16(a)可知,北洛河流域1954~2012年降水量呈下降趋势,最大年降水量为781.3 mm(1964年),最小年降水量为352.6 mm(1997年),可见研究区内最大降水量和最小降水量的变化幅度较大。结合图6-16(b)年降水量M-K非参数检验统计图可以看出,降水在1970年以前变化趋势不明显,UF曲线均在0.05显著性水平区间内;1970~2000年,UF曲线持续下降,表明降水在此段时间内下降较明显;2000年以后,降水量有明显的上升趋势。根据UF和UB交点的位置,确定北洛河流域年降水量在1970年发生突变[见图6-16(b)]。

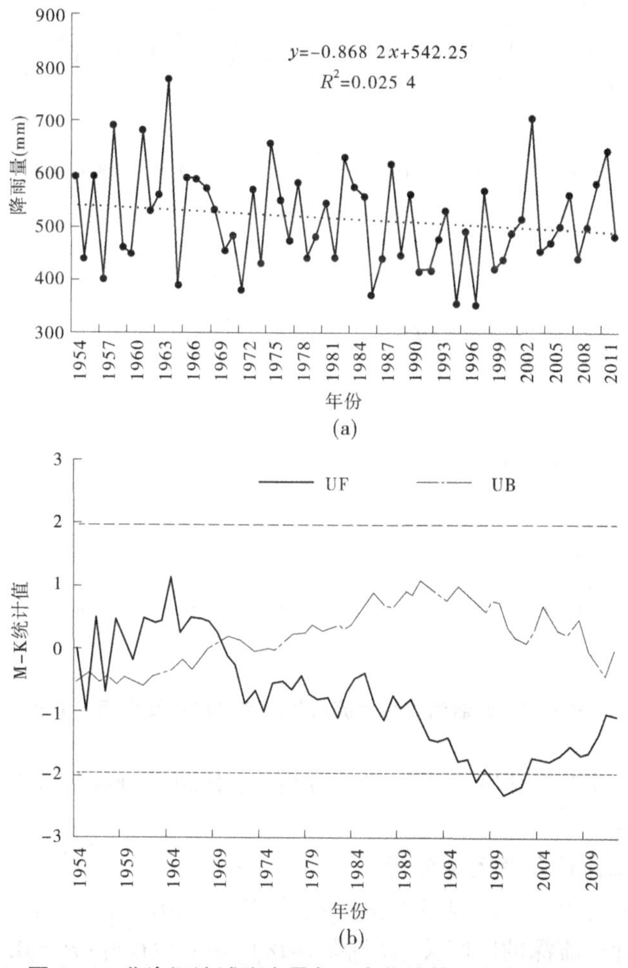

图6-16　北洛河流域降水量年际变化趋势及突变点分析

(二)北洛河流域径流年际变化特征

流域年径流变化结果如图6-17(a)所示,可以看出流域径流量呈下降趋势,下降斜率为-0.032 3。另外,径流量的M-K检验统计量曲线[见图6-17(b)]表明,1950~1962年径流量在下降,然后径流量呈现上升趋势,直到 2000 年,而且在此段时间内,UF 曲线超过显著性水平临界线(1965~1970 年),说明上升趋势明显,对比图 6-16(a)可知,该段时间内降雨量并不高,因此这可能与该段时间内流域水土流失比较严重有关。2000 年以后,径流量呈现下降趋势。根据 UF 和 UB 交点的位置,确定该流域径流量在 2004 年发生突变[见图 6-17(b)]。

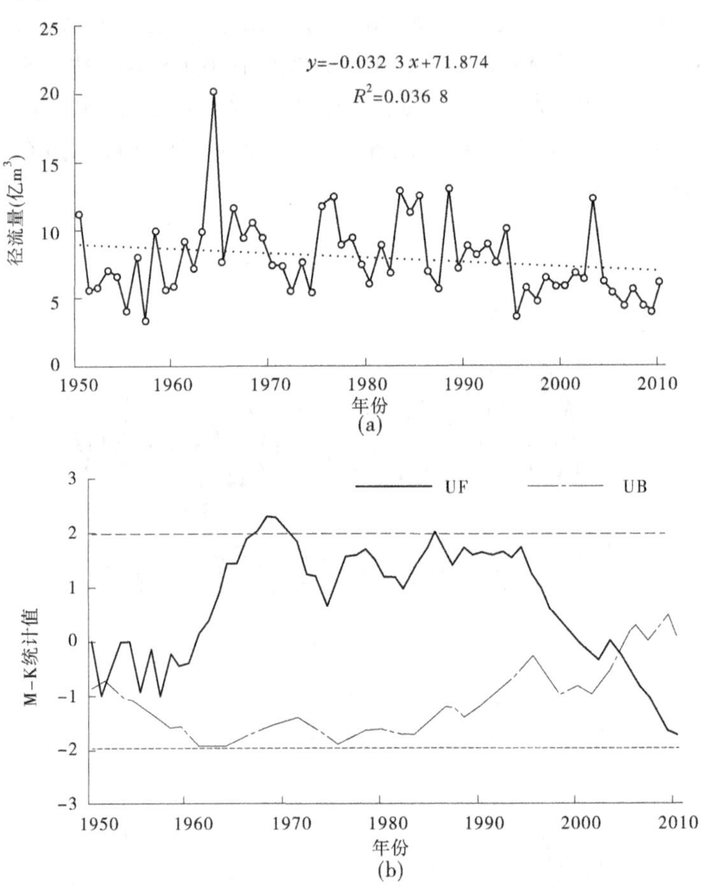

图 6-17　北洛河流域径流量年际变化趋势及突变点分析

根据降水和径流的变化特征及其趋势分析,将 1954~2004 年作为基准期,将 2005~2011 年作为研究期。

(三)双累计曲线法及其定量分析

将水文要素分为 1954~2004 年(基准期)和 2005~2011 年(研究期)两段。建立基准期累计降水和累计径流深的回归关系(见图 6-18),相关性很好(R^2=0.998 8)。

通过该回归关系计算基准期和研究期的径流量,结果如表 6-10 所示。依据该相关关系计算出的基准期径流深为 33.7 mm,与实测值误差仅为 2%,表明该算法的精度较高。研究期计算径流深为 28.1 mm,根据式(6-2)和式(6-3)可以计算出:人类活动导致径流减少 6.4 mm,贡献率为 56%,降水导致径流减少 5 mm,贡献率为 44%。

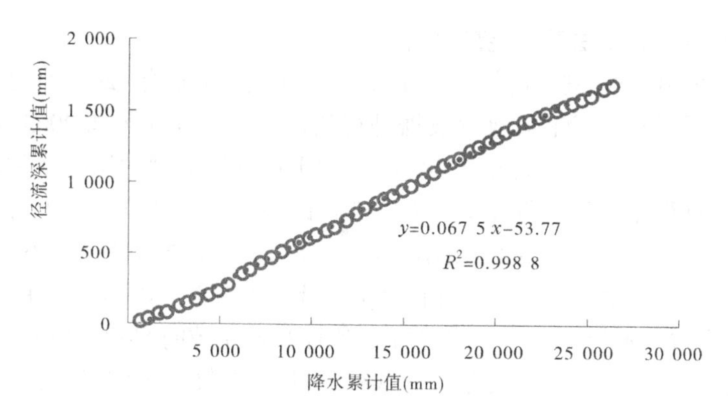

图 6-18　年降水和径流深的累计曲线

表 6-10　基准期、研究期径流分析结果　（单位：mm）

时期	实测径流深	计算径流深	变化量	ΔP	ΔH
1	33.1	33.7	—	—	—
2	21.7	28.1	-11.4	-5	-6.4

注：表中时期 1 代表基准期，时期 2 代表研究期。ΔP 为降水影响部分，ΔH 为人类活动影响部分。

同时，为探讨不同时期人类活动和降水对径流的影响，采用传统的基准期划分方法，即将 20 世纪 70 年代之前的时期作为基准期，因为大批水土保持措施和流域管理项目在 20 世纪 60 年代在黄河中游地区开始实施，到 70 年代开始发挥作用。结果如表 6-11 所示，可以看出不同时期内降水和人类活动对径流的贡献率并不一致：降水对径流量的影响均为负值，人类活动对径流的影响较为复杂。在 20 世纪末期，径流受降水的影响大于人类活动。进入 21 世纪以来，在水土保持和退耕还林政策下，人类活动成为影响径流的主导因素。

表 6-11　不同时期降雨和人类活动对北洛河径流的影响　（单位：mm）

时段	实测径流	实测降雨	降水—径流回归关系	计算径流	变化量	降水影响		人类活动影响	
1954~1969 年	34.3	556.3	$y = 0.1138x - 29$ ($R^2=0.65$)	—	—	—	—	—	—
1970~1979 年	33.6	506.8	$y = 0.0888x - 11.4$ ($R^2=0.64$)	28.7	-0.7	-5.6	53%	4.9	47%
1980~1989 年	36.6	512.8	$y = 0.1195x - 24.7$ ($R^2=0.64$)	29.4	2.3	-4.9	40%	7.2	60%
1990~1999 年	28.3	460.8	$y = 0.06x + 0.5842$ ($R^2=0.33$)	23.4	-6	-10.9	68%	4.9	32%
2000~2011 年	25.2	526.4	$y = 0.081x - 17.4$ ($R^2=0.60$)	30.9	-9.1	-3.4	37%	-5.7	63%

注：正值代表径流增加量，负值代表径流减少量。

(四)AWY 模型分析法及其定量分析

AWY 模型采用志丹、刘家河等 7 个子流域 2000 年、2005 年、2011 年累计 21 期土地利用、年降水量、年径流深、年蒸散发数据进行建模,其中 2000 年和 2005 年用来参数率定,2011 年用来验证。根据相关文献确定的不同土地利用类型的用水系数范围,采用 C# 语言,利用计算机解译满足各期气象水文条件且误差最小的 W 值。经校准,耕地、林地、草地、居民及工矿用地和未利用用地的用水系数分别为 1.8、2.8、1.8、0、0,其中水域实际蒸散发为降水量与潜在蒸发量的较小值,由于流域多年降水量均小于潜在蒸散量,因此水域的实际蒸散发取降水量。根据校准后的 W 值计算各流域的实际蒸散发与 MODIS16 的实际蒸散发比较,校准期相关系数为 0.84,验证期相关系数为 0.87,说明该模型适用于该研究区。

根据各土地利用类型的用水参数 W 率定结果,保持基准期(2000 年)土地利用不变,输入研究期的气象资料,可以得到研究期的还原径流值,如表 6-12 所示。

表 6-12 研究期(2005~2011 年)还原径流值与实测径流值

年份	2005	2006	2007	2008	2009	2010	2011	均值
实测径流值(mm)	21.8	17.7	23.1	18.0	16.1	24.7	30.5	21.7
还原径流值(mm)	21.4	23.6	32.7	17.1	23.8	35.3	49.2	29.0

表 6-10 中,基准期与研究期实测径流值总变化量为-11.4 mm。表 6-12 中,研究期还原径流值为 29.0 mm,相比基准期实测值(33.1 mm)减少 4.1 mm。根据分离评判法,该部分即为径流对降水变化的响应,占 36%;同时人类活动致使径流减少 7.3 mm,占总变化量的 67%,可见,相比降水,人类活动是引起北洛河径流变化的主要原因。

可以看出,本书中双累计曲线法和 AWY 模型分析法所得出的结论稍有差异,显然这与研究方法自身的不确定性有关。另外,AWY 模型分析法相比统计分析法,人类活动对径流的影响更加显著,这可能是统计分析法中,人类活动也包含除降水外的其他气候因子,而本书中 AWY 模型分析法中人类活动更多的是下垫面的变化,虽然模型中所用到的蒸散发数据与气温、风速等因子关系甚大,但并未直接考虑这些气候因子,如何分离细化各种因子对径流的定量影响将是以后研究的重点。

四、认识

为量化降水和人类活动对北洛河流域径流的影响,本次以流域气象、水文和土地利用数据,分别采用统计分析法和 AWY 模型分析法就降水和人类活动对流域径流影响贡献率进行了定量化研究,主要有以下结论:①1954~2011 年北洛河流域实测降水和径流均呈现减少趋势,M-K 检验结果表明存在明显突变,其中降水突变年份发生在 1972 年前后,径流突变年份发生在 2004 年。②以基准期降水径流建立双累计曲线关系,模拟精度较高,结果表明:降水对径流的影响量为 5 mm,贡献率为 44%,人类活动对径流的影响量为 6.4 mm,贡献率为 56%。③建立研究区 AWY 模型,通过对降水和人类活动对径流改变量的分离发现,降水和人类活动均引起流域径流的减少,其中人类活动影响量为 7.3 mm,贡献率为 67%,降水影响量为 4.1 mm,贡献率为 36%。④虽然不同的研究方法结果略有差异,但双累计曲线关系和 AWY 模型都显示了人类活动的贡献率较高,人类活动是引起径流变化的主要因子,同时表明北洛河流域内受到退耕还林等水土保持措施的影响较大。

第五节　小　结

通过对窟野河、无定河、汾川河、延河和北洛河水沙关系的分析,得出以下结论:

(1)通过对窟野河支流的分析可以看出,21 世纪以来水沙锐减是不争的事实,尽管支流降雨总量不曾减少,但雨强表现有所减小,有利于植被的恢复,同时,应该看到,窟野河流域开矿所引起的地震塌陷对产流产沙的影响也不可忽视,随着煤炭开采强度的减弱、塌陷的减少和时间的推移,支流产水产沙的背景没有发生本质的改变,产水产沙地貌随时间的推移会回归到一个新的平衡,产沙量将会出现进一步加大的可能。

(2)通过"7·26"暴雨产生的产洪产沙量与历史时期有实测资料的大洪水相比,本次发生的洪水出现在历史降雨产洪产沙关系趋势线的附近或偏左上方,表明无定河流域现有水利水保措施遇到"7·26"这样的大暴雨减水减沙作用有限。

(3)通过对汾川河 2013 年 7 月发生的洪水分析可以看出,本次降雨产生大的洪水主要是前期影响雨量起了很大作用,也证明了植被好的流域遇超拦蓄能力的连续降雨有增大洪水的风险,在沟道修建必要的坝库工程进行拦截洪水是必要的。

(4)采用统计分析法和 AWY 模型分析法对北洛河支流降水和人类活动的影响贡献率进行了定量化研究,分别提出了降水和径流的突变年份,通过分析得出了在水土保持和退耕还林政策下,人类活动成为影响径流的主导因素。

第七章　“1933 · 8”大暴雨重演的可能产洪产沙量

1919 年,黄河干流在河南陕县(今三门峡市)开始了近代意义的水沙观测。在出现 1922~1932 年连续 11 年枯水(353.9 亿 m^3,1919~1960 年实测平均 423.5 亿 m^3)、枯沙(11.02 亿 t,1919~1960 年实测平均 16 亿 t)后,于 1933 年 8 月 10 日出现了陕县实测 22 000 m^3/s 的洪峰,为 1919 年以来实测资料之首位,年径流量 498.9 亿 m^3,年输沙量 38.9 亿 t,为实测之首,仅在 8 月 10 日 22 000 m^3/s 那场洪水中,陕县站最大 12 d(8~19 日)输沙量达 25.7 亿 t,最大 5 d(8~12 日)输沙量达 20.9 亿 t,这表明在当时黄河中游这种下垫面条件下,是“沙随水来,沙随水去”。

在黄河中游下垫面发生巨大变化的今天,再现 1933 年 8 月上旬的大暴雨,会产生多少入黄水沙量,是认识今天的黄河和预估未来近期黄河可能的产沙情景而希望回答的基础性问题。

第一节　“1933 · 8”大暴雨天气过程的天气形势概述

高治定、沈玉贞依据初步整理补绘的东亚逐日 500 hPa 气压场形势概略分布图看出,8 月 4~10 日东亚环流形势的基本特点是:高纬度的西风带由一槽一脊转型为二槽一脊型;中纬度西风带环流平直多波动;旬中西太平洋高压西伸大陆上空,呈纬向分布,脊线位于 30°N。这是造成黄河中游暴雨天气的典型形势。4~7 日东亚高纬度呈现一槽一脊型,高脊位于西西伯利亚,贝加尔湖至苏联远东维持一宽浅槽区。8~10 日逐步调整成二槽一脊型,高压脊移至贝加尔湖、西西伯利亚和苏联远东是低槽位置,在 50°N 以南中纬度于 5 日和 9 日分别有一次西北东移低槽途经黄河中游。根据天气分析,8 月 5 日副高西伸势力最强,副高强度指标可达 5 880~5 890 gpm,脊线位于 30°N 附近,西伸脊点可达 105°E。7 日以后副高开始明显减弱,向东南方向退缩,但副高北侧仍可控制到淮河流域,9 日副高再度略有增强,但势力已不及 5 日。

暴雨天气系统演变特点主要表现在:黄河中游在西伸、偏北副高边缘的西南气流控制下,5 日与 9 日两次低槽过境,在对流层下部 700 hPa 上表现为一次暖湿切变(低涡)和低槽切变(低涡)暴雨过程,故暴雨是前大后小。6 日 700 hPa 上暖湿切变大约位置在 37°E 附近,是 5 日低槽东移逐渐转向形成的。根据兰州站 5~9 日高湿和 6 日出现雷阵雨天气情况,甘肃地区上空可维持较深厚的偏东气流,可能有低涡东移。同时,6~8 日在日本海维持一个比较深厚的低槽,蒙古至华北北部上空西北气流较明显,故冷高沿华北平原贴地面回流推进至江淮之间。这样,暖切变是不能长久维持的,6 日即减弱东移,第一次暴雨过程结束。

暖切变消失后,原华北上空移动性高压与副高打通,在华北、华中至西北一带形成东高西低形势,则川东、鄂西、陕南一带低空偏南气流增强。这股暖湿气流与 9 日到达黄河中游较干冷的西北气流在黄河中游相遇造成第二次暴雨过程,10 日低槽东移至华北,暴雨相继在河北北部、辽南地区出现。

参照气压场形势和可收集到的仅有的几个高山站高空测风做经验推断低空急流和水气输送问题,从 6~10 日 5 d 地面露点均值分布图可看到,重庆—宜昌一带是高湿区,可能接近这几天低层主要水汽输送通道。5~6 日高山测站泰山站和汉口测风表明,1 500 m 上空这一带西南风较强,估计低空急流位置可能在济南—安徽—重庆附近。5~9 日在南海上有一台风自西沙群岛北上登陆。所以,估计水汽主要来自南方海洋,暴雨的水汽条件是非常有利的。“1933·8”大暴雨天气系统配置综合动态示意图见图 7-1。

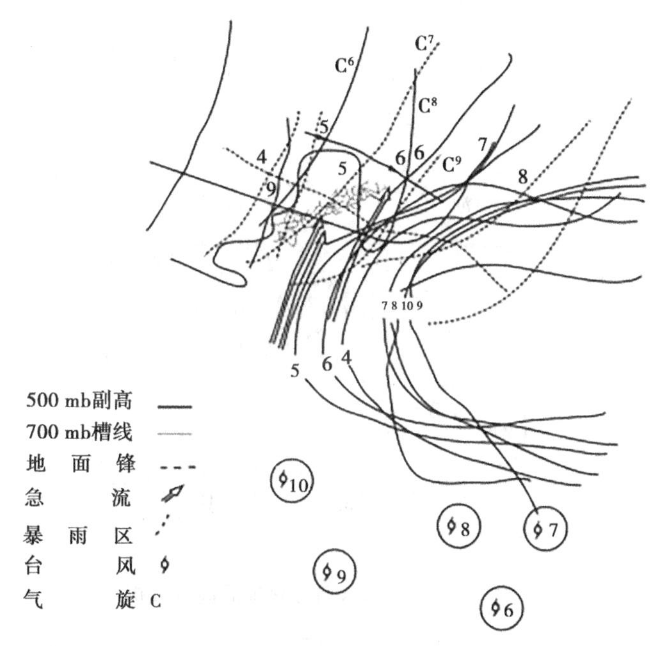

图 7-1 “1933·8”大暴雨天气系统配置综合动态示意图

第二节 “1933·8”大暴雨实况和特点

一、群众访谈印象

当地群众对这次暴雨印象很深。如渭河支流散渡河甘谷站附近的群众说:“那年 8 月 6 日晚下了一夜雨,8 月 9 日又下了一场大雨,雨下得特别大,山坡上、屋檐上、院子里的水都淌不出去,积水很深……洪水把两岸的水磨、耕地、房屋一扫而光,是爷爷一辈未见到过的最大洪水。”这与泾河、渭河下游流量过程线上的双峰相吻合。泾河上游马连河西川杨济沟的群众说:“下雨时像盆倒水,院子积水都有 3~4 公寸(1 公寸=0.1 m),8 月 6 日、8 月 9 日共涨两次水,这次大水是七八十岁老人都未见过的。”泾河上游宁县县志记载:“1933 年大雨如注,各河暴涨,洪水横流,坍塌房舍,漂没人畜器物无数。”延河延安群众反映:这次暴雨是由西往东下的(暴雨顺河道追赶洪水),大水时东关大桥快落成,洪水将整个大桥冲走,还将东关外龙王庙两旁殿冲走。

黄委和陕甘两省先后对这场暴雨洪水进行过调查,发现这场暴雨形成洪水的范围很广。

二、综合分析

根据 1933 年 8 月 6~10 日黄河中游各支沟洪水、雨情的调查情况,绘制了 8 月 6~9 日黄河中游雨情分析图,见图 7-2、图 7-3。综合上述资料,确定 8 月 6~10 日黄河中游至华北平原西北部维持了一个大范围雨区,但黄河中游强降水不是持续 5 d 不断,而是呈现

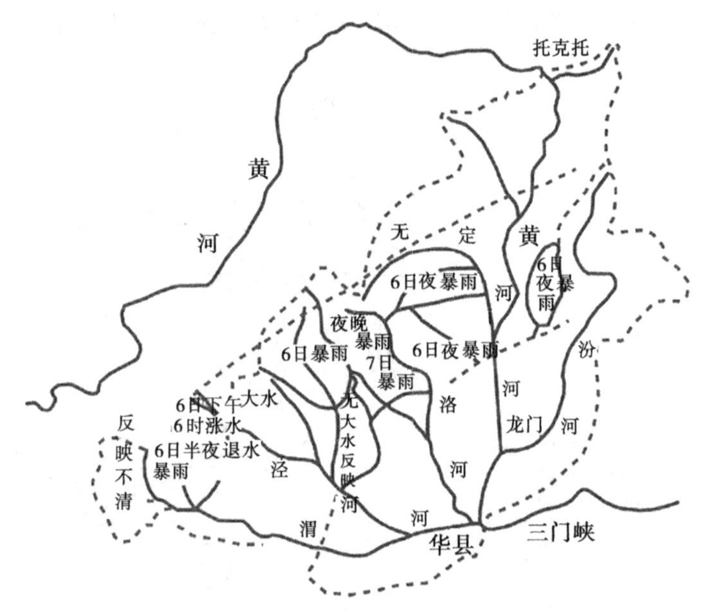

图 7-2　1933 年 8 月 6 日前后雨情分析

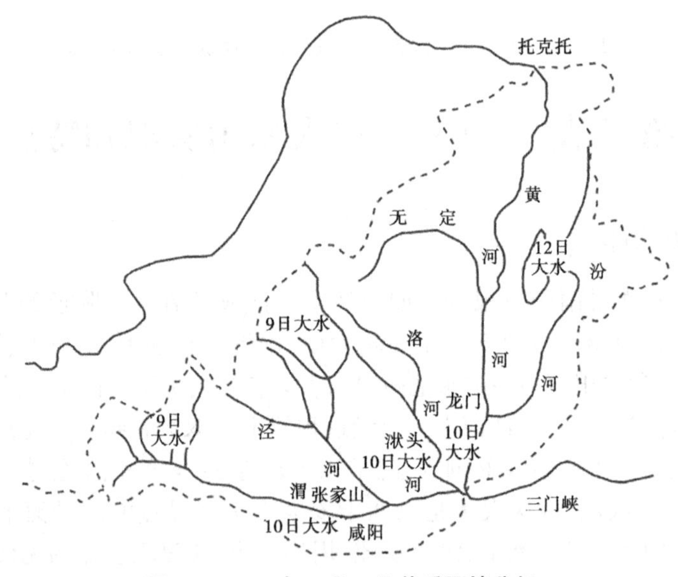

图 7-3　1933 年 8 月 9 日前后雨情分析

出有明显间断的两个暴雨发展过程:8月6日、7日上午和9日分别出现了大范围暴雨天气。从洪水反推降雨强度和面积,结合雨量资料分析,8月6日暴雨强度、暴雨区范围均显然大于9日,且暴雨持续历时也稍长于9日,但暴雨历时均不超24 h。两次暴雨区均大体呈西南—东北向带状分布,雨区也均是大体从西南向偏东方向移动发展的。

8月5~10日期间逐日降雨情况如下:

8月5日黄河中游基本无雨,兰州站出现了小雨天气。

8月6月白天陇东首先出现了暴雨,迅速向东北偏东方向发展。晚间至7日清晨先后在泾河中上游、清涧河、大理河和三川河等地产生暴雨。

8月7日暴雨区已扩张至晋西北,大雨区扩张至华北平原西部,并有向东南扩张的趋势。渭河和泾河中上游(陇东)雨势明显减弱、消散。

8月8日黄河中游雨区呈零星斑状分布,而成片降水区移至山东半岛和江苏北部。

8月9日晚间渭河上游和泾河中上游又出现一次新的暴雨过程。对于这一天的情况,支沟洪水反映不多,只能大体确定暴雨分布相似于6日,但位置可能更偏西北侧移动。这天雁北地区有中雨,龙门洪水有反映,估计同期山陕北部雨势也是较大的。

8月10日大雨区明显移至华北北部。11日移至辽南,在辽南地区出现了较大范围的暴雨天气。

三、暴雨特点

(一)雨区范围广

根据中小面积的调查洪峰流量,用 $M = Q_m / F^{0.5}$ 的公式计算洪峰模数 M,绘制出“1933·8”大暴雨的洪峰模数分布图,见图7-4。

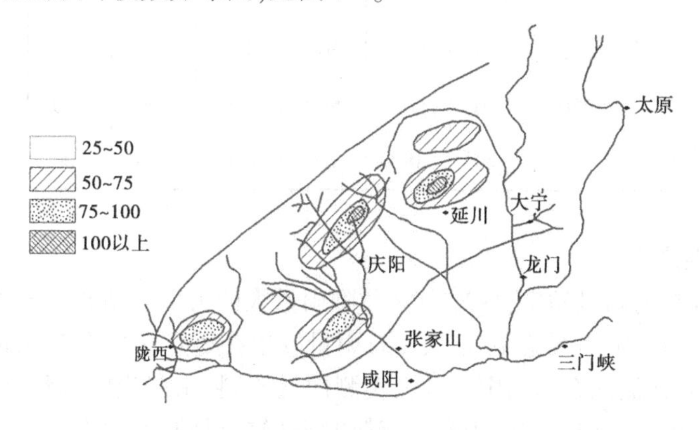

图7-4 “1933·8”黄河中游洪峰模数($M=Q_m/F^{0.5}$)

本次暴雨的雨区范围,南起秦岭北麓,北至无定河,西起渭河上游,东至汾河流域,几乎整个托克托以下至陕县区间的黄河中游地区都普遍降雨,为本区有实测记录以来分布范围最广的一次暴雨。雨区呈西南—东北向带状分布,长轴约900 km、短轴约200 km,黄河中游暴雨区5 d降水总量达240亿 m³。100 mm等深线笼罩面积达11万 km²,降水总量达155亿 m³;200 mm暴雨等深线笼罩面积为8 000多 km²,降水总量达20亿 m³;最大暴雨中心位于泾河马莲河上游环县附近,中心雨量达300 mm以上,其次是渭河上游散渡河、泾河上游泾源附近、延河上游安塞附近及清涧河清涧附近,中心雨量在 200~300 mm。5 d 暴雨主要集中在 8 月 6 日和 8 月 9 日两天,以 8 月 6 日的暴雨为最大,9 日为次大。

本区西部渭河上游和泾河上游一带是 8 月 5 日和 8 月 6 日开始降暴雨,6 日开始涨大水,而本区东部延河、无定河及三川河一带是 8 月 6 日和 7 日开始降暴雨,7 日发大水。

(二)大面积降雨量大

表 7-1 列出黄河中游几次实测大暴雨、国内几次著名大暴雨和“1933 · 8”大暴雨的面积与平均雨深关系,以资比较、参考。

综合表 7-1 可知,在 5 000 km^2 以下的中、小面积上,“1933 · 8”大暴雨在黄河中游地区属于一般大暴雨,但随着面积的增长其平均雨深衰减很慢,当面积达 50 000 km^2 时,其平均雨深仍然很大,为本区实测大暴雨平均雨深的 1. 5~1. 8 倍。

表 7-1　黄河中游及国内几次大暴雨一日平均雨深—面积关系

暴雨名称	所在流域	不同面积(万 km^2)下平均雨深(mm)								中心总雨量(mm)
		0. 05	0. 1	0. 3	0. 5	1	2	3	5	
“1933 · 8”	黄河		207	190	180	166	151	142	130	
“1977 · 8”乌审旗	黄河	770	655	430	340	220	150	120	75	1 400(10 h)
“1954 · 9”亭口	黄河	170	150	120	100	90	80	70		
“1967 · 8”五寨	黄河				140	120	100	85	70	
“1977 · 7”延安	黄河	220	190	165	150	130	110	100	90	400
“1977 · 8”平遥	黄河	310	290	240	220	185	140	120	85	366. 9
“1975 · 8”林庄	淮河	820	770	640	560	430				1 300
“1963 · 8”獐獏	海河	770	720	590	500	380	290	230	170	2 050(7 d)
“1935 · 7”五峰	长江		520	480	450	400	340	300	230	1 076(3 d)

(三)暴雨强度大

在有实测资料的雨量站中,1933 年 8 月降雨量大的为清涧站 8 月 5~8 日,4 d 降雨量为 255 mm,其次为无定河绥德站,最大一日雨量发生在 8 月 6 日为 71 mm,汾河榆次站 8 月 7 日为 85 mm;其他几个暴雨中心区无实测雨量资料,由于当时雨量观测站点少,实测雨量反映雨强有困难。但据渭河中游支流散渡河群众反映:“民国二十二年(1933 年)雨很大,像提着桶倒的一样。由于雨太大,山坡上、院子里的水都淌不出去,集了很深的水使人很害怕。”渭河支流葫芦河群众谈:“民国二十二年下了三天三夜大雨。”泾河支流马莲河畔的宁县县志载:“民国二十二年大雨如注,各河暴涨,洪水横流,漂没人畜无算。”延河与三川河群众反映:“该年六月十七日天明前发大水,十六日下午当地下大雨,雨中夹雹”,这定性反映了暴雨强度之大。

第三节 “1933·8”洪水水情

一、洪水发生时间及过程

本次洪水在泾河、渭河及黄河河口镇到龙门区间是两次洪峰过程。第一个过程泾河张家山8月7日2时起涨,8日14时出现9 200 m³/s的洪峰;渭河咸阳站8月8日11时起涨,8日17时出现4 780 m³/s的洪峰;黄河龙门站8月7日13时起涨,8日14时出现12 900 m³/s的洪峰,此峰退后9日5时又出现了13 300 m³/s的洪峰。干支流洪峰汇合后,形成了陕县8月10日最大洪峰流量22 000 m³/s。

第二个过程泾河张家山10日17时洪峰流量为7 700 m³/s,渭河咸阳站11日19时洪峰流量为6 260 m³/s,干流龙门于10日6时出现7 700 m³/s的洪峰。干支流上第二次洪水使陕县22 000 m³/s主峰峰后退水部分流量加大,过程“加胖”。各站洪峰流量见图7-5。

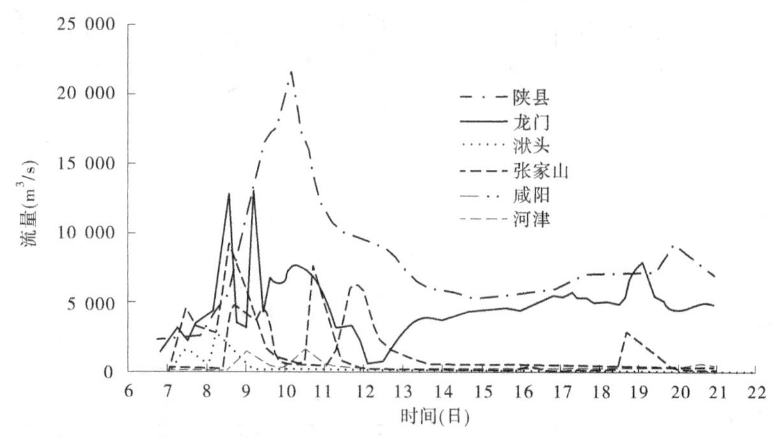

图7-5 黄河1933年8月洪水主要站流量过程线

二、洪水洪峰及其稀遇程度

这次洪水,陕县、洑头有实测流量,泾河张家山、渭河咸阳站当时有水位记录,但最高水位时水尺冲失,其最高洪水位是洪水后补测而得。经从各方面分析,数值是可靠的,其流量是用历年水位—流量关系推求的。黄河龙门站无实测资料,是由陕县站洪水过程减张家山、咸阳、洑头、河津(各站用过程线推演至陕县)等站的过程后反演算至龙门站求得的。河津站是通过暴雨径流关系由雨量进行插补的。各站洪峰、洪量见表7-2。

黄河陕县站调查历史最大洪水为1843年洪水(民谣“道光二十三,洪水涨上天;冲了太阳渡,捎带万锦滩”就是对此次洪水的形象描绘),洪峰流量为36 000 m³/s,经从各方面考证,其重现期为1 000年。1933年洪峰流量为22 000 m³/s,为有实测资料以来的第一位,与历史调查洪水比较次于1843年,但从历史文献资料考证,1 000年来还有很多年大洪水未能定量,因此1933年洪水在历史考证期中的排位目前难以定论,在实测期中定为自1919年以来的第一位。龙门站推算洪峰流量为13 300 m³/s, 属一般洪水。泾河张家

表 7-2　1933 年 8 月黄河中游洪水情况统计

河名	站名	控制面积（km^2）	设站时间（年-月）	第一次洪峰		第二次洪峰		资料来源说明	调查历史最大洪峰		实测最大洪峰	
				流量（m^3/s）	时间（日 T 时）	流量（m^3/s）	时间（日 T 时）		流量（m^3/s）	时间（年）	流量（m^3/s）	时间（年-月）
三川河	后大成	4 102	1956-07	3 420				洪痕调查估算	5 600	1 875	4 070	1966-07
无定河	绥德	28 719	1936-08	6 720				洪痕调查估算	11 500	1919	4 980	1966-07
清涧河	延川	3 468	1953-07	5 700				洪痕调查估算	11 200	道光年间	6 090	1959-08
延河	甘谷驿	5 891	1952-01	6 300				洪痕调查估算	6 300	1 917	9 050	1977-07
黄河	龙门	497 552	1934-06	13 300	09T05	7 700	10T06	陕县减四站反演	31 000	道光年间	21 000	1967-08
泾河	张家山	43 216	1932-01	9 200	08T14	7 700	10T17	实测水位推算	18 800	道光年间		
渭河	咸阳	46 827	1931-06	4 780	08T17	6 260	11T19	实测水位推算	11 600	1898		
北洛河	洑头	25 154	1933-05	2 810	08T06			实测流量	10 700	1855		
汾河	河津	38 728	1934-06	1 700				暴雨洪水关系推算	3 970	1895		
黄河	陕县	687 869	1919-04	22 000	10T04			实测流量	36 000	1843		

注：无定河实测最大洪峰是白家川站。

山为自1932年有实测资料以来的首位,与历史调查洪水比较次于道光年间和1911年,排第三位。在咸阳站,为自1934年有实测资料以来的第二位,与调查洪水比较也次于1898年,排第三位。在湫头为自1933年有实测资料以来的第三位,在河津也是自1934年有实测资料以来的第三位,在河口镇至龙门区的四条支流,1933年的洪水也基本上是排在调查(或含实测)洪水的第三位。各站洪水排位见表7-3。

表7-3 历时洪水排位对照

河名	站名	调查流量成果(m^3/s)					
三川河	后大成	年份	1875	1942	1966	1933	
		流量	5 600	4 270	(4 070)	3 420	
无定河	绥德	年份	1919	1932	1933	1942	
		流量	11 500	7 740	6 720	5 260	
清涧河	延川	年份	道光年间	1913	1933	1942	
		流量	11 200	10 200	5 700	2 300	
延河	甘谷驿	年份	1977	1917	1933	1940	
		流量	(9 050)	6 300	6 300	4 850	
黄河	龙门	年份	道光年间	1942	1967	1933	
		流量	31 000	24 000	(21 000)	13 300	
泾河	张家山	年份	道光年间	1911	1933		
		流量	18 700	14 500	9 200		
渭河	咸阳	年份	1898	1954	1933		
		流量	11 600	(7 220)	6 260		
北洛河	湫头	年份	1855	1932	1940	1966	1933
		流量	10 700	5 660	(4 420)	(3 360)	2 810
汾河	河津	年份	1895	1954	1958	1933	
		流量	3 970	(3 320)	2 380	1 710	
黄河	陕县	年份	1843	1933			
		流量	36 000	(22 000)			

注:表中带括号者为实测资料。

三、洪水来源及组成

从各河段洪水调查资料成果及调查的洪水模比系数等值线图可见,1933年8月洪水主要来自龙门以上的三川河、无定河、清涧河及延水等支流和龙门以下的泾河、渭河、北洛河、汾河等支流的上游地区。

根据现有干支流主要测站实测及插补资料进行统计,其洪量地区组成如表7-4所示。由表7-4看出,该次洪水5 d洪量中的99%和12 d洪量的97.6%都是来自龙门以上和泾河、渭河、北洛河、汾河上游地区,龙门、华县、河津、洑头到陕县区间的来量仅占1%~2.4%。

表 7-4　1933 年 8 月黄河洪水组成统计

河名	站名	控制面积		次洪量		5 d 洪量			12 d 洪量		
		km^2	占陕县（%）	起止时间（日 T 时）	洪量（亿 m^3）	起止时间（日）	洪量（亿 m^3）	占陕县（%）	起止时间（日）	洪量（亿 m^3）	占陕县（%）
黄河	龙门	497 552	72.4	07T13~12T06	22.62	7~11	23.60	45.6	7~18	51.43	56.7
泾河	张家山	43 216	6.3	07T02~12T24	13.98	7~11	14.06	27.1	7~18	15.70	17.3
渭河	咸阳	46 827	6.8	07T11~13T12	11.27	7~11	7.85	15.2	7~18	13.29	14.6
北洛河	洑头	25 154	3.6	07T06~09T06	2.38	7~11	2.84	5.5	7~18	3.64	4.0
汾河	河津	38 728	5.6	08T12~11T24	2.34	7~11	2.91	5.6	7~18	4.53	5.0
五站—陕县	区间	36 392	5.3		7.76	7~11	0.55	1.0	7~18	2.14	2.4
黄河	陕县	697 869	100	07T20~14T20	60.35	8~12	51.81	100	8~19	90.73	100

注：1. 龙门的洪量包括河口镇以上基流。

2. 五站—陕县区间为陕县减五站值估算。五站指龙门、张家山、咸阳、洑头及河津。

第四节 “1933·8”大暴雨等雨深线图的绘制

这次洪水相应的实测暴雨资料稀少,在黄河中游地区30多万 km^2 面积上,这次暴雨仅有57个雨量观测资料,其分布也很不均匀,暴雨中心附近地区几乎没有观测资料,因而不可能单纯利用实测雨量资料勾绘“1933·8”大暴雨等深线图,分析暴雨的特性和分布规律。考虑到对该次暴雨中心附近地区中小面积洪水调查的资料较多(共有洪水调查资料100多个),在这次分析工作中,可以充分利用这些洪水调查资料,采用水文上常用的峰、量相关和暴雨径流相关等反推雨量,并配合“1933·8”黄河中游洪峰模数图等资料,初步勾绘出这次暴雨的等深线图,试图以此反映这次暴雨的特性和分布特点。

由调查洪水反推暴雨的具体方法如下:

本区一些中小面积测站在大面积暴雨情况下,实测洪峰与洪量的关系尚好,流域平均径流深与平均暴雨深的关系也较好。以渭河甘谷站及泾河亭口站为例,见图7-6。以这

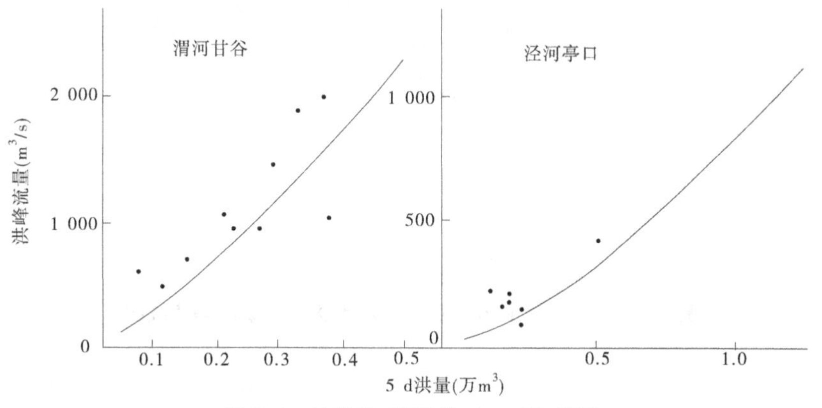

图7-6 甘谷站、亭口站 Q_m—W_5 相关

些支沟中小面积调查的洪峰,通过峰、量关系求得各支沟洪水总量,进而换算为平均径流深,再通过暴雨径流关系估算求得支沟的平均面暴雨深(这样间接求得的平均面暴雨深的误差可能较大,将其点绘在各支沟的流域中心位置上。其次,泾河张家山站及渭河咸阳站历年实测大暴雨的流域平均暴雨深与径流深的关系也较好(见图7-7)。1933年泾河张家山站、渭河咸阳站均有实测流量资料。利用这两个站“1933·8”大暴雨的实测洪量,可以计算其流域平均径流深,再通过暴雨径流关系,即可反推出泾河张家山站以上及渭河咸阳站以上的流域平均面雨量,可以用来控制暴雨等深线图上的面暴雨总量。

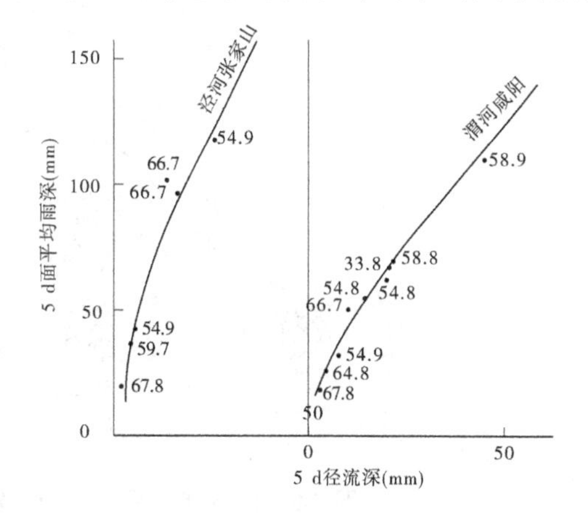

图7-7 泾河、渭河降雨深—径流深关系

根据实测雨量资料和如前所述的用调

查洪水反推估算的雨量,并参照洪峰模数图,绘制出 1933 年 8 月 6~10 日最大 5 d 和 8 月 6 日最大 1 d 暴雨等深线图。绘图时等值线的走向和梯度的确定,考虑了山脉的抬升作用和对水汽输送的影响,并考虑了由等值线图上求得的各支流面平均雨深应与由实测洪水反推的面平均雨深相协调。

“1933 · 8”大暴雨最大 1 d 和最大 5 d 暴雨等值线图见图 7-8 和图 7-9。

根据图 7-8 和图 7-9 量算各支流(区间)“1933 · 8”大暴雨最大 1 d 和最大 5 d 降雨特征值,见表 7-5 和表 7-6。

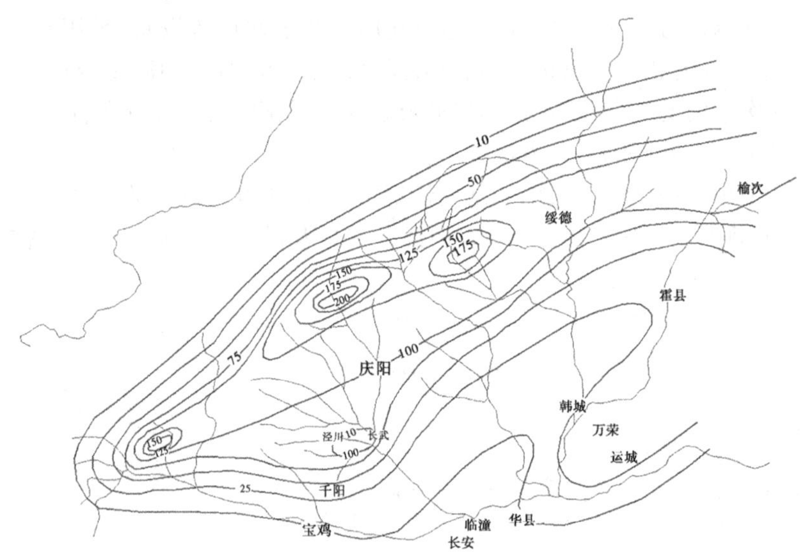

图 7-8　1933 年 8 月 6 日黄河中游最大 1 d 暴雨等值线图

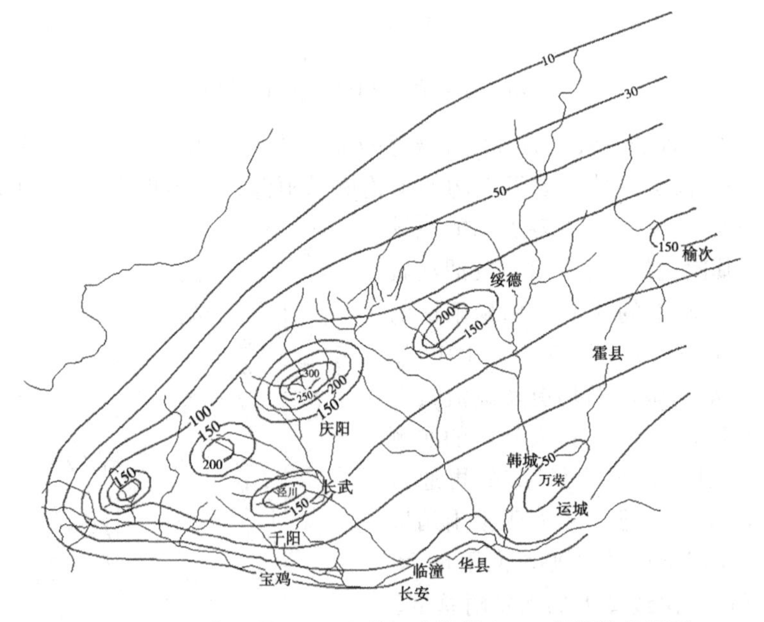

图 7-9　1933 年 8 月 6~10 日黄河中游最大 5 d 暴雨等值线图

表 7-5 1933 年 8 月黄河中游洪水对应最大 1 d 雨量主要支流降雨特征

河名	站名/区间	8 月 6 日最大 1 d 雨量(mm)包围面积(km^2)									
		225~200	200~175	175~150	150~125	125~100	100~75	75~50	50~25	25~10	10 以下
三川河	后大成以上										
无定河	赵石窑以上				4	253	610	2 947	2 963	2 278	6 285
	赵—丁					810	583	1 126	516	705	4 322
	丁家沟以上				4	1 063	1 193	4 073	3 479	2 983	10 607
	绥德以上			152	385	2 069	960	336			
	丁、绥—白家川				211	2 136	8				
	白家川以上			152	599	5 268	2 161	4 408	3 479	2 983	10 607
清涧河	延川			272	628	1 906	585	136			
延河	甘谷驿		532	1 219	662	2 824	707	62			
泾河	洪德以上										
	洪德—庆阳			204	354	527	636	908	1 062	882	49
	庆阳以上	420	655	1 093	1 235	2 412	83	3			
	贾桥以上	420	655	1 297	1 589	2 939	719	910	1 062	882	49
	庆、贾—雨落坪	66	304	331	445	1 880					
	雨落坪以上					830	3 333	1 106	79		
	泾川以上	486	959	1 628	2 034	5 650	4 052	2 016	1 141	882	49

续表 7-5

河名	站名/区间	8 月 6 日最大 1 d 雨量(mm)包围面积(km^2)									
		225~200	200~175	175~150	150~125	125~100	100~75	75~50	50~25	25~10	10 以下
泾河	杨间以上					2 124	1 000				
	毛家河以上					696	611				
	袁家庵以上				1 546	4 705	861				
	泾、杨、毛、袁—杨					128	1 525				
	杨家坪以上					5	820				
	雨、杨—张家山	0	0	0	1 546	7 658	4 816	0	0	0	0
	张家山以上					1 081	2 665	2 053	2 214	2 100	
渭河	武山以上	486	959	1 628	3 580	14 389	11 533	4 069	3 355	2 982	49
	甘谷以上					71	226	874	2 056	3 031	1 624
	秦安以上			261	564	654	648	366			
	武、甘、秦—南河川				25	3 903	2 833	1 935	794	296	
	南河川以上					1	181	932	1 360	837	93
	社棠以上			261	588	4 629	3 889	4 106	4 211	4 163	1 717
	北道(籍河)以上						254	466	862	297	
	南、社、北—林									809	193
	林家村以上						10	155	401	2 949	920

续表 7-5

河名	站名/区间	8月6日最大1 d雨量(mm)包围面积(km^2)									
		225~200	200~175	175~150	150~125	125~100	100~75	75~50	50~25	25~10	10以下
渭河	千阳以上			261	588	4 629	4 153	4 728	5 474	8 219	2 829
	林、千—魏家堡						992	1 023	814	88	
	魏家堡—咸阳								304	1 361	1 752
	咸阳以上								773	3 853	5 200
北洛河	刘家河以上			261	588	4 629	5 144	5 751	7 366	13 521	9 781
	张村驿以上		17	808	2 577	2 660	637	511	47		
	刘、张—洑头					1 574	964	1 599	611		
	洑头以上					888	515	1 003	2 741	6 992	982
汾河	兰村以上		17	808	2 577	5 123	2 117	3 113	3 400	6 992	982
	兰—义棠					2 994	895	1 800	1 128	924	60
	义棠以上					7 430	3 627	2 995	2 003		
	义—河津					10 425	4 522	4 795	3 130	924	60
	河津以上							149	14 076	694	
四站—陕县	区间					10 425	4 522	4 944	17 206	1 618	60
黄河	陕县										

表 7-6　1933 年 8 月黄河中游洪水对应最大 5 d 雨量主要支流降雨特征

河名	站名/区间	8 月 6~10 日最大 5 d 雨量(mm)包围面积(km^2)								
		≥300	300~250	250~200	200~150	150~100	100~50	50~30	30~10	10 以下
三川河	后大成以上									
无定河	赵石窑以上						7 114	5 951	2 274	
	赵—丁					296	2 769	2 335	2 660	
	丁家沟以上					296	9 884	8 287	4 934	
	绥德以上						3 226	677		
	丁、绥—白家川				253	2 101				
	白家川以上				253	2 397	13 109	8 963	4 934	
清涧河	延川			495	1 764	1 264	4			
延河	甘谷驿			846	1 100	3 621	440			
泾河	洪德以上									
	洪德—庆阳					740	3 546	335		
	庆阳以上	525	735	1 178	1 375	1 747	341			
	贾桥以上	525	735	1 178	1 375	2 487	3 888	335		
	庆、贾—雨落坪	42	501	827	1 087	569				
	雨落坪以上				27	5 118	203			
	泾川以上	567	1 236	2 005	2 489	8 174	4 091	335		

续表 7-6

河名	站名/区间	8 月 6~10 日最大 5 d 雨量(mm)包围面积(km^2)								
		≥300	300~250	250~200	200~150	150~100	100~50	50~30	30~10	10 以下
泾河	杨间以上			848	1 144	1 130				
	毛家河以上			15	446	846				
	袁家庵以上			421	1 535	5 027	128			
	泾、杨、毛、袁—杨				290	1 363				
	杨家坪以上			47	506	273				
	雨、杨—张家山			1 332	3 921	8 639	128			
	张家山以上			858	1 441	1 689	5 430	695		
渭河	武山以上	567	1 236	4 195	7 852	18 502	9 648	1 030		
	甘谷以上				1	178	1 185	1 834	3 154	1 531
	秦安以上			431	909	652	475	26		
	武、甘、秦—南河川			19	907	6 380	1 867	613		
	南河川以上					14	1 010	1 559	644	177
	社棠以上			450	1 817	7 224	4 537	4 031	3 798	1 708
	北道(籍河)以上					633	627	546	74	
	南、社、北—林							15	772	215

续表 7-6

河名	站名/区间	8 月 6~10 日最大 5 d 雨量(mm)包围面积(km^2)								
		≥300	300~250	250~200	200~150	150~100	100~50	50~30	30~10	10 以下
渭河	林家村以上					137	279	813	2 284	923
	千阳以上			450	1 817	7 994	5 443	5 405	6 927	2 846
	林、千—魏家堡				125	1 479	1 177	136		
	魏家堡—咸阳						246	498	910	1 763
	咸阳以上						992	2 641	1 765	4 427
北洛河	刘家河以上			450	1 942	9 474	7 858	8 680	9 603	9 036
	张村驿以上			180	601	4 522	1 955			
	刘、张—洑头			46	278	3 819	605			
	洑头以上					2 406	6 844	3 872		
汾河	兰村以上			226	879	10 746	9 405	3 872		
	兰—义棠				94	3 806	3 811	90		
	义棠以上				2 225	9 144	4 687			
	义—河津				2 319	12 950	8 497	90		
	河津以上					228	6 224	8 094	372	
四站—陕县	区间				2 319	13 179	14 721	8 184	372	
黄河	陕县									

第五节 “1933·8”洪水洪量、输沙量估算

一、“1933·8”洪水洪量估算

从图7-5所示的几个主要站洪水过程来看，干流陕县站洪水过程持续时间较长，为8月8～19日，历时12 d，洪量达90.73亿 m^3，这主要是干流龙门站8月12日后持续大流量来水造成陕县站的洪水退水在高位持续，其他的支流洪水洪量基本在5 d以内，有的甚至更短。各站洪量列于表7-4中。

二、“1933·8”洪水输沙量估算

年鉴中对1933年8月洪水，仅刊印了陕县站逐日输沙率，根据逐日输沙率估算，陕县次洪输沙量为23.7亿t(8月8～15日)，5 d(8月8～12日)沙量20.9亿t，12 d(8月8～19日)沙量达25.7亿t。

第六节 现状下垫面条件下产洪产沙量分析

一、现状下垫面时段的选择

现状下垫面是指现在的下垫面。在水文学中建立关系需要一定的系列数据，因此本书中所分析的现状下垫面指的是近年时段下垫面。

选择现状下垫面时段是为选择合适的系列来建立降雨、产流和产沙关系，为估算重演历史大暴雨的可能产水、产沙量提供支撑，实际上就是选择与现状下垫面最接近的已过去的下垫面，理论上讲越接近近几年越好。但在降雨径流、泥沙关系的建立中，系列太短，代表性不足；系列太长，下垫面的变化又太大，这是一个十分“纠结”的问题。1998年以后，黄土高原各地陆续实施了退耕还林还草和封山禁牧政策。第三次水资源调查评价，将2001年以后作为现状下垫面。也有一种观点认为2007年以后下垫面剧烈变化。各学者对现状下垫面没有一个统一的认识，本书分别将2001年和2007年作为现状下垫面转折点进行分析研究。

二、研究思路

1933年8月上旬，黄河中游河口镇至陕县(今三门峡市)发生了陕县建站以来实测资料首位的大洪水。造成这次洪水的暴雨面积广、强度大，100 mm等深线笼罩面积达9.8万 km^2，最大暴雨中心位于马莲河上游环县附近，中心雨量在300 mm以上。

本书选取1961～1975年为天然状态下垫面(近似代替“1933·8”大暴雨时下垫面)，分别将2001年以后和2007年以后作为现状下垫面。计算“1933·8”大暴雨在不同时期

下垫面条件下的产水产沙量。对比天然条件及不同现状下垫面的产水产沙量，得出“1933 · 8”大暴雨在现状下垫面条件下的产流产沙量。

由于“1933 · 8”大暴雨涉及面积广，该区域水文站、雨量站远不能对涉及面积全控制；由于暴雨分布的不均匀性，面积大的水文站雨量洪量关系较差。因此，本书选取了“1933 · 8”大暴雨主要涉及的无定河、北洛河、渭河、泾河等较小支流的 15 个水文站、416 个雨量站进行计算分析。计算选取 15 条支流现状下垫面的产洪产沙量，并与天然时期产洪、产沙量对比，得出选取支流减水减沙量百分比。进而估算“1933 · 8”大暴雨在现状下垫面条件下的可能产洪产沙量。

三、模型建立

（一）天然状态下下垫面的暴雨洪水泥沙模型建立

以 1975 年前代表天然时期下垫面。由于 1960 年前雨量站太少，故以 1961～1975 年系列代表天然时期系列。

1. 洪水泥沙模型

建立场次洪水洪量与沙量关系，如表 7-7 所示。

表 7-7　1975 年前场次洪沙关系统计

序号	站名	公式	相关系数	序号	站名	公式	相关系数
1	武山	$W_s=0.4W_w-102.765$	0.93	9	杨闾	$W_s=0.4W_w+21.009$	0.99
2	甘谷	$W_s=0.5W_w+24.364$	0.99	10	毛家河	$W_s=0.4W_w+23.483$	0.99
3	秦安	$W_s=0.4W_w-31.579$	0.97	11	刘家河	$W_s=0.7W_w+88.295$	0.97
4	社棠	$W_s=0.2W_w+11.295$	0.92	12	张村驿	$W_s=0.05W_w-0.929$	0.41
5	千阳	$W_s=0.02W_w+75$	0.73	13	延川	$W_s=0.7W_w-16.178$	0.97
6	庆阳	$W_s=0.794W_w-173.2$	0.99	14	甘谷驿	$W_s=0.7W_w-178.014$	0.95
7	贾桥	$W_s=0.6W_w-36$	0.99	15	绥德	$W_s=0.8W_w-74.888$	0.99
8	泾川	$W_s=0.3W_w-40.992$	0.95				

2. 暴雨洪水模型

分别建立场次洪水洪量与最大 1 d 雨量、最大 5 d 雨量的一次线性、单因子指数、组合指数等不同因子组合关系。根据建立的次洪量与最大 1 d、最大 5 d 雨量关系，按相应相关系数最高的原则，选取洪量与雨量关系公式，见表 7-8。

3. 暴雨泥沙模型

分别建立场次洪水沙量与最大 1 d 雨量、最大 5 d 雨量的一次线性、单因子指数、组合指数等不同因子组合关系，如表 7-9 所示。

表 7-8 次洪量与最大 1 d 和最大 5 d 降雨关系汇总

站名	一次线性		单因子指数 1		单因子指数 2		组合指数		组合指数+线性	
	公式 1	相关系数	公式 2	相关系数	公式 3	相关系数	公式 4	相关系数	公式 5	相关系数
武山	$W_w=95.6P_1-16.2P_5+268$	0.60	$W_w=326.4P_1^{0.528}$	0.75	$W_w=318.5P_5^{0.501}$	0.71	$W_w=379.8P_1^{1.193}P_5^{-0.675}$	0.77	$W_w=586.6(P_1^{1.193}P_5^{-0.675})-408$	0.58
甘谷	$W_w=23.7P_1+6.1P_5+241$	0.68	$W_w=163.1P_1^{0.513}$	0.46	$W_w=175.2P_5^{0.455}$	0.42	$W_w=178.4P_1^{0.824}P_5^{-0.318}$	0.47	$W_w=287.8(P_1^{0.824}P_5^{-0.318})-289$	0.63
秦安	$W_w=118.0P_1+39.7P_5+337$	0.77	$W_w=150.3P_1^{1.022}$	0.68	$W_w=68.2P_5^{1.093}$	0.71	$W_w=72.2P_1^{0.148}P_5^{0.952}$	0.71	$W_w=69.9(P_1^{0.148}P_5^{0.952})+868$	0.76
社棠	$W_w=-29.7P_1+43.7P_5-68$	0.90	$W_w=21.0P_1^{1.004}$	0.80	$W_w=17.5P_5^{0.986}$	0.86	$W_w=20.0P_1^{-0.835}P_5^{1.717}$	0.88	$W_w=26.6(P_1^{-0.835}P_5^{1.717})-118$	0.88
千阳	$W_w=-90.6P_1+143.8P_5-1\,213$	0.79	$W_w=2.0P_1^{1.851}$	0.66	$W_w=1.5P_5^{1.779}$	0.77	$W_w=2.1P_1^{-0.569}P_5^{2.203}$	0.78	$W_w=4.0(P_1^{-0.569}P_5^{2.203})-479$	0.81
庆阳	$W_w=-71.0P_1+119.3P_5+566$	0.59	$W_w=250.4P_1^{0.758}$	0.55	$W_w=96.3P_5^{0.944}$	0.74	$W_w=106.3P_1^{-0.332}P_5^{1.200}$	0.75	$W_w=123.8(P_1^{-0.332}P_5^{1.200})+7$	0.59
贾桥	$W_s=-56.8P_1+91.9P_5-805$	0.78	$W_w=214.6P_1^{0.498}$	0.68	$W_w=175.3P_5^{0.499}$	0.67	$W_w=192.8P_1^{0.326}P_5^{0.183}$	0.69	$W_w=205.9(P_1^{0.326}P_5^{0.183})+118$	0.69
泾川	$W_w=116.0P_1-33.4P_5-526$	0.82	$W_w=56.3P_1^{0.856}$	0.71	$W_w=59.5P_5^{0.780}$	0.69	$W_w=57.8P_1^{1.189}P_5^{-0.319}$	0.71	$W_w=145.2(P_1^{1.189}P_5^{-0.319})-844$	0.81
杨闾	$W_w=41.5P_1-0.2P_5-489$	0.76	$W_w=72.2P_1^{0.592}$	0.54	$W_w=78.1P_5^{0.537}$	0.51	$W_w=77.5P_1^{1.122}P_5^{-0.523}$	0.55	$W_w=254.3(P_1^{1.122}P_5^{-0.523})-851$	0.66
毛家河	$W_w=203.9P_1-49.8P_5-1\,122$	0.92	$W_w=263.4P_1^{0.582}$	0.68	$W_w=249.3P_5^{0.560}$	0.68	$W_w=258.4P_1^{0.453}P_5^{0.127}$	0.68	$W_w=823.5(P_1^{0.453}P_5^{0.127})-2\,425$	0.82
刘家河	$W_w=-112.5P_1+146.5P_5+965$	0.70	$W_w=276.5P_1^{0.708}$	0.56	$W_w=317.7P_5^{0.606}$	0.54	$W_w=276.9P_1^{0.800}P_5^{-0.084}$	0.56	$W_w=343.5(P_1^{0.800}P_5^{-0.084})-32$	0.59
张村驿	$W_w=4.8P_1-2.7P_5+210$	0.26	$W_w=44.8P_1^{0.494}$	0.45	$W_w=48.3P_5^{0.452}$	0.39	$W_w=55.9P_1^{0.982}P_5^{-0.538}$	0.47	$W_w=42.1(P_1^{0.982}P_5^{-0.538})+94$	0.35
延川	$W_w=76.1P_1-1.1P_5-181$	0.83	$W_w=66.9P_1^{0.969}$	0.78	$W_w=57.6P_5^{0.934}$	0.80	$W_w=56.9P_1^{0.286}P_5^{0.674}$	0.80	$W_w=63.4(P_1^{0.286}P_5^{0.674})+11$	0.81
甘谷驿	$W_w=-49.4P_1+86.4P_5+668$	0.75	$W_w=352.6P_1^{0.566}$	0.71	$W_w=276.1P_5^{0.592}$	0.81	$W_w=288.8P_1^{-0.661}P_5^{1.178}$	0.84	$W_w=324.6(P_1^{-0.661}P_5^{1.178})-11$	0.74
绥德	$W_w=-160.7P_1+189.9P_5+240$	0.66	$W_w=42.2P_1^{1.167}$	0.67	$W_w=13.0P_5^{1.445}$	0.74	$W_w=5.1P_1^{-1.619}P_5^{3.231}$	0.76	$W_w=2.6(P_1^{-1.619}P_5^{3.231})+1\,029$	0.57

注：W_w 为次洪量，万 m^3；P_1 和 P_5 分别为最大 1 d 和最大 5 d 降雨量，mm。

表 7-9　次洪输沙量与最大 1 d 和最大 5 d 降雨关系汇总

站名	一次线性		单因子指数 1		单因子指数 2		组合指数		组合指数+线性	
	公式 1	相关系数	公式 2	相关系数	公式 3	相关系数	公式 4	相关系数	公式 5	相关系数
武山	$W_s=81.1P_1-47.5P_5+96$	0.57	$W_s=136.7P_1^{0.401}$	0.54	$W_s=138.5P_5^{0.370}$	0.49	$W_s=167.9P_1^{1.305}P_5^{-0.916}$	0.57	$W_s=374.7(P_1^{1.486}P_5^{-1.061})-315$	0.51
甘谷	$W_s=13.9P_1+0.6P_5+169$	0.65	$W_s=109.6P_1^{0.433}$	0.39	$W_s=130.8P_5^{0.347}$	0.32	$W_s=134.0P_1^{1.128}P_5^{-0.711}$	0.43	$W_s=206.5(P_1^{0.901}P_5^{-0.498})-122$	0.59
秦安	$W_s=49.0P_1+13.3P_5+230$	0.69	$W_s=97.1P_1^{0.845}$	0.54	$W_s=55.1P_5^{0.878}$	0.55	$W_s=62.1P_1^{0.312}P_5^{0.580}$	0.55	$W_s=81.5(P_1^{0.032}P_5^{1.130})+97$	0.68
社棠	$W_s=-0.2P_1+5.1P_5-51$	0.83	$W_s=2.3P_1^{1.143}$	0.87	$W_s=2.2P_5^{1.077}$	0.91	$W_s=2.2P_1^{-0.160}P_5^{1.217}$	0.91	$W_s=3.6(P_1^{-0.690}P_5^{1.603})-43$	0.83
千阳	$W_s=7.6P_1-0.3P_5-68$	0.63	$W_s=3.3P_1^{1.043}$	0.59	$W_s=5.3P_5^{0.826}$	0.56	$W_s=3.3P_1^{0.746}P_5^{0.270}$	0.59	$W_s=5.4(P_1^{0.968}P_5^{-0.121})-43$	0.6
庆阳	$W_s=-71.6P_1+97.0P_5+495$	0.59	$W_s=297.2P_1^{0.582}$	0.43	$W_s=95.0P_5^{0.849}$	0.67	$W_s=114.6P_1^{-0.629}P_5^{1.335}$	0.72	$W_s=140.9(P_1^{-0.731}P_5^{1.238})-66$	0.59
贾桥	$W_s=-2.5P_1+8.4P_5+404$	0.44	$W_s=138.3P_1^{0.454}$	0.64	$W_s=101.0P_5^{0.491}$	0.69	$W_s=98.2P_1^{-0.097}P_5^{0.586}$	0.69	$W_s=79.6(P_1^{-0.156}P_5^{0.610})+235$	0.4
泾川	$W_s=67.8P_1-36.5P_5-157$	0.87	$W_s=25.8P_1^{0.703}$	0.63	$W_s=32.5P_5^{0.581}$	0.56	$W_s=30.2P_1^{2.817}P_5^{-2.022}$	0.73	$W_s=90.5(P_1^{3.270}P_5^{-2.597})-380$	0.88
杨闾	$W_s=19.4P_1-2.3P_5-185$	0.77	$W_s=32.8P_1^{0.551}$	0.45	$W_s=35.2P_5^{0.500}$	0.42	$W_s=35.0P_1^{1.031}P_5^{-0.474}$	0.46	$W_s=126.4(P_1^{1.235}P_5^{-0.665})-381$	0.68
毛家河	$W_s=81.6P_1-15.3P_5-509$	0.93	$W_s=55.6P_1^{0.830}$	0.88	$W_s=51.6P_5^{0.798}$	0.87	$W_s=54.6P_1^{0.712}P_5^{0.116}$	0.88	$W_s=125.7(P_1^{0.712}P_5^{0.116})-688$	0.89
刘家河	$W_s=-108.7P_1+113.4P_5+1\,124$	0.61	$W_s=304.4P_1^{0.562}$	0.43	$W_s=336.5P_5^{0.484}$	0.41	$W_s=304.5P_1^{0.581}P_5^{-0.018}$	0.43	$W_s=396.6(P_1^{0.861}P_5^{-0.261})+44$	0.48
张村驿	$W_s=0.4P_1-0.2P_5+8$	0.17	$W_s=0.6P_1^{0.706}$	0.36	$W_s=0.4P_5^{0.773}$	0.38	$W_s=0.4P_1^{0.050}P_5^{0.723}$	0.38	$W_s=0.3(P_1^{0.129}P_5^{0.607})+7$	0.11
延川	$W_s=61.4P_1-9.8P_5-83$	0.77	$W_s=64.8P_1^{0.842}$	0.67	$W_s=59.9P_5^{0.797}$	0.67	$W_s=58.8P_1^{0.434}P_5^{0.403}$	0.67	$W_s=77.0(P_1^{0.191}P_5^{0.511})-118$	0.74
甘谷驿	$W_s=-58.8P_1+69.7P_5+552$	0.72	$W_s=250.0P_1^{0.488}$	0.56	$W_s=180.1P_5^{0.547}$	0.68	$W_s=193.8P_1^{-1.078}P_5^{1.502}$	0.76	$W_s=228.6(P_1^{-1.079}P_5^{1.504})+20$	0.7
绥德	$W_s=-155.1P_1+174.5P_5+165$	0.66	$W_s=31.2P_1^{1.183}$	0.63	$W_s=9.0P_5^{1.479}$	0.70	$W_s=3.0P_1^{-1.899}P_5^{3.573}$	0.74	$W_s=1.5(P_1^{-1.992}P_5^{2.750})+830$	0.56

注：W_s 为次洪输沙量，万 t；P_1 和 P_5 分别为最大 1 d 和最大 5 d 降雨量，mm。

(二)以 2001 年以后为现状下垫面的暴雨洪水泥沙模型

统计得出涉及水文站场次洪水对应洪量、洪峰流量、沙量,以及相应洪水对应场次最大 1 d 和最大 5 d 降雨量。

1. 洪水泥沙模型

建立沙量与洪量关系,如表 7-10 所示。

表 7-10 2001 年后场次洪沙关系统计

序号	站名	公式	相关系数	序号	站名	公式	相关系数
1	武山	$W_s=0.1W_w+61$	0.61	9	毛家河	$W_s=0.4W_w-13$	0.99
2	甘谷	$W_s=0.5W_w+17$	0.997	10	千阳	$W_s=0.1W_w-100$	0.94
3	秦安	$W_s=0.2W_w+29$	0.85	11	张村驿	$W_s=0.02W_w+11$	0.71
4	社棠	$W_s=0.1W_w-4$	0.90	12	延川	$W_s=0.7W_w-305$	0.99
5	庆阳	$W_s=0.5W_w+348$	0.96	13	甘谷驿	$W_s=0.6W_w-301$	0.97
6	贾桥	$W_s=0.5W_s+37$	0.99	14	刘家河	$W_s=0.3W_w+94$	0.88
7	泾川	$W_s=0.1W_w-14$	0.89	15	绥德	$W_s=0.5W_s-40$	0.94
8	杨闾	$W_s=0.5W_w-30$	0.95				

对比表 7-10 与表 7-12,按相关系数最高的原则,选取沙量计算模型。

2. 暴雨洪水模型

分别建立场次洪水洪量与最大 1 d 雨量、最大 5 d 雨量的一次线性、单因子指数、组合指数等不同因子组合关系。根据建立的次洪量与最大 1 d、最大 5 d 雨量关系,按相应相关系数最高的原则,选取洪量与雨量关系公式,见表 7-11。

3. 暴雨泥沙模型

分别建立场次洪水沙量与最大 1 d 雨量、最大 5 d 雨量的一次线性、单因子指数、组合指数等不同因子组合关系,如表 7-12 所示。

(三)以 2007 年以后为现状下垫面的暴雨洪水泥沙模型

统计得出涉及水文站场次洪水对应洪量、洪峰流量、沙量,以及相应洪水对应场次最大 1 d 和最大 5 d 降雨量。

1. 暴雨洪水模型

分别建立场次洪水洪量与最大 1 d 雨量、最大 5 d 雨量的一次线性、单因子指数、组合指数等不同因子组合关系。根据建立的次洪量与最大 1 d、最大 5 d 雨量关系,按相应相关系数最高的原则,选取洪量与雨量关系公式,见表 7-13。

2. 暴雨泥沙模型

分别建立场次洪水沙量与最大 1 d 雨量、最大 5 d 雨量的一次线性、单因子指数、组合指数等不同因子组合关系,如表 7-14 所示。

3. 洪水泥沙模型

建立沙量与洪量关系,如表 7-15 所示。

表 7-11 次洪量与最大 1 d 和最大 5 d 降雨关系汇总

站名	一次线性		单因子指数 1		单因子指数 2		组合指数		组合指数+线性	
	公式 1	相关系数	公式 2	相关系数	公式 3	相关系数	公式 4	相关系数	公式 5	相关系数
武山	$W_w=13.5P_1+32.0P_5+3$	0.77	$W_w=96.1P_1^{0.772}$	0.80	$W_w=38.8P_5^{0.015}$	0.81	$W_w=48.1P_1^{0.233}P_5^{0.728}$	0.81	$W_w=53.2(P_1^{0.233}P_5^{0.728})-30$	0.77
甘谷	$W_w=-124.3P_1+121.0P_5+104$	0.66	$W_w=58.0P_1^{0.583}$	0.50	$W_w=36.6P_5^{0.721}$	0.58	$W_w=20.4P_1^{-1.757}P_5^{2.552}$	0.66	$W_w=29.5(P_1^{-1.757}P_5^{2.552})-1$	0.61
秦安	$W_w=-33.7P_1+61.9P_5-50$	0.80	$W_w=85.5P_1^{0.723}$	0.65	$W_w=37.8P_5^{0.907}$	0.70	$W_w=29.9P^{-0.339}P_5^{1.286}$	0.70	$W_w=42.2(P_1^{-0.339}P_5^{1.286})-139$	0.79
社棠	$W_w=-8.0P_1+34.6P_5-461$	0.85	$W_w=35.1P_1^{0.842}$	0.63	$W_w=11.0P_5^{1.069}$	0.78	$W_w=9.7P_1^{-0.714}P_5^{1.745}$	0.81	$W_w=16.7(P_1^{-0.714}P_5^{1.745})-316$	0.83
庆阳	$W_w=100.4P_1-7.2P_5+981$	0.55	$W_w=835.9P_1^{0.351}$	0.73	$W_w=722.9P_5^{0.335}$	0.70	$W_w=873.8P_1^{0.425}P_5^{-0.075}$	0.73	$W_w=1\,060.9(P_1^{0.425}P_5^{-0.075})-204$	0.57
贾桥	$W_w=-38.4P_1+51.7P_5-142$	0.98	$W_w=14.5P_1^{1.153}$	0.90	$W_w=12.6P_5^{1.079}$	0.85	$W_w=15.3P_1^{1.274}P_5^{-0.124}$	0.90	$W_w=22.4(P_1^{1.274}P_5^{-0.124})-205$	0.86
泾川	$W_w=3.3P_1+16.0P_5-301$	0.87	$W_w=50.5P_1^{0.689}$	0.64	$W_w=28.3P_5^{0.759}$	0.75	$W_w=28.7P_1^{-0.564}P_5^{1.249}$	0.78	$W_w=61.1(P_1^{-0.564}P_5^{1.249})-509$	0.79
杨闾	$W_w=1.6P_1+0.2P_5+59$	0.70	$W_w=30.3P_1^{0.389}$	0.63	$W_w=32.6P_5^{0.344}$	0.64	$W_w=32.3P_1^{0.028}P_5^{0.320}$	0.64	$W_w=36.9(P_1^{0.028}P_5^{0.320})-8$	0.68
毛家河	$W_w=-18.3P_1+14.0P_5+519$	0.75	$W_w=398.0P_1^{0.131}$	0.38	$W_w=353.1P_5^{0.155}$	0.50	$W_w=335.0P_1^{-0.791}P_5^{0.864}$	0.69	$W_w=376.2(P_1^{-0.791}P_5^{0.864})-47$	0.75
千阳	$W_w=49.3P_1+1.7P_5-853$	0.97	$W_w=267.1P_1^{0.552}$	0.84	$W_w=374.1P_5^{0.347}$	0.59	$W_w=497.0P_1^{1.236}P_5^{-0.663}$	0.95	$W_w=700.5(P_1^{1.236}P_5^{-0.663})-444$	0.80
张村驿	$W_w=58.3P_1-21.7P_5+116$	0.79	$W_w=40.4P_1^{0.711}$	0.49	$W_w=32.4P_5^{0.629}$	0.55	$W_w=53.0P_1^{0.845}P_5^{-0.182}$	0.71	$W_w=100.0(P_1^{0.845}P_5^{-0.182})-154$	0.70
延川	$W_w=2.4P_1+19.7P_5-264$	0.66	$W_w=56.1P_1^{0.681}$	0.48	$W_w=40.6P_5^{0.716}$	0.60	$W_w=48.4P_1^{-0.235}P_5^{0.887}$	0.60	$W_w=88.7(P_1^{-0.235}P_5^{0.887})-382$	0.61
甘谷驿	$W_w=-15.2P_1+43.0P_5-507$	0.89	$W_w=8.7P_1^{1.294}$	0.73	$W_w=3.2P_5^{1.447}$	0.88	$W_w=3.3P_1^{-0.015}P_5^{1.459}$	0.88	$W_w=4.315(P_1^{-0.015}P_5^{1.459})-170$	0.89
刘家河	$W_w=-41.0P_1+76.8P_5-439$	0.88	$W_w=23.8P_1^{1.085}$	0.67	$W_w=18.2P_5^{1.050}$	0.70	$W_w=18.0P_1^{-0.389}P_5^{1.397}$	0.71	$W_w=40.6(P_1^{-0.389}P_5^{1.397})-444$	0.88
绥德	$W_w=32.8P_1-7.9P_5+313$	0.68	$W_w=186.3P_1^{0.437}$	0.58	$W_w=252.9P_5^{0.290}$	0.42	$W_w=260.0P_1^{1.912}P_5^{-1.421}$	0.80	$W_w=197.8(P_1^{1.912}P_5^{-1.421})+230$	0.66

注：W_w 为次洪量，万 m^3；P_1 和 P_5 分别为最大 1 d 和最大 5 d 降雨量，mm。

表 7-12 次洪输沙量与最大 1 d 和最大 5 d 降雨关系汇总

站名	一次线性		单因子指数 1		单因子指数 2		组合指数		组合指数+线性	
	公式 1	相关系数	公式 2	相关系数	公式 3	相关系数	公式 4	相关系数	公式 5	相关系数
武山	$W_s=4.5P_1+3.6P_5+40$	0.57	$W_s=37.2P_1^{0.518}$	0.40	$W_s=16.4P_5^{0.752}$	0.45	$W_s=11.0P_1^{-0.433}P_5^{1.285}$	0.46	$W_s=14.0(P_1^{-0.433}P_5^{1.285})-6$	0.53
甘谷	$W_s=-59.4P_1+58.0P_5+60$	0.68	$W_s=30.6P_1^{0.581}$	0.47	$W_s=19.2P_5^{0.721}$	0.55	$W_s=10.5P_1^{-1.805}P_5^{2.602}$	0.63	$W_s=14.3(P_1^{-1.805}P_5^{2.602})+8$	0.63
秦安	$W_s=-3.8P_1+8.1P_5+30$	0.63	$W_s=28.3P_1^{0.517}$	0.48	$W_s=14.4P_5^{0.677}$	0.54	$W_s=9.9P_1^{-0.543}P_5^{1.285}$	0.56	$W_s=14.1(P_1^{-0.543}P_5^{1.285})-13$	0.63
社棠	$W_s=0.5P_1+1.6P_5-54$	0.89	$W_s=1.6P_1^{0.705}$	0.37	$W_s=0.4P_5^{1.039}$	0.53	$W_s=0.3P_1^{-1.417}P_5^{2.381}$	0.61	$W_s=0.7(P_1^{-1.417}P_5^{2.381})-17$	0.69
庆阳	$W_s=85.8P_1-15.6P_5+675$	0.58	$W_s=505.5P_1^{0.399}$	0.79	$W_s=442.5P_5^{0.369}$	0.74	$W_s=600.2P_1^{0.683}P_5^{-0.291}$	0.81	$W_s=672.2(P_1^{0.683}P_5^{-0.291})-41$	0.61
贾桥	$W_s=-15.6P_1+22.6P_5-61$	0.98	$W_s=5.0P_1^{1.239}$	0.88	$W_s=4.4P_5^{1.150}$	0.83	$W_s=5.5P_1^{1.503}P_5^{-0.270}$	0.88	$W_s=7.6(P_1^{1.503}P_5^{-0.270})-56$	0.86
泾川	$W_s=1.0P_1+1.4P_5-36$	0.65	$W_s=8.0P_1^{0.284}$	0.11	$W_s=20.7P_5^{-0.003}$	0.001	$W_s=19.6P_1^{2.257}P_5^{-1.968}$	0.31	$W_s=-17.8(P_1^{2.257}P_5^{-1.968})+105$	0.09
杨闾	$W_s=-1.8P_1+1.2P_5+30$	0.41	$W_s=33.2P_1^{-0.462}$	0.25	$W_s=16.8P_5^{-0.232}$	0.14	$W_s=81.3P_1^{-5.436}P_5^{4.412}$	0.59	$W_s=48.7(P_1^{-5.436}P_5^{4.412})+12$	0.27
毛家河	$W_s=-9.5P_1+5.6P_5+247$	0.30	$W_s=35.4P_1^{0.586}$	0.65	$W_s=27.5P_5^{0.599}$	0.72	$W_s=25.4P_1^{-1.188}P_5^{1.664}$	0.77	$W_s=12.8(P_1^{-1.188}P_5^{1.664})+130$	0.48
千阳	$W_s=2.5P_1+0.3P_5-196$	0.87	$W_s=0.3P_1^{0.956}$	0.77	$W_s=0.6P_5^{0.559}$	0.51	$W_s=1.0P_1^{2.415}P_5^{-1.414}$	0.93	$W_s=2.7(P_1^{2.415}P_5^{-1.414})+54$	0.44
张村驿	$W_s=1.1P_1-0.4P_5+15$	0.49	$W_s=2.2P_1^{0.606}$	0.44	$W_s=2.1P_5^{0.490}$	0.41	$W_s=3.5P_1^{0.837}P_5^{-0.314}$	0.60	$W_s=3.8(P_1^{0.837}P_5^{-0.314})+7$	0.43
延川	$W_s=-1.4P_1+5.6P_5-46$	0.56	$W_s=46.7P_1^{0.163}$	0.06	$W_s=9.9P_5^{0.560}$	0.25	$W_s=34.7P_1^{-1.675}P_5^{1.780}$	0.39	$W_s=35.4(P_1^{-1.675}P_5^{1.780})+92$	0.29
甘谷驿	$W_s=-19.4P_1+18.5P_5-32$	0.79	$W_s=10.9P_1^{0.607}$	0.23	$W_s=0.3P_5^{1.536}$	0.62	$W_s=1.0P_1^{-2.568}P_5^{3.537}$	0.81	$W_s=2.2(P_1^{-2.568}P_5^{3.537})-87$	0.84
刘家河	$W_s=-50.3P_1+48.4P_5+0.04$	0.76	$W_s=1.1P_1^{1.828}$	0.69	$W_s=0.5P_5^{1.875}$	0.77	$W_s=0.5P_1^{-2.614}P_5^{4.213}$	0.81	$W_s=0.4(P_1^{-2.614}P_5^{4.213})+87$	0.77
绥德	$W_s=12.4P_1-3.2P_5+158$	0.50	$W_s=109.2P_1^{0.193}$	0.13	$W_s=136.3P_5^{0.100}$	0.07	$W_s=139P_1^{1.251}P_5^{-1.020}$	0.24	$W_s=275.9(P_1^{1.251}P_5^{-1.020})-61$	0.54

注：W_s 为次洪输沙量，万 t；P_1 和 P_5 分别为最大 1 d 和最大 5 d 降雨量，mm。

表 7-13　次洪量与最大 1 d 和最大 5 d 降雨关系汇总

站名	一次线性		单因子指数 1		单因子指数 2		组合指数		组合指数+线性	
	公式 1	相关系数	公式 2	相关系数	公式 3	相关系数	公式 4	相关系数	公式 5	相关系数
武山	$W_w=17.0P_1+33.4P_5-114$	0.82	$W_w=74.7P_1^{0.833}$	0.86	$W_w=36.4P_5^{1.028}$	0.85	$W_w=55.1P_1^{0.529}P_5^{0.389}$	0.86	$W_w=69.7(P_1^{0.529}P_5^{0.389})-152$	0.82
甘谷	$W_w=-111.8P_1+102.2P_5+224$	0.40	$W_w=58.6P_1^{0.503}$	0.43	$W_w=42.2P_5^{0.616}$	0.51	$W_w=28.5P_1^{-1.549}P_5^{2.205}$	0.58	$W_w=24.9(P_1^{-1.549}P_5^{2.205})+126.5$	0.36
秦安	$W_w=18.4P_1+26.5P_5-231$	0.91	$W_w=27.4P_1^{1.056}$	0.70	$W_w=4.9P_5^{1.492}$	0.76	$W_w=3.2P_1^{-0.402}P_5^{1.985}$	0.77	$W_w=2.4(P_1^{-0.402}P_5^{1.985})+310.3$	0.87
社棠	$W_w=-0.04P_1+43.0P_5-960$	0.86	$W_w=19.2P_1^{1.066}$	0.55	$W_w=5.7P_5^{1.293}$	0.77	$W_w=7.9P_1^{-0.443}P_5^{1.608}$	0.78	$W_w=14.5(P_1^{-0.443}P_5^{1.608})-542.7$	0.86
庆阳	$W_w=84.5P_1+5.2P_5+793$	0.59	$W_w=802.9P_1^{0.352}$	0.74	$W_w=644.1P_5^{0.355}$	0.74	$W_w=693.3P_1^{0.132}P_5^{0.225}$	0.75	$W_w=851.8(P_1^{0.132}P_5^{0.225})-211.1$	0.58
贾桥	$W_w=-36.5P_1+51.3P_5-205$	0.98	$W_w=7.5P_1^{1.339}$	0.90	$W_w=3.3P_5^{1.429}$	0.89	$W_w=5.1P_1^{0.919}P_5^{0.483}$	0.91	$W_w=6.0(P_1^{0.919}P_5^{0.483})-77.6$	0.94
泾川	$W_w=12.7P_1+12.7P_5-514$	0.89	$W_w=6.6P_1^{1.242}$	0.86	$W_w=7.1P_5^{1.085}$	0.90	$W_w=6.1P_1^{0.297}P_5^{0.860}$	0.91	$W_w=10.2(P_1^{0.297}P_5^{0.860})-325.8$	0.91
杨闾	$W_w=0.9P_1+0.8P_5+51$	0.77	$W_w=28.8P_1^{0.391}$	0.65	$W_w=30.2P_5^{0.352}$	0.67	$W_w=31.6P_1^{-0.164}P_5^{0.493}$	0.68	$W_w=37.7(P_1^{-0.164}P_5^{0.493})-12.9$	0.71
毛家河	$W_w=-20.9P_1+15.1P_5+559$	0.78	$W_w=415.0P_1^{0.130}$	0.40	$W_w=365.3P_5^{0.158}$	0.53	$W_w=347.5P_1^{-0.898}P_5^{0.965}$	0.78	$W_w=351.4(P_1^{-0.898}P_5^{0.965})+10.7$	0.82
千阳	$W_w=49.3P_1+1.7P_5-853$	0.97	$W_w=267.1P_1^{0.552}$	0.84	$W_w=374.1P_5^{0.347}$	0.59	$W_w=497.0P_1^{1.236}P_5^{-0.663}$	0.95	$W_w=700.5(P_1^{1.236}P_5^{-0.663})-443.7$	0.8
张村驿	$W_w=58.3P_1-21.7P_5+116$	0.79	$W_w=40.4P_1^{0.711}$	0.49	$W_w=32.4P_5^{0.629}$	0.55	$W_w=53.0P_1^{0.845}P_5^{-0.182}$	0.71	$W_w=100.0(P_1^{0.845}P_5^{-0.182})-153.6$	0.7
延川	$W_w=-3.0P_1+21.0P_5-213$	0.67	$W_w=79.1P_1^{0.558}$	0.43	$W_w=48.6P_5^{0.644}$	0.60	$W_w=69.6P_1^{-0.461}P_5^{0.974}$	0.62	$W_w=129.2(P_1^{-0.461}P_5^{0.974})-355.0$	0.58
甘谷驿	$W_w=-21.2P_1+45.6P_5-399$	0.89	$W_w=8.3P_1^{1.308}$	0.72	$W_w=3.6P_5^{1.428}$	0.88	$W_w=4.3P_1^{-0.299}P_5^{1.655}$	0.89	$W_w=5.6(P_1^{-0.299}P_5^{1.655})-180.5$	0.91
刘家河	$W_w=-53.3P_1+84.6P_5-387$	0.88	$W_w=25.4P_1^{1.069}$	0.66	$W_w=19.7P_5^{1.040}$	0.71	$W_w=19.9P_1^{-0.925}P_5^{1.863}$	0.72	$W_w=44.4(P_1^{-0.964}P_5^{1.863})-476$	0.88
绥德	$W_w=32.8P_1-7.879P_5+313$	0.68	$W_w=186.3P_1^{0.437}$	0.58	$W_w=252.9P_5^{0.290}$	0.42	$W_w=260.0P_1^{1.912}P_5^{-1.421}$	0.80	$W_w=197.8(P_1^{1.912}P_5^{-1.421})+230$	0.66

注：W_w 为次洪量，万 m^3；P_1 和 P_5 分别为最大 1 d 和最大 5 d 降雨量，mm。

表 7-14 次洪输沙量与最大 1 d 和最大 5 d 降雨关系汇总

站名	一次线性		单因子指数 1		单因子指数 2		组合指数		组合指数+线性	
	公式 1	相关系数	公式 2	相关系数	公式 3	相关系数	公式 4	相关系数	公式 5	相关系数
武山	$W_s=10.1P_1-3.0P_5+40$	0.72	$W_s=32.1P_1^{0.499}$	0.40	$W_s=17.6P_5^{0.674}$	0.44	$W_s=12.0P_1^{-0.489}P_5^{1.265}$	0.45	$W_s=16.3(P_1^{-0.489}P_5^{1.265})-16$	0.63
甘谷	$W_s=-47.5P_1+44.2P_5+117$	0.39	$W_s=29.6P_1^{0.542}$	0.43	$W_s=21.1P_5^{0.655}$	0.50	$W_s=14.6P_1^{-1.480}P_5^{2.174}$	0.56	$W_s=10.9(P_1^{-1.480}P_5^{2.174})+77$	0.39
秦安	$W_s=11.5P_1-2.9P_5-37$	0.83	$W_s=5.5P_1^{0.946}$	0.66	$W_s=0.9P_5^{1.425}$	0.77	$W_s=0.3P_1^{-1.027}P_5^{2.685}$	0.80	$W_s=0.1(P_1^{-1.027}P_5^{2.685})+86$	0.56
社棠	$W_s=0.3P_1+1.3P_5-41$	0.83	$W_s=0.02P_1^{1.869}$	0.57	$W_s=0.002P_5^{2.344}$	0.82	$W_s=0.004P_1^{-0.990}P_5^{3.047}$	0.84	$W_s=0.01(P_1^{-0.990}P_5^{3.047})-3$	0.88
庆阳	$W_s=75.2P_1-7.2P_5+548$	0.61	$W_s=482.8P_1^{0.399}$	0.81	$W_s=388.6P_5^{0.392}$	0.79	$W_s=499.8P_1^{0.451}P_5^{-0.053}$	0.81	$W_s=591.7(P_1^{0.451}P_5^{-0.053})-110$	0.62
贾桥	$W_s=-14.9P_1+22.5P_5-87$	0.98	$W_s=2.3P_1^{1.456}$	0.89	$W_s=1.0P_5^{1.539}$	0.87	$W_s=1.7P_1^{1.118}P_5^{0.388}$	0.89	$W_s=1.8(P_1^{1.118}P_5^{0.388})+8$	0.93
泾川	$W_s=3.4P_1+0.6P_5-92$	0.76	$W_s=0.1P_1^{1.545}$	0.47	$W_s=1.4P_5^{0.628}$	0.23	$W_s=0.1P_1^{5.142}P_5^{-3.274}$	0.67	$W_s=0.4(P_1^{5.142}P_5^{-3.274})-43$	0.69
杨闾	$W_s=-2.6P_1+1.8P_5+21$	0.79	$W_s=25.2P_1^{-0.451}$	0.28	$W_s=11.5P_5^{-0.192}$	0.14	$W_s=71.0P_1^{-6.629}P_5^{5.482}$	0.80	$W_s=66.6(P_1^{-6.629}P_5^{5.482})+3$	0.67
毛家河	$W_s=-11.1P_1+6.2P_5+272$	0.33	$W_s=36.4P_1^{0.586}$	0.65	$W_s=28.3P_5^{0.601}$	0.73	$W_s=26.3P_1^{-1.289}P_5^{1.758}$	0.79	$W_s=12.3(P_1^{-1.289}P_5^{1.758})+143$	0.49
千阳	$W_s=2.5P_1+0.3P_5-196$	0.87	$W_s=0.3P_1^{0.956}$	0.77	$W_s=0.6P_5^{0.559}$	0.51	$W_s=1.0P_1^{2.415}P_5^{-1.414}$	0.93	$W_s=2.7(P_1^{2.415}P_5^{-1.414})+54$	0.44
张村驿	$W_s=1.1P_1-0.4P_5+15$	0.49	$W_s=2.2P_1^{0.606}$	0.58	$W_s=2.1P_5^{0.490}$	0.41	$W_s=3.5P_1^{0.837}P_5^{-0.314}$	0.60	$W_s=3.8(P_1^{0.837}P_5^{-0.314})+7$	0.43
延川	$W_s=-4.3P_1+6.4P_5-19$	0.63	$W_s=109.3P_1^{-0.142}$	0.06	$W_s=14.8P_5^{0.401}$	0.20	$W_s=84.3P_1^{-2.224}P_5^{1.991}$	0.49	$W_s=86.5(P_1^{-2.224}P_5^{1.991})+66$	0.30
甘谷驿	$W_s=-22.5P_1+19.9P_5+25$	0.82	$W_s=7.4P_1^{0.710}$	0.25	$W_s=0.3P_5^{1.552}$	0.62	$W_s=1.6P_1^{-3.043}P_5^{3.865}$	0.83	$W_s=2.9(P_1^{-3.043}P_5^{3.865})-52$	0.85
刘家河	$W_s=-61.0P_1+55.2P_5+46$	0.78	$W_s=1.0P_1^{1.853}$	0.70	$W_s=0.5P_5^{1.875}$	0.78	$W_s=0.5P_1^{-3.205}P_5^{4.726}$	0.82	$W_s=0.5(P_1^{-3.205}P_5^{4.726})+80$	0.80
绥德	$W_s=12.4P_1-3.2P_5+158$	0.50	$W_s=109.2P_1^{0.193}$	0.13	$W_s=136.3P_5^{0.100}$	0.07	$W_s=138.8P_1^{1.251}P_5^{-1.020}$	0.24	$W_s=275.9(P_1^{1.251}P_5^{-1.020})-61$	0.54

注：W_s 为次洪输沙量，万 t；P_1 和 P_5 分别为最大 1 d 和最大 5 d 降雨量，mm。

表 7-15 2007 年后场次洪沙关系统计

序号	站名	公式	相关系数	序号	站名	公式	相关系数
1	武山	$W_s=0.1W_w+62$	0.73	9	毛家河	$W_s=0.5W_w-44$	0.81
2	甘谷	$W_s=0.5W_w+17$	0.996	10	千阳	$W_s=0.1W_w-100$	0.94
3	秦安	$W_s=0.1W_w+25$	0.86	11	张村驿	$W_s=0.02W_w+11$	0.71
4	社棠	$W_s=0.03W_w-5$	0.94	12	延川	$W_s=0.3W_w-45$	0.97
5	庆阳	$W_s=0.6W_w+78$	0.99	13	甘谷驿	$W_s=0.3W_w-68$	0.86
6	贾桥	$W_s=0.5W_w+22$	0.996	14	刘家河	$W_s=0.3W_w+103$	0.87
7	泾川	$W_s=0.1W_w-34$	0.97	15	绥德	$W_s=0.5W_w-40$	0.94
8	杨闾	$W_s=0.02W_w+11$	0.81				

四、不同下垫面条件下产洪产沙量计算

(一)天然状态下下垫面产洪产沙量计算

1. 产洪量计算

将"1933 · 8"最大 1 d 降雨量、最大 5 d 降雨量代入 1961~1975 年洪量雨量关系,最终得出"1933 · 8"大暴雨在 1975 年前下垫面产洪量,如表 7-16 所示。

表 7-16 "1933 · 8"大暴雨在 1975 年前下垫面条件下的产洪量

站名	计算模型(1961~1975 年)	相关系数	最大 1 d 降雨量(mm)	最大 5 d 降雨量(mm)	次洪量(万 m³)
武山	$W_w=379.8P_1^{1.193}P_5^{-0.675}$	0.77	27.5	31.9	1 913
甘谷	$W_w=23.7P_1+6.1P_5+241$	0.68	109.6	150.1	3 753
秦安	$W_w=118.0P_1+39.71P_5+337$	0.77	86.5	115.0	15 110
社棠	$W_w=-29.7P_1+43.7P_5-68$	0.90	47.3	79.5	2 001
千阳	$W_w=4.0(P_1^{-0.569}P_5^{2.203})-479$	0.81	62.7	103.0	9 841
庆阳	$W_w=106.3P_1^{-0.332}P_5^{1.200}$	0.75	109.0	142.0	8 567
贾桥	$W_w=-56.8P_1+91.9P_5-805$	0.78	131.3	197.9	9 924
泾川	$W_w=116.0P_1-33.4P_5-526$	0.82	104.5	170.5	5 901
杨闾	$W_w=41.5P_1-0.2P_5-489$	0.76	100.8	143.2	3 666
毛家河	$W_w=203.9P_1-49.8P_5-1122$	0.92	114.9	140.8	15 294
刘家河	$W_w=-112.5P_1+146.5P_5+965$	0.70	29.4	51.6	5 217
张村驿	$W_w=55.9P_1^{0.982}P_5^{-0.538}$	0.47	80.9	122.5	314
延川	$W_w=76.1P_1-1.1P_5-181$	0.83	114.7	164.0	8 367
甘谷驿	$W_w=288.8P_1^{-0.661}P_5^{1.178}$	0.84	128.6	144.6	4 084
绥德	$W_w=5.1P_1^{-1.619}P_5^{3.231}$	0.76	106.5	123.1	15 098
合计					109 050

2. 产沙量计算

"1933·8"大暴雨在1975年前下垫面条件下的产沙量见表7-17。

表7-17 "1933·8"大暴雨在1975年前下垫面条件下的产沙量

站名	公式	相关系数	1933年8月暴雨产沙量(万t)
武山	$W_s=0.4W_w-102.765$	0.93	662
甘谷	$W_s=0.5W_w+24.364$	0.99	1 901
秦安	$W_s=0.4W_w-31.579$	0.97	6 012
社棠	$W_s=0.2W_w+11.295$	0.92	411
千阳	$W_s=0.02W_w+75$	0.73	272
庆阳	$W_s=0.794W_w-173.2$	0.99	6 629
贾桥	$W_s=0.6W_w-36$	0.99	5 918
泾川	$W_s=0.3W_w-40.992$	0.95	1 759
杨闾	$W_s=0.4W_w+21.009$	0.99	1 487
毛家河	$W_s=0.4W_w+23.483$	0.99	6 141
刘家河	$W_s=0.7W_w+88.295$	0.97	3 740
张村驿	$W_s=0.1W_w-9$	0.64	22
延川	$W_s=0.7W_w-16.178$	0.97	5 841
甘谷驿	$W_s=0.7W_w-178.014$	0.95	2 681
绥德	$W_s=0.8W_w-74.888$	0.99	12 004
合计			55 480

(二)以2001年为现状下垫面的产洪产沙量计算

1. 产洪量计算

将"1933·8"最大1 d降雨量、最大5 d降雨量代入近期洪量雨量关系,最终得出"1933·8"降雨在近期下垫面产洪量,如表7-18所示。

2. 产沙量计算

"1933·8"大暴雨在2001年以后下垫面条件下的产沙量见表7-19。

(三)以2007年为现状下垫面的产洪产沙量计算

1. 产洪量计算

将"1933·8"最大1 d降雨量、最大5 d降雨量代入近期洪量雨量关系,最终得出"1933·8"大暴雨在近期下垫面产洪量,如表7-20所示。

表 7-18 “1933 · 8”大暴雨在 2001 年以后下垫面条件下的产洪量

站名	计算模型(2001 年以后)	相关系数	最大 1 d 降雨量(mm)	最大 5 d 降雨量(mm)	次洪量(万 m^3)
武山	$W_w=48.1P_1^{0.233}P_5^{0.728}$	0.81	27.5	31.9	1 295
甘谷	$W_w=-124.3P_1+121.0P_5+104.2$	0.66	109.6	150.1	4 643
秦安	$W_w=-33.7P_1+61.9P_5-50.4$	0.80	86.5	115.0	4 153
社棠	$W_w=-8.0P_1+34.6P_5-460.6$	0.85	47.3	79.5	1 911
庆阳	$W_w=873.8P_1^{0.425}P_5^{-0.075}$	0.73	109.0	142.0	4 425
贾桥	$W_w=-38.4P_1+51.7P_5-141.7$	0.98	131.3	197.9	5 048
泾川	$W_w=3.3P_1+16.0P_5-301.0$	0.87	104.5	170.5	2 772
杨闾	$W_w=1.6P_1+0.2P_5+59.2$	0.70	100.8	143.2	249
毛家河	$W_w=376.2(P_1^{-0.791}P_5^{0.864})-46.8$	0.75	114.9	140.8	587
千阳	$W_w=49.3P_1+1.7P_5-852.6$	0.97	62.7	103.0	2 414
张村驿	$W_w=58.3P_1-21.7P_5+115.8$	0.79	80.9	122.5	2 174
延川	$W_w=2.4P_1+19.7P_5-264.0$	0.66	114.7	164.0	3 242
甘谷驿	$W_w=-15.2P_1+43.0P_5-506.5$	0.89	128.6	144.6	3 757
刘家河	$W_w=-41.0P_1+76.8P_5-439.4$	0.88	29.4	51.6	2 318
绥德	$W_w=260.0P_1^{1.912}P_5^{-1.421}$	0.80	106.5	123.1	2 094
合计					410 812

表 7-19 “1933 · 8”大暴雨在 2001 年以后下垫面条件下的产沙量

站名	公式	相关系数	1933 年 8 月暴雨产沙量(万 t)
武山	$W_s=0.1W_w+61$	0.61	254
甘谷	$W_s=0.5W_w+17$	0.997	2 213
秦安	$W_s=0.2W_w+29$	0.85	668
社棠	$W_s=0.1W_w-4$	0.90	91
庆阳	$W_s=0.5W_w+348$	0.96	2 592
贾桥	$W_s=0.5W_w+37$	0.99	2 349
泾川	$W_s=0.1W_w-14$	0.89	341
杨闾	$W_s=0.5W_w-30$	0.95	91
毛家河	$W_s=0.4W_w-13$	0.99	215
千阳	$W_s=0.1W_w-100$	0.94	40
张村驿	$W_s=0.02W_w+11$	0.71	55
延川	$W_s=0.7W_w-305$	0.99	1 841
甘谷驿	$W_s=0.6W_w-301$	0.97	1 844
刘家河	$W_s=0.3W_w+94$	0.88	817
绥德	$W_s=0.5W_w-40$	0.94	946
合计			143 517

表 7-20 “1933·8”大暴雨在 2007 年以后下垫面条件下的产洪量

站名	计算模型(2007 年以后)	相关系数	最大 1 d 降雨量(mm)	最大 5 d 降雨量(mm)	次洪量(万 m^3)
武山	$W_w=55.1P_1^{0.529}P_5^{0.389}$	0.86	27.5	31.9	1 223
甘谷	$W_w=-111.8P_1+102.2P_5+223.9$	0.40	109.6	150.1	1 242
秦安	$W_w=18.4P_1+26.5P_5-230.8$	0.91	86.5	115.0	4 408
社棠	$W_w=-0.04P_1+43.0P_5-960.4$	0.86	47.3	79.5	2 456
庆阳	$W_w=693.3P_1^{0.132}P_5^{0.225}$	0.75	109.0	142.0	3 928
贾桥	$W_w=-36.5P_1+51.3P_5-205.3$	0.98	131.3	197.9	5 155
泾川	$W_w=6.1P_1^{0.297}P_5^{0.860}$	0.91	104.5	170.5	2 015
杨闾	$W_w=0.9P_1+0.8P_5+50.7$	0.77	100.8	143.2	256
毛家河	$W_w=351.4(P_1^{-0.898}P_5^{0.965})+10.7$	0.82	114.9	140.8	598
千阳	$W_w=49.3P_1+1.7P_5-852.6$	0.97	62.7	103.0	2 414
张村驿	$W_w=58.3P_1-21.7P_5+115.8$	0.79	80.9	122.5	2 174
延川	$W_w=-3.0P_1+21.0P_5-212.9$	0.67	114.7	164.0	2 887
甘谷驿	$W_w=5.6(P_1^{-0.299}P_5^{1.655})-180.5$	0.91	128.6	144.6	4 747
刘家河	$W_w=-53.3P_1+84.6P_5-386.6$	0.88	29.4	51.6	2 412
绥德	$W_w=260.0P_1^{1.912}P_5^{-1.421}$	0.80	106.5	123.1	2 094
合计					38 009

2. 产沙量计算

“1933·8”大暴雨在 2007 年以后下垫面条件下的产沙量见表 7-21。

表 7-21 “1933·8”大暴雨在 2007 年以后下垫面条件下的产沙量

站名	公式	相关系数	1933 年 8 月暴雨产沙量(万 t)
武山	$W_s=0.1W_w+62$	0.73	184
甘谷	$W_s=0.5W_w+17$	0.996	638
秦安	$W_s=0.1W_w+25$	0.86	466
社棠	$W_s=0.03W_w-5$	0.94	69
庆阳	$W_s=0.6W_w+78$	0.99	2 435
贾桥	$W_s=0.5W_w+22$	0.996	2 600
泾川	$W_s=0.1W_w-34$	0.97	168
杨闾	$W_s=0.4W_w-15$	0.81	87
毛家河	$W_s=0.5W_w-44$	0.81	255
千阳	$W_s=0.1W_w-100$	0.94	141
张村驿	$W_s=0.02W_w+11$	0.71	54
延川	$W_s=0.3W_w-45$	0.97	821
甘谷驿	$W_s=0.3W_w-68$	0.86	1 356
刘家河	$W_s=0.3W_w+103$	0.87	827
绥德	$W_s=0.5W_w-40$	0.94	1 007
合计			11 108

五、不同时期计算结果对比

(一) 不同时期洪量计算结果对比

“1933 · 8”大暴雨在不同时期产洪量计算结果对比见表 7-22。

表 7-22　“1933 · 8”大暴雨在不同时期产洪量计算结果对比

站名	不同时期产洪量(万 m^3)			较 1975 年前减少量(万 m^3)	
	1975 年前	2001 年后	2007 年后	2001 年后	2007 年后
武山	1 913	1 295	1 223	618	690
甘谷	3 753	4 643	1 242	-890	2 511
秦安	15 110	4 153	4 408	10 957	10 702
社棠	2 001	1 911	2 456	90	-455
庆阳	8 567	4 425	3 928	4 142	4 639
贾桥	9 924	5 048	5 155	4 876	4 769
泾川	5 901	2 772	2 015	3 129	3 886
杨闾	3 666	249	256	3 417	3 410
毛家河	15 294	587	598	14 707	14 696
千阳	9 841	2 414	2 414	7 427	7 427
张村驿	314	2 174	2 174	-1 860	-1 860
延川	8 367	3 242	2 887	5 125	5 480
甘谷驿	4 084	3 757	4 747	327	-663
刘家河	5 217	2 318	2 412	2 899	2 805
绥德	15 098	2 094	2 094	13 004	13 004
合计	109 050	41 082	38 009	67 968	71 041
减少百分比(%)				62.33	65.15

(二) 不同时期沙量计算结果对比

“1933 · 8”大暴雨在不同时期产沙量计算结果对比见表 7-23。

表 7-23 “1933·8”大暴雨在不同时期产沙量计算结果对比

站名	不同时期产沙量(万 t)			较 1975 年前减少量(万 t)	
	1975 年前	2001 年后	2007 年后	2001 年后	2007 年后
武山	662	254	184	408	478
甘谷	1 901	2 213	638	-312	1 263
秦安	6 012	668	466	5 344	5 540
社棠	411	91	69	320	342
庆阳	6 629	2 592	2 435	4 037	4 194
贾桥	5 918	2 349	2 600	3 569	3 318
泾川	1 759	341	168	1 418	1 591
杨闾	1 487	91	87	1 396	1 400
毛家河	6 141	215	255	5 926	5 886
千阳	272	40	141	232	131
张村驿	22	55	54	-33	-32
延川	5 841	1 841	821	4 000	5 020
甘谷驿	2 681	1 844	1 356	837	1 325
刘家河	3 740	817	827	2 923	2 913
绥德	12 004	946	1 007	11 058	10 997
合计	55 480	14 357	11 108	41 123	44 372
减少百分比(%)				74. 12	79. 98

六、陕县(今三门峡)现状下垫面条件下重现“1933·8”大暴雨的产洪产沙量计算

陕县站 1933 年 8 月洪水次洪量 60. 35 亿 m^3,次洪沙量 23. 74 亿 t。根据表 6-1、表 6-2 中现状下垫面与天然状态下下垫面比较,得出陕县站以 2001 年以后为现状下垫面,出现“1933·8”大暴雨,可能的产洪量 22. 74 亿 m^3,产沙量 6. 14 亿 t;以 2007 年以后为现状下垫面,出现“1933·8”大暴雨,可能的产洪量 21. 03 亿 m^3,产沙量 4. 75 亿 t。计算结果如表 7-24 所示。

表 7-24 陕县站在现状下垫面条件下重现“1933·8”大暴雨产洪产沙量估算

项目	单位	1933 年 8 月	2001 年以后	2007 年以后
产洪量	亿 m^3	60. 35	22. 74	21. 03
产沙量	亿 t	23. 74	6. 14	4. 75

泾河 1933 年 8 月洪水次洪量 13.19 亿 m^3,次洪沙量 7.82 亿 t。将现状下垫面与天然状态下下垫面比较,得出泾河以 2001 年以后为现状下垫面,出现“1933 · 8”大暴雨,可能的产洪量 3.98 亿 m^3,产沙量 1.99 亿 t;以 2007 年以后为现状下垫面,出现“1933 · 8”大暴雨,可能的产洪量 3.64 亿 m^3,产沙量 1.98 亿 t。计算结果如表 7-25 所示。

表 7-25　泾河在现状下垫面条件下重现“1933 · 8”大暴雨产洪产沙量估算

项目	单位	1933 年 8 月	2001 年以后	2007 年以后
产洪量	亿 m^3	13.19	3.98	3.64
产沙量	亿 t	7.82	1.99	1.98

七、黄河在连续枯沙时段后有出现大沙年的风险

在黄河干流陕县站,曾出现 1922~1932 年的连续枯水枯沙段,年均径流量和输沙量分别为 315 亿 m^3 和 11.0 亿 t,可 1933 年就出现了输沙量达 38.9 亿 t 的大沙年,当年输沙量是 1922~1932 年平均值的 3.5 倍(见图 7-10)。

在内蒙古十大孔兑也出现过这种现象,从 1950~2010 年间,2000 年之前输沙量均值不到 0.4 万 t,但 1989 年输沙量达到了 2 万 t,是 2000 年之前均值的 5 倍以上;2000 年以来,大部分年份不到 0.05 万 t,但 2003 年出现了 0.5 万 t 泥沙,是 2000 年以来均值的 10 倍以上(见图 7-11)。

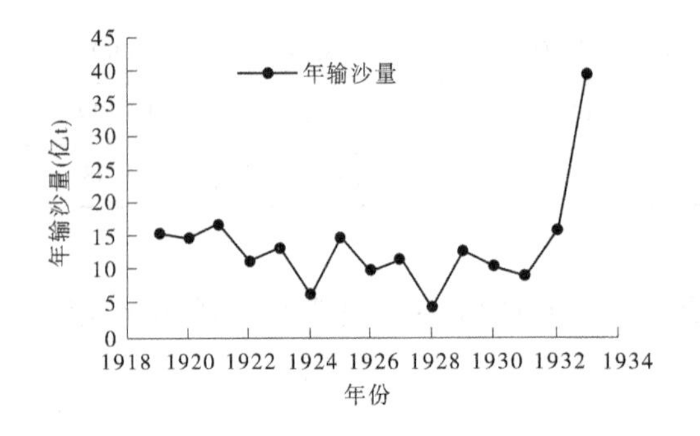

图 7-10　黄河陕县站 1919~1933 年实测年输沙量过程线

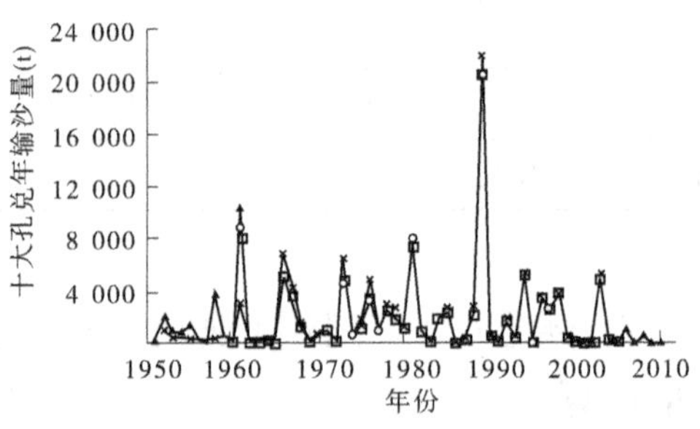

图 7-11　内蒙古十大孔兑历年输沙量

八、成果合理性分析

本书研究区域涉及“1933 · 8”大暴雨的 16 条支流。其中,16 条支流最大 1 d 降雨量 50 mm 以上面积占“1933 · 8”大暴雨面积的 48.9%,最大 5 d 降雨量面积占 50.0%;最大 1 d 降雨量 100 mm 以上面积占“1933 · 8”大暴雨面积的 65.2%,最大 5 d 降雨量面积占 67.6%;最大 1 d 降雨量 200 mm 以上面积占“1933 · 8”大暴雨面积的 100%,最大 5 d 降雨量面积占 88.8%(见表 7-26)。由此可知,16 条支流在“1933 · 8”大暴雨中,所占面积比例大,具有足够的代表性,成果结论合理可靠。

表 7-26 16 条支流与“1933·8”各级雨区控制面积比分析

雨量(mm)	最大 1 d			最大 5 d		
	“1933·8”(km^2)	16 条支流(km^2)	16 条支流占比(%)	“1933·8”(km^2)	16 条支流(km^2)	16 条支流占比(%)
≥50	128 673	62 977	48.9	187 018	93 558	50.0
≥100	65 548	42 762	65.2	98 286	66 488	67.6
≥200	486	486	100	8 009	7 109	88.8

第七节 小 结

本书选取 1961~1975 年为天然状态下下垫面(发生“1933·8”大暴雨时下垫面),分别将 2001 年以后和 2007 年以后作为现状下垫面进行分析研究,得出以下结论:

(1)以 1975 年前为天然状态,2001 年以后和 2007 年以后分别为现状下垫面,建立了次暴雨与产洪、次暴雨与产沙、次洪量与次输沙量关系模型,按相关系数最高原则,选定了各时期的产洪、产沙模型。

(2)通过分析认为,若重现 1933 年 8 月大暴雨,2001 年以后下垫面相比天然状态下下垫面(发生“1933·8”大暴雨时下垫面)洪量减少 62.33%、沙量减少 74.12%。2007 年以后下垫面相比天然状态下下垫面洪量减少 65.15%、沙量减少 79.98%。

(3)若重现 1933 年 8 月大暴雨,在 2001 年以后为现状下垫面的陕县站可能产洪量 22.74 亿 m^3、产沙量 6.14 亿 t;在 2007 年以后为现状下垫面的陕县站可能产洪量 21.03 亿 m^3、产沙量 4.75 亿 t。说明黄河流域在现状下垫面条件下,遇到历史上发生的高强度大范围暴雨,次洪量和次洪沙量虽然较天然时期大幅度减少,但一次洪水仍会产生较大径流泥沙,洪水泥沙风险依然存在。

(4)若重现 1933 年 8 月大暴雨,计算反演的 2001 年和 2007 年的现状下垫面产沙量是在正常年份出现的,若遇到 1933 年前的连续枯水枯沙段时,现状的产沙量将会是正常年份的数倍及数十倍以上。

第八章　“1977 · 8”和“2017 · 7”无定河大暴雨反演

第一节　典型年份雨洪事件的再现和重演

一、场次洪水水沙关系

（一）年最大洪峰流量统计

摘录白家川水文站 1956～2017 年共 62 年年最大洪峰流量（见表 8-1、图 8-1）；计算系列平均值，为 1 262 m^3/s，对各年大于该均值的洪水均入选，共计 73 场洪水。

（二）洪水选取标准

选取历史上洪峰流量大于 1 262 m^3/s 的洪水作为历史洪水，选取近年来 20 世纪 70 年代以来洪峰流量最大的 1977 年和 2017 年作为对比分析年份。

表 8-1　白家川水文站历年最大洪峰流量统计

序号	时间（年-月-日 T 时:分）	洪峰（m^3/s）	序号	时间（年-月-日 T 时:分）	洪峰（m^3/s）
1	1956-07-22T20:50	2 970	32	1987-08-26T09:07	1 760
2	1957-07-17T06:26	1 340	33	1988-07-15T16:00	1 240
3	1958-08-02T02:42	1 870	34	1989-07-16T20:42	614
4	1959-08-18T10:30	2 970	35	1990-08-28T12:24	482
5	1960-08-03T05:12	810	36	1991-06-10T13:00	1 110
6	1961-08-02T05:30	1 450	37	1992-08-05T11:00	800
7	1962-07-15T09:36	418	38	1993-08-21T12:48	454
8	1963-08-29T05:24	2 250	39	1994-08-05T04:00	3 220
9	1964-07-06T09:30	3 020	40	1995-07-17T22:00	2 960
10	1965-07-21T01:30	762	41	1996-08-01T10:30	1 110
11	1966-07-18T03:42	4 980	42	1997-07-31T15:36	779
12	1967-09-01T10:24	1 630	43	1998-07-13T10:00	1 650
13	1968-07-27T11:06	800	44	1999-09-21T07:00	371
14	1969-08-10T09:00	1 110	45	2000-08-12T05:42	384
15	1970-08-08T14:42	2 200	46	2001-08-19T05:48	3 060

续表 8-1

序号	时间 (年-月-日 T时:分)	洪峰 (m^3/s)	序号	时间 (年-月-日 T时:分)	洪峰 (m^3/s)
16	1971-07-24T15:00	1 770	47	2002-06-09T09:00	624
17	1972-07-20T03:48	970	48	2003-09-02T00:42	231
18	1973-07-18T11:42	732	49	2004-07-26T11:12	770
19	1974-07-31T15:30	994	50	2005-07-20T10:24	216
20	1975-07-29T09:18	496	51	2006-09-21T15:48	1 990
21	1976-08-19T07:16	336	52	2007-09-01T12:42	706
22	1977-08-05T12:00	3 840	53	2008-07-29T17:42	172
23	1978-08-08T04:00	1910	54	2009-07-17T13:54	494
24	1979-07-24T03:09	562	55	2010-08-21T11:30	248
25	1980-06-29T00:22	473	56	2011-07-03T12:00	217
26	1981-07-07T20:12	1 090	57	2012-07-15T05:42	930
27	1982-07-30T21:00	992	58	2013-07-27T08:18	610
28	1983-07-27T03:46	280	59	2014-06-30T12:42	261
29	1984-08-27T11:00	849	60	2015-08-02T09:06	563
30	1985-09-23T03:36	778	61	2016-08-14T16:00	503
31	1986-06-27T00:00	572	62	2017-07-26T10:12	4 500

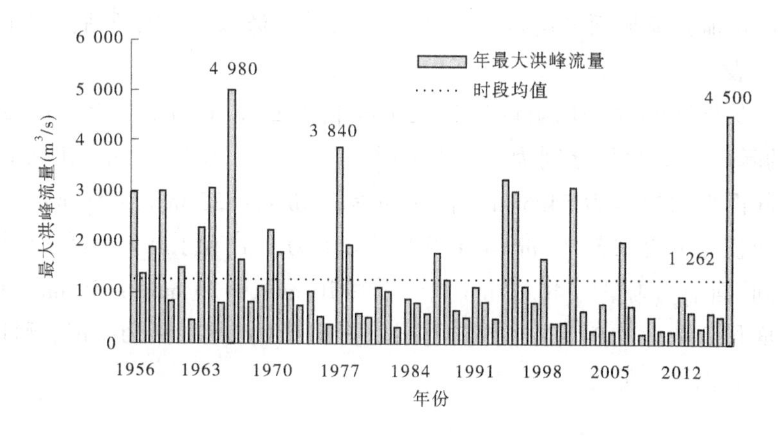

图 8-1　白家川站 1954~2016 年逐年最大洪峰流量

(三)场次洪水水沙关系

1954~2017 年入选场次洪水的水沙关系如图 8-2 所示,可以看出 1977 年和 2017 年的点子在点群趋势线附近。

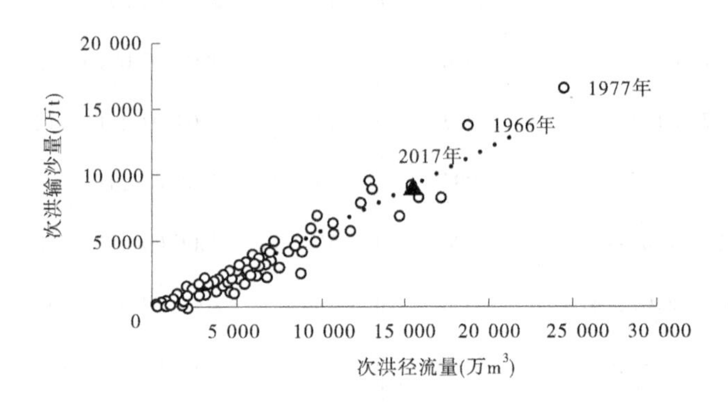

图 8-2　无定河白家川站次洪径流量与次洪输沙量关系

二、近年典型暴雨洪水

(一)1977 年 8 月 5 日

1977 年 8 月 4~6 日,黄河流域的河龙区间、北洛河、泾河,以及长江流域的嘉陵江、涪江,发生了一次大面积暴雨,雨区呈西南—东北向带状分布,是由西北槽和西北低涡的连续叠加所形成的。河口镇—龙门区间普降大到暴雨,局部大暴雨,暴雨中心在无定河、屈产河、清涧河、三川河一带,暴雨等值线见图 8-3。

该次降雨,暴雨中心区位于无定河下游,导致龙门水文站 6 日 6:15:30 出现 12 700 m^3/s 的大洪水。据统计,该次降水无定河流域面平均雨量为 61. 7 mm,暴雨中心单站最大降雨量白家川站为 253. 7 mm;屈产河流域面平均雨量为 141. 3 mm,最大降水量裴沟站为 233. 3 mm;清涧河流域面平均雨量为 60. 1 mm,最大降水量马家砭站为 124. 0 mm。降水情况统计见表 8-2。

河口镇—吴堡区间面平均雨量为 22. 2 mm,降水量≥10 mm、≥25 mm、≥50 mm 和≥100 mm 的暴雨笼罩面积分别为 2. 3 万 km^2、1. 6 万 km^2、0. 7 万 km^2 和 0. 1 万 km^2;吴堡—龙门区间面平均雨量为 54. 5 mm,降水量≥10 mm、≥25 mm、≥50 mm 和≥100 mm 的暴雨笼罩面积分别为 5. 5 万 km^2、4. 1 万 km^2、2. 8 万 km^2 和 1. 0 万 km^2。统计整个河口镇—龙门区间,面平均雨量为 40. 6 mm,降水量≥10 mm、≥25 mm、≥50 mm 和≥100 mm 的暴雨笼罩面积分别为 7. 8 万 km^2、5. 7 万 km^2、3. 5 万 km^2 和 1. 1 万 km^2。河口镇—龙门区间暴雨笼罩面积统计见表 8-3。

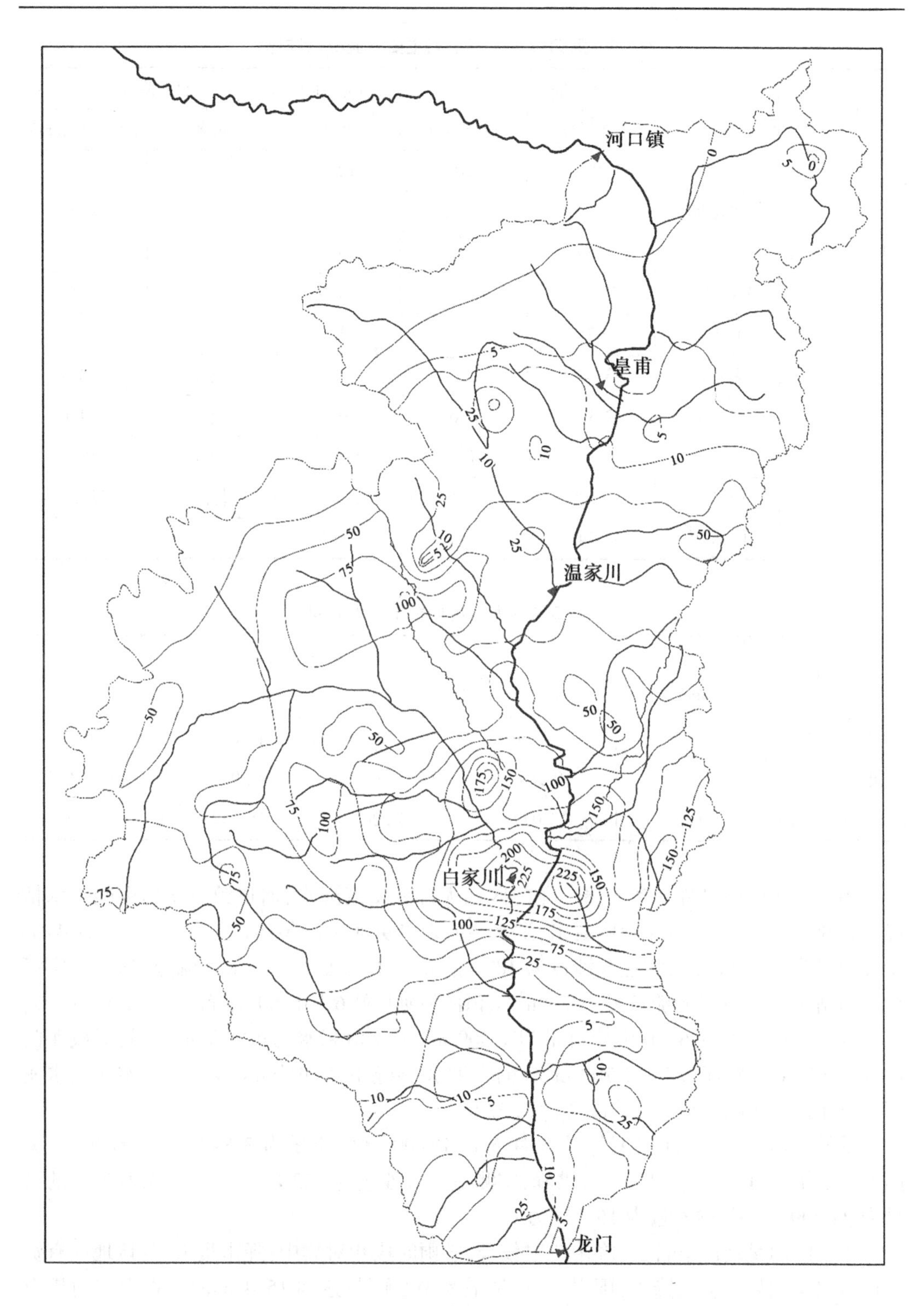

图 8-3 1977 年 8 月 6 日黄河龙门洪水对应的暴雨等值线

表 8-2 河口镇—龙门区间主要支流降水统计

区段	河名	洪峰流量(m^3/s)	沙峰(kg/m^3)	面平均雨量(mm)	最大降水量	
					站名	降水量(mm)
河口镇—吴堡	窟野河	496	218	12.0		
	秃尾河	875	1 190	41.0	安崖	97.0
	佳芦河	169	497	65.1		
	清凉寺沟	120	376	60.9		
	湫水河	875	479	64.4		
吴堡—龙门	无定河	3 840	823	61.7	白家川	253.7
	清涧河	2 340	786	60.1	马家砭	124.0
	三川河	1 300	463	116.2	土虎墕	119.8
	屈产河	1 200	581	141.3	裴沟	233.3
	昕水河	174	469	26.6		

表 8-3 河口镇—龙门区间暴雨笼罩面积统计

区间	面平均雨量(mm)	暴雨笼罩面积(km^2)			
		≥100 mm	≥50 mm	≥25 mm	≥10 mm
河口镇—吴堡	22.2	1 093	7 426	15 827	22 647
吴堡—龙门	54.5	9 984	27 799	40 932	55 219
河口镇—龙门	40.6	11 077	35 224	56 759	77 865

由于该次降雨过程导致吴堡—龙门区间大部分支流涨水,河口镇—龙门区间洪水情况统计见表 8-4。从表 8-4 中可看出,洪水主要来自黄河干流吴堡以下,吴堡站 6 日 4:00 洪峰流量为 4 700 m^3/s,相应含沙量为 189 kg/m^3。洪水较大的三条支流分别是:无定河白家川站 6 日 2:36 洪峰流量为 3 820 m^3/s,清涧河延川站 6 日 6:00 洪峰流量为 1 370 m^3/s,三川河后大成站 6 日 6:30 洪峰流量为 1 300 m^3/s,支流来水与黄河来水遭遇,形成龙门站 6 日 15:30 洪峰流量为 12 700 m^3/s 的大洪水,相应含沙量为 481 kg/m^3。本次洪水龙门站洪水总量 14.32 亿 m^3,输沙总量 5.97 亿 t。

受暴雨影响,无定河白家川站 8 月 5 日 12:00 出现流量为 3 840 m^3/s 的洪峰(见图 8-4),为 1954 年以来的第三大洪峰,实测最大含沙量为 823 kg/m^3,此次洪水过程的洪量为 24 499 万 m^3,输沙量为 16 583 万 t。

本次降雨呈现以下特点:降雨历时较长,主雨时段相对集中;降水量大,为该地区有资料记载以来的最大场次降雨;雨强大,三站最大中心雨强达到 15.4 mm/h,在无定河历史上十分罕见。

表 8-4 1977 年 8 月 6 日黄河龙门站洪水来源情况统计

支流名称	站名	洪峰流量 (m^3/s)	洪峰时间 (日T时:分)	洪峰时段 (月-日T时:分)	本年最大洪峰 (m^3/s)
	河口镇				
皇甫川	皇甫				2 260
红河	放牛沟				118
偏关河	偏关				117
	府谷	1 160	05T15:00	08-05T11:24~08-05T17:30	11 100
窟野河	温家川	496	05T22:00	08-05T08:00~08-07T08:00	8 480
孤山川	高石崖				10 300
秃尾河	高家川	875	05T22:14	08-05T01:36~08-09T08:00	
佳芦河	申家湾	169	05T19:12	08-05T10:00~08-07T00:00	365
朱家川	后会村				371
岚漪河	裴家川				535
蔚汾河	碧村				648
清凉寺沟	杨家坡	120	06T00:48	08-05T20:00~08-09T08:00	320
湫水河	林家坪	875	06T02:00	08-04T16:00~08-08T21:48	1 860
	吴堡	4 700	06T04:00	08-05T02:00~08-07T00:00	15 000
无定河	白家川	3 820	06T02:36	08-05T22:00~08-11T04:00	
清涧河	延川	1 370	06T06:00	08-06T01:06~08-09T10:00	4 320
延水	甘谷驿				9 050
汾川河	新市河				1 120
仕望川	大村				445
三川河	后大城	1 300	06T06:30	08-06T00:00~08-13T08:00	1 350
屈产河	裴沟	1 200	06T04:48	08-05T18:00~08-06T15:06	2 710
昕水河	大宁	174	06T01:36	08-06T01:06~08-06T20:00	1 820
州川河	吉县				656
	龙门	12 700	06T15:30	08-05T16:00~08-10T20:00	14 500

本次洪水洪峰属于双峰，呈现陡涨陡落特征，洪峰、洪量和含沙量也较大，水沙主要来自无定河中下游，无定河上游产水产沙量相对较小。

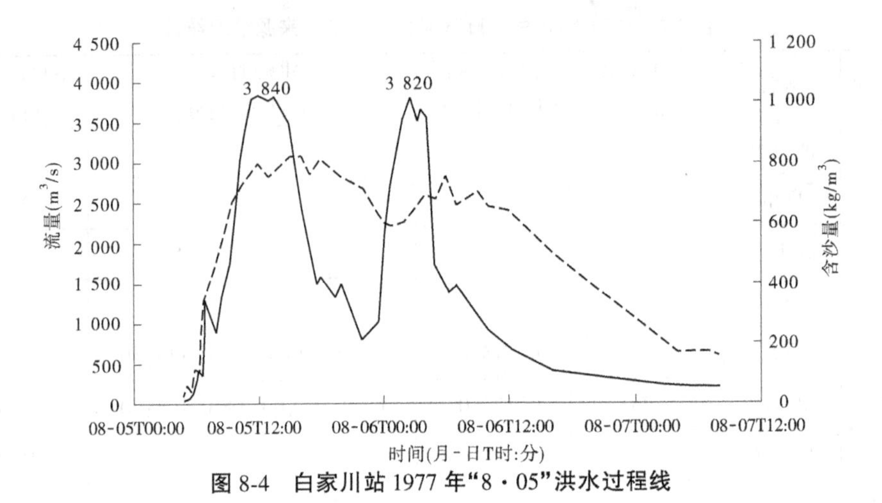

图 8-4　白家川站 1977 年“8 · 05”洪水过程线

(二)2017 年 7 月 26 日

受高空槽底部冷空气与副高外围暖湿气流共同影响,2017 年 7 月 25 日 20 时至 26 日 8 时,黄河中游山西、陕西两省区间中北部地区降大到暴雨,其中无定河普降暴雨到大暴雨,暴雨中心位于子洲、米脂、绥德 3 县境内。强降雨主要出现在 25 日 20 时至 26 日 4 时。25 日 20 时至 26 日 0 时暴雨中心位于子洲县境内,26 日 0 时至 4 时降雨中心向东部移动,26 日 4 时以后降雨强度减弱,26 日 8 时降雨基本结束。按日最大降雨量大小排序的前 3 位雨量站分别为:绥德县赵家砭(252. 3 mm)和四十里铺(247. 3 mm)以及子洲县境内的子洲(218. 7 mm)。50 mm 以上降雨量笼罩面积占大理河流域面积的 97%;100 mm 以上降雨量有 34 个雨量站,笼罩面积占大理河流域面积的 66%;200 mm 以上降雨量有 10 个雨量站(见表 8-5、图 8-5)。暴雨中心位于绥德赵家砭和四十里铺,雨量分别为 252. 3 mm 和 247. 3 mm。

表 8-5　7 月 25 日 8 时至 26 日 8 时单站大于 200 mm 的降雨量统计

序号	所属河流	雨量站	累计雨量(mm)	序号	所属河流	雨量站	累计雨量(mm)
1	无定河	赵家砭	252. 3	6	岔巴沟	新窑台	214. 2
2	无定河	四十里铺	247. 3	7	无定河	米脂	214. 2
3	大理河	子洲	218. 7	8	岔巴沟	曹坪	212. 2
4	小理河	李家坬	218. 4	9	岔巴沟	朱家阳湾	201. 2
5	小理河	李家河	214. 8	10	岔巴沟	姬家硷	200. 6

由于降雨空间的不均匀性,无定河流域内不同区域的面平均雨量差异较大(见表 8-6)。其中大理河岔巴沟曹坪以上面平均雨量最大,为 177. 8 mm;无定河丁家沟以上流域面平均雨量最小,为 51. 3 mm。

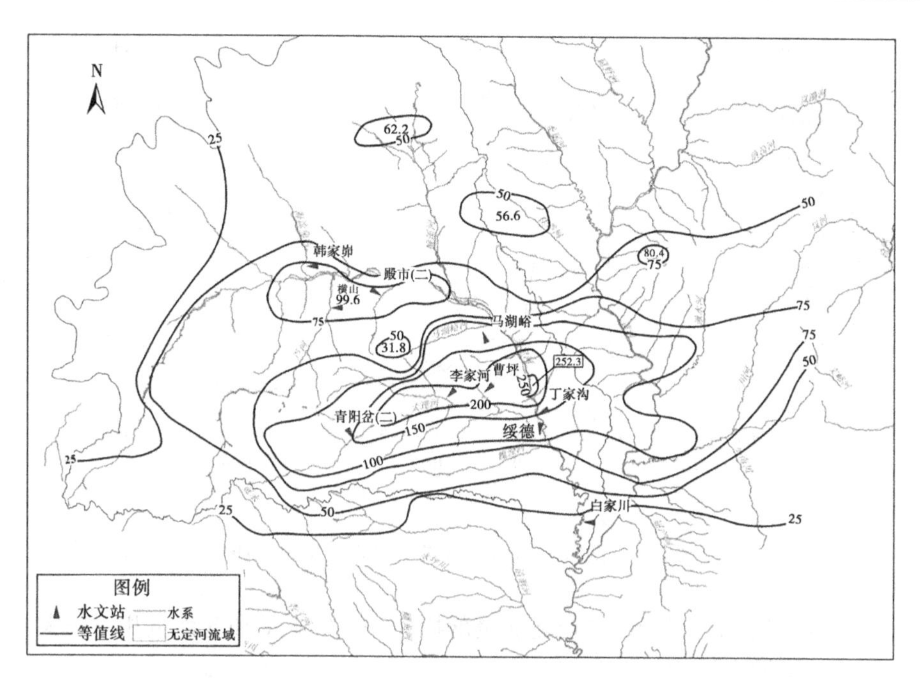

图 8-5 无定河流域“7·26”暴雨等值线

表 8-6 无定河流域 7 月 25 日 8 时至 26 日 8 时各区域面平均雨量计算

区域	不同量级雨量的笼罩面积(km^2)								面积(km^2)	面平均雨量(mm)
	20~25 mm	25~50 mm	50~75 mm	75~100 mm	100~150 mm	150~200 mm	200~250 mm	250~252.3 mm		
曹坪以上					5.6	158.1	23.3		187	177.8
李家河以上		35.0	94.9	289.4	141.6	113.1	133.1		807	121.4
青阳岔以上		83.2	319.9	226.5	624.0	6.3			1 260	97.2
绥德以上		118.2	414.8	606.5	1 549	715.2	489.2		3 893	129.8
丁家沟以上	3 971	11 497	4 759	1 847	562.7	409.1	334.9	41.2	23 422	51.3
白家川以上	3 987	11 988	6 256	2 858	2 560	1 148	824.1	41.2	29 662	63.6

据统计,暴雨中心单站最大降雨量为赵家砭站的 252.3 mm,无定河流域面平均雨量为 63.6 mm。

本次降雨呈现以下特点:降雨历时较长,达 24 h,主雨时段相对集中;降水量较大;雨强大,三站最大中心雨强达到 9.98 mm/h,是 2000 年以来的最大值。

受暴雨影响,无定河白家川站 7 月 26 日 9:42 出现流量为 4 480 m^3/s 的洪峰(见图 8-6),是仅次于 1966 年(4 980 m^3/s)有实测资料以来流量的第二大洪峰,实测最大含沙量为 873 kg/m^3,此次洪水过程的洪量为 15 444 万 m^3,输沙量为 9 094 万 t。

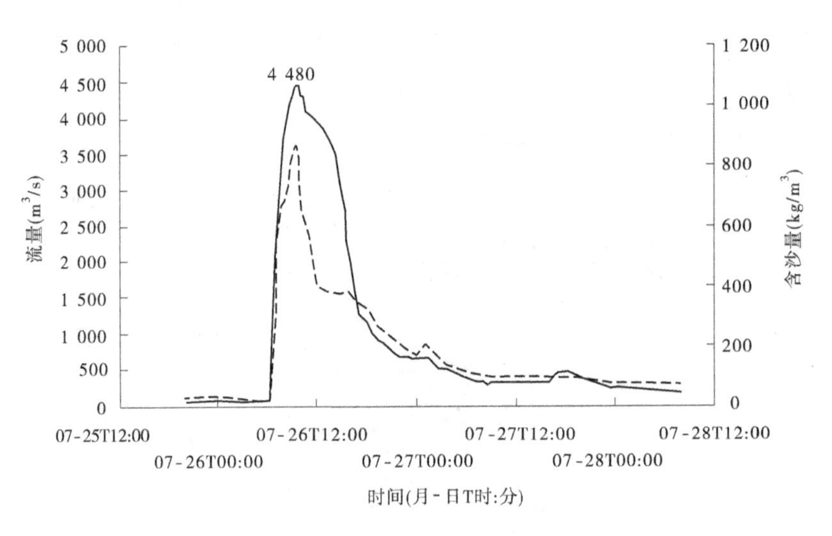

图 8-6 白家川站 2017 年“7·26”洪水过程线

本次洪水洪峰属于矮胖型,呈现陡涨缓落特征,洪峰、洪量和含沙量相对较大,水沙主要来自中下游,上游水沙相对较小。

三、典型年份雨洪关系的再现和重演

利用早期人类活动影响较小时期的年代,通过建立早期下垫面的降雨和洪水以及降雨和泥沙的关系,重演早期下垫面的产洪产沙量。

早期年代的划分:利用徐建华等的研究成果,无定河流域早期发生的突变年份为 1972 年,再根据暴雨洪水资料,选取 1956~1972 年作为早期下垫面时段,按照大于多年洪峰的标准,选择了洪峰流量介于 418~4 980 m^3/s 的 27 场洪水。

利用近期人类活动影响较大时期的年代,通过建立近期下垫面的降雨和洪水以及降雨和泥沙的关系,再现近期下垫面的产洪产沙量。

近期年代的划分:通过资料分析及现状下垫面变化资料,无定河流域近期发生的突变年份为 1998 年,再根据暴雨洪水资料,选取 1999~2016 年作为近期下垫面时段,按照大于多年或每年至少选取一场洪水的标准,选择了洪峰流量介于 172~3 060 m^3/s 的 18 场洪水。

通过分析计算,获取了每一场洪水的洪峰流量、次洪径流量、次洪输沙量、面平均雨量、不同等级暴雨笼罩面积(≥10 mm、≥25 mm、≥50 mm 和≥100 mm 四个等级),以及每场洪水对应的三个最大雨量站所对应的集中度雨量(40%、50%、60%、70%、80%、90%和 100%七个等级)等指标。

通过分析次洪量、次洪沙量与各因子的关系,发现次洪量、次洪沙量与面平均雨量、暴雨笼罩面积的关系较好,而与暴雨集中度和雨强的关系比较差,为此下面重点分析次洪量(次洪沙量)与面平均雨量和暴雨笼罩面积的关系(见表 8-7)。

表 8-7 次洪量(次洪沙量)与各相关因子关系

年代	次洪量						次洪沙量					
	与次洪沙量的相关系数	与面平均雨量的相关系数	暴雨笼罩面积		暴雨集中度		与次洪量的相关系数	与面平均雨量的相关系数	暴雨笼罩面积		暴雨集中度	
			相关系数	对应控制面积(km^2)	相关系数	对应集中度			对应系数	对应控制面积(km^2)	相关系数	对应集中度
早期	0.97	0.64	0.71	25	-0.05	100	0.97	0.54	0.62	25	0.07	100
近期	0.97	0.75	0.78	100	0.28	90	0.97	0.64	0.72	100	0.33	90

通过绘制早期(见图 8-7、图 8-8)和近期(见图 8-9、图 8-10)下垫面各场次洪水次洪量(W_w)与面平均雨量和降雨因子组合(面平均雨量和暴雨包围面积)的关系图,分别建立其上包线、下包线和趋势线的关系,推求 1977 年和 2017 年降雨条件下上下包线和趋势线所对应的次洪径流量,利用次洪量和次洪输沙量(W_s)的关系(见图 8-11 和图 8-12),进一步分析典型年的产流产沙水平(见表 8-8、表 8-9)。

(一)1977 年典型雨洪事件反演

从图 8-7 和图 8-8 可以看出,1977 年的洪水径流量处在上下包线之间,在趋势线的左上方。通过分析发现,1977 年的降雨若发生在 1972 年以前的下垫面,则可以产生 15 802 万 m^3 的径流量,产生 10 135 万 t 的泥沙,比 1977 年实际产生的径流量增加了 8 697 万 m^3,输沙量增加了 5 413 万 t。增加的原因主要是河龙区间 8 月 6 日无定河下游的洪水,本次洪水发生在 8 月 5 日、6 日,暴雨中心出现在无定河下游,该区属于黄土丘陵沟壑区,同时也属于黄河的多沙粗沙区和粗泥沙集中来源区无定河白家川站雨量达到 253 mm,5 日 3:00 至 5 日 8:30 为第一次,雨量为 80.3 mm;5 日 17 时至 6 日 8 时为第二次,雨量为 173.4 mm;经过第一次降雨后,土壤含水量已达到饱和,在第二次暴雨时入渗率大大减小,产沙系数增大,使白家川以下无定河干流普遍涨水,造成严重的垮坝现象,大部分淤地坝冲的和治理前一样,本次洪水造成了比较严重的洪水灾害,所以出现了本次暴雨增水增沙的现象。

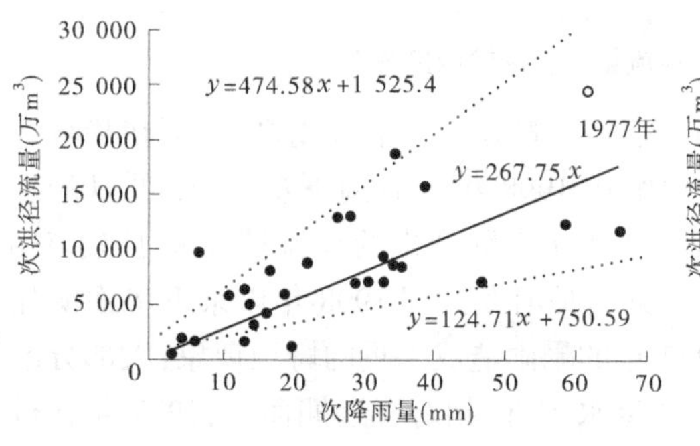

图 8-7 白家川站早期次降雨量和次洪径流量关系

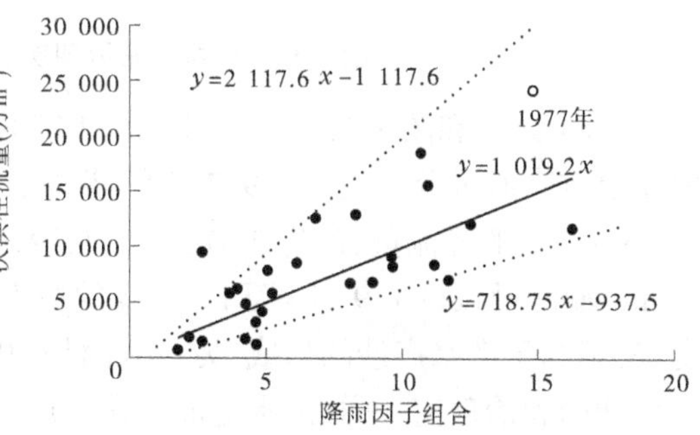

图 8-8 白家川站早期降雨因子组合和次洪径流量关系

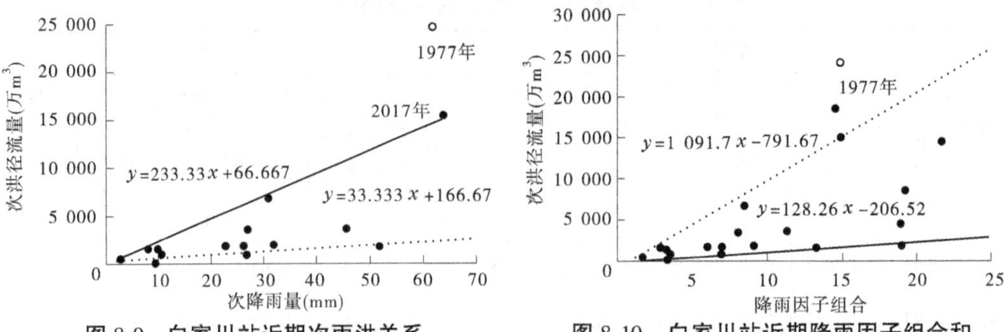

图 8-9 白家川站近期次雨洪关系

图 8-10 白家川站近期降雨因子组合和次洪径流量关系

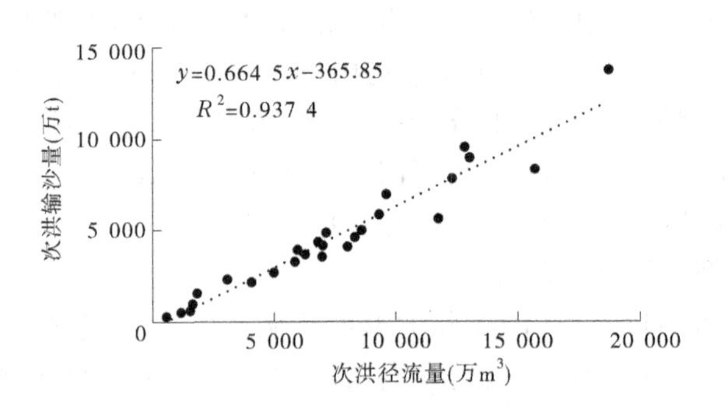

图 8-11 白家川站早期次洪径流量和次洪输沙量关系

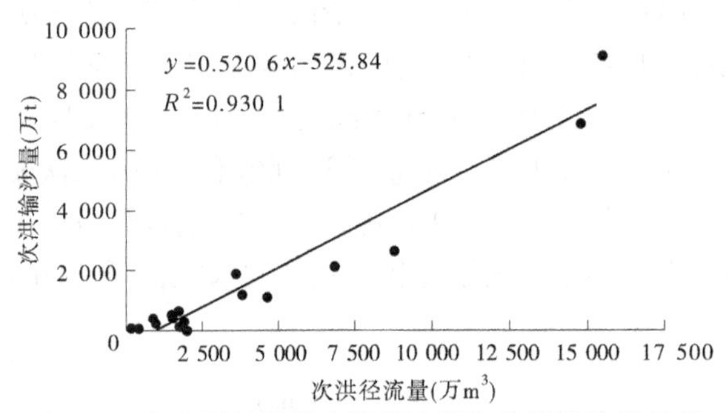

图 8-12 白家川站近期次洪径流量和次洪输沙量关系

从图 8-10 和图 8-11 可以看出，1977 年的洪水径流量处在上下包线之外，更在趋势线的左上方。通过分析发现，1977 年的降雨若发生在 1998 年以后的下垫面，则可以产生 5 963 万 m^3 的径流量，产生 2 578 万 t 泥沙，比 1977 年实际产生的径流量减少了 18 536 万 m^3，输沙量减少了 9 124 万 t。减少的原因一方面是河龙区间 1998 年以来下垫面明显变好，不利于产水产沙的形成；另一方面是 1977 年的暴雨造成严重的垮坝现象，大部分淤地坝冲的和治理前一样，洪水造成了比较严重的洪水灾害，相对于近期而言，1977 年在近期的下垫面产水产沙量会明显的减少。

表 8-8　早期下垫面降雨与次洪径流量关系统计

关系	线型	拟合公式	计算次洪量（万 m^3）	实测次洪量（万 m^3）	差值（万 m^3）
次降雨量与次洪径流量	上包线	$W_w=474.58P_{面}+1\ 525.4$	30 807	24 499	-6 308
	下包线	$W_w=124.71P_{面}+750.59$	8 445		16 054
	趋势线	$W_w=267.75P_{面}$	16 520		7 979
降雨因子组合与次洪径流量	上包线	$W_w=2\ 117.6P_{组}-1\ 117.6$	30 223		-5 724
	下包线	$W_w=718.75P_{组}-937.5$	9 700		14 799
	趋势线	$W_w=1\ 019.2P_{组}$	16 412		8 087
平均	上包线		30 515		-6 016
	下包线		9 073		15 426
	趋势线		16 466		8 697

表 8-9　近期下垫面降雨与次洪径流量关系统计

关系	线型	拟合公式	计算次洪量（万 m^3）	实测次洪量（万 m^3）	差值（万 m^3）
次降雨量与次洪径流量	上包线	$W_w=233.33P_{面}+66.667$	14 463	24 499	10 036
	下包线	$W_w=33.333P_{面}+166.67$	2 223		22 276
	趋势线	$W_w=90.851P_{面}$	5 606		18 893
降雨因子组合与次洪径流量	上包线	$W_w=1\ 091.7P_{组}-791.67$	15 365		9 134
	下包线	$W_w=128.26P_{组}-206.52$	1 692		22 807
	趋势线	$W_s=427.01P_{组}$	6 320		18 179
平均	上包线		14 914		9 585
	下包线		1 958		22 541
	趋势线		5 963		18 536

通过绘制日期(见图8-13和图8-14)和近期(见图8-15和图8-16)下垫面各场次洪水次洪量(W_w)与面平均雨量和降雨因子组合(面平均雨量和暴雨包围面积)的关系图,分别建立其上包线、下包线和趋势线的关系,推求2017年降雨条件下上下包线和趋势线所对应的次洪径流量,利用次洪量和次洪输沙量(W_s)的关系(见图8-17和图8-18),进一步分析典型年的产流产沙水平(见表8-10和表8-11)。

(二)2017年典型雨洪事件反演

从图8-13和图8-14可以看出,2017年的洪水径流量处在上下包线之间,基本在趋势线上。通过分析发现,2017年的降雨若发生在1972年以前的下垫面,则可以产生16 107万m^3的径流量,产生10 338 t泥沙。与2017年实际产生的径流量和输沙量变化不大,径流量仅减少了663万m^3,输沙量减少了75万t,分别占实际径流量和输沙量的4.3%和0.8%。

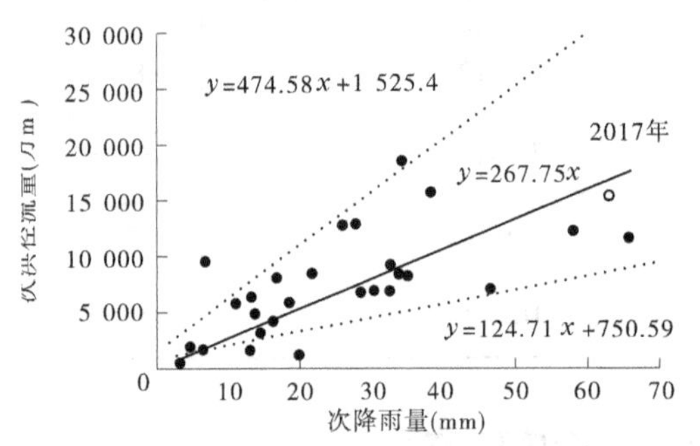

图8-13 白家川站早期次雨洪关系

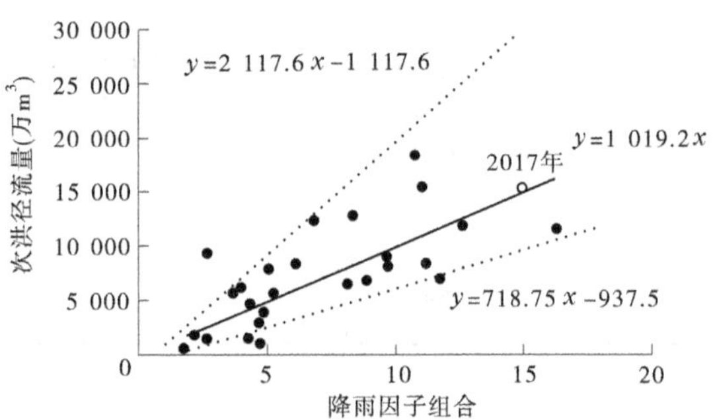

图8-14 白家川站早期降雨因子组合和次洪径流量关系

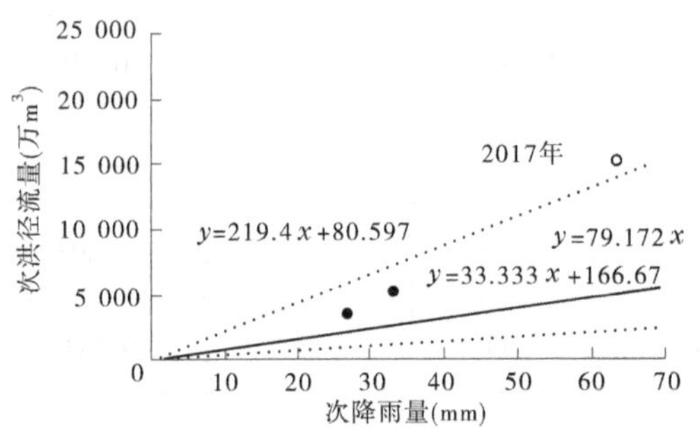

图8-15 白家川站近期次雨洪关系

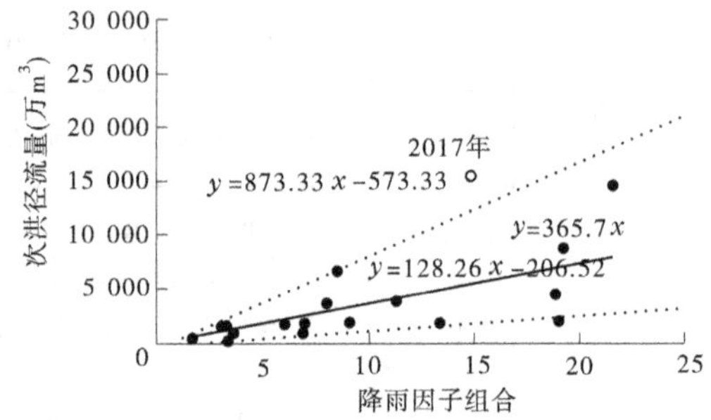

图8-16 白家川站近期降雨因子组合和次洪径流量关系

从图8-16和图8-17可以看出,2017年的洪水径流量处在上下包线之外,更在趋势线、上包线的左上方。通过分析发现,2017年的降雨若发生在1998年以后的下垫面,则可以产生5 242万m^3的径流量,产生2 203万t泥沙,比2017年实际产生的径流量减少了10 202万m^3,输沙量减少了4 785万t。说明2017年的暴雨是非常规性的暴雨,而是出现了严重的水毁事件,据统计,无定河的暴雨造成了绥德、子洲县城大范围遭受淹没,而且淹没水深大、泥沙淤积量高,经济损失严重,"7·26"洪水期绥德、子洲城区的淹没范围分别

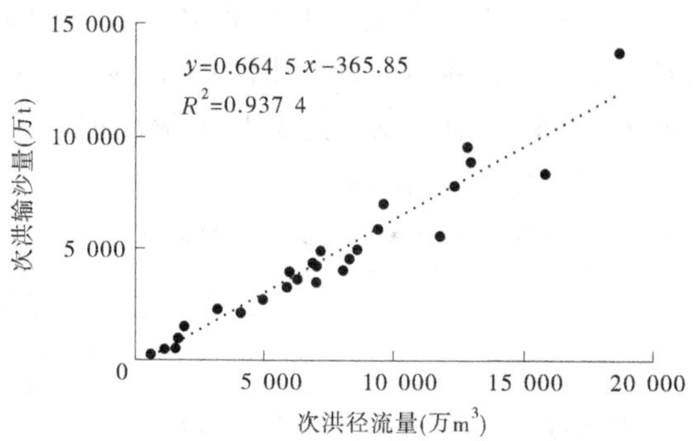

图 8-17 白家川站早期次洪径流量和次洪输沙量关系

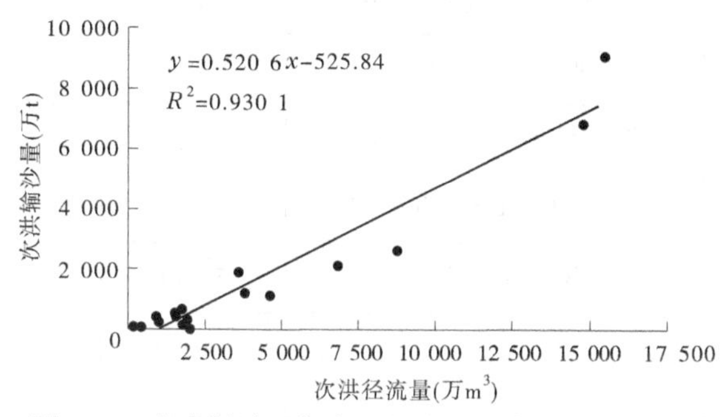

图 8-18 白家川站近期次洪径流量和次洪输沙量关系

表 8-10 早期下垫面降雨与次洪径流量关系统计

关系	线型	拟合公式	计算次洪量（万 m^3）	实测次洪量（万 m^3）	差值（万 m^3）
次降雨量与次洪径流量	上包线	$W_w=474.58P_{面}+1\ 525.4$	31 709	15 444	-16 265
	下包线	$W_w=124.71P_{面}+750.59$	8 682		6 762
	趋势线	$W_w=267.75P_{面}$	17 029		-1 585
降雨因子组合与次洪径流量	上包线	$W_w=2\ 117.6P_{组}-1\ 117.6$	30 435		-14 991
	下包线	$W_w=718.75P_{组}-937.5$	9 772		5 672
	趋势线	$W_w=1\ 019.2P_{组}$	15 186		258
平均	上包线		31 072		-15 628
	下包线		9 227		6 217
	趋势线		16 107		-663

为 1.48 km^2 和 1.30 km^2，分别占两城区面积的 12.3%和 34.2%，泥沙淤积量分别为 151 万 t 和 122 万 t；流域内淤地坝遭受不同程度的破坏，子洲县骨干坝受损 41 座，占总骨干坝数量的 19.1%；中型坝受损 139 座，占中型坝总数量的 16.1%；小型坝受损 125 座，占小型坝总数量的 13.0%。绥德县骨干坝受损 16 座，占总骨干坝数量的 11.9%；中型坝受损

142 座，占中型坝总数量的 24.1%；小型坝受损 143 座，占小型坝总数量的 6.6%，值得一提的是榆林子洲大理河县城上游的清水沟水库发生溃坝，流域内土路发生毁灭性破坏，土路上冲出的沟道最大深度为 4.85 m，最大宽度为 3.1 m，流域内的梯田受损严重，一个坡面连续几级的梯田地埂被冲毁，田面冲出深沟。

表 8-11　近期下垫面降雨与次洪径流量关系统计

关系	线型	拟合公式	计算次洪量（万 m^3）	实测次洪量（万 m^3）	差值（万 m^3）
次降雨量与次洪径流量	上包线	$W_w = 219.4P_{面} + 80.597$	14 034	15 444	1 410
	下包线	$W_w = 33.333P_{面} + 166.67$	2 287		13 157
	趋势线	$W_w = 79.172P_{面}$	5 035		10 409
降雨因子组合与次洪径流量	上包线	$W_w = 873.33P_{组} - 573.33$	12 439		3 005
	下包线	$W_w = 128.26P_{组} - 206.52$	1 705		13 739
	趋势线	$W_w = 365.7P_{组}$	5 449		9 995
平均	上包线		13 237		2 207
	下包线		1 996		13 448
	趋势线		5 242		10 202

四、认识

（1）无定河流域属于典型的超渗产流地区，本次利用与次洪量与面雨量、暴雨笼罩面积和暴雨集中等众多指标因子中，筛选出了与次洪径流量关系密切的面雨量和暴雨因子关系，通过建立不同时期下垫面下的次洪量与面平均雨量以及次洪量与降雨因子的组合关系（面雨量与暴雨笼罩面积）分别建立了上下包线和趋势线的关系，以分析极端降雨在不同时期的产流产沙量。

（2）尽管影响无定河流域次洪产水产沙的原因错综复杂，除与降雨本身相关外，还与梯田、林草、沟道治理和生态修复相关，同时与水资源开发利用、城镇建设和煤矿开采等经济社会发展带来的影响有关。从 1977 年的暴雨来看，本次暴雨在早期下垫面条件下的产流产沙量仍处于上下包线之间，没有发生本质的变化，但是处在该时段多场暴雨洪水关系的趋势线上方；与近期下垫面下多场暴雨洪水关系的趋势线相比，本次暴雨则明显地大于趋势线的上包线，主要是本次降雨发生了严重的水毁事件。

（3）从 2017 年的暴雨来看，本次暴雨在早期下垫面条件下的产流产沙量仍处于上下包线之间，没有发生本质的变化，但是基本处在该时段多场暴雨洪水关系的趋势线上；与近期下垫面下多场暴雨洪水关系的趋势线相比，本次暴雨则明显地大于趋势线的上包线，主要是本次降雨发生了严重的水毁事件。

(4)从无定河流域1977年和2017年发生的暴雨来看,在早期下垫面下,相同的暴雨和笼罩范围仍可以产生相应的洪水,在近期下垫面下,受制于无定河特定的产流模式,一旦发生高强度大暴雨,流域出现大范围水毁事件,必将会产生早期下垫面类似的大洪水,也会刷新在近期下垫面下的常规暴雨产流模式。

(5)从无定河流域的暴雨洪水关系也不难看出,短历时、低强度的暴雨适合暴雨径流的下包线,长历时、高强度的暴雨适合暴雨径流的下包线,大部分降雨组合适应暴雨径流的趋势线,当出现严重的水毁事件时,暴雨径流关系适合早期的暴雨径流关系模式。

第二节 黄土高原极端降雨下的水沙关系驱动因子识别

一、因子的甑别

根据上述场次洪水泥沙与降雨的关系来看,本次选取的几条支流,次洪量和次沙量之间的关系最好,早期相关系数为0.84~0.98,中期相关系数为0.87~0.99,近期相关系数为0.79~0.99,相关系数最好的是以黄土高塬沟壑区为主的大理河流域,最差的是包含沙地草原区、台状土石丘陵区和黄土丘陵沟壑区3种地貌类型的窟野河流域(见图8-19)。总体来看,次洪量和次沙量表现出良好的相关关系。除下垫面对产洪产沙的影响外,本次重点分析与降雨量相关的面平均雨量、不同等级暴雨对应的笼罩面积和代表不同集中度下的雨强所对应的次洪次沙量的贡献率。

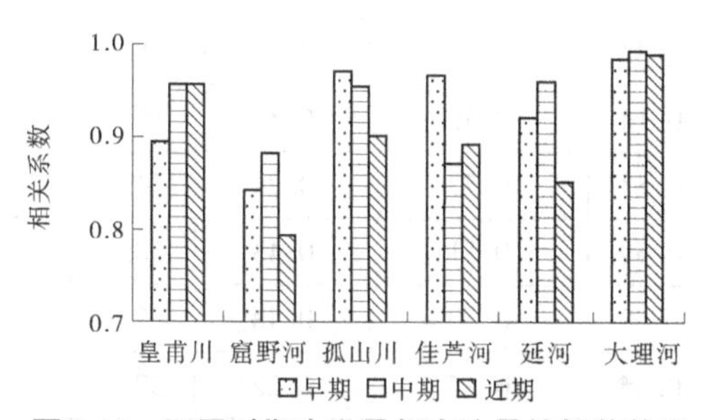

图8-19 不同时期次洪量与次沙量的相关关系

二、因子的贡献率

首先建立次洪量分别与面平均雨量、不同等级暴雨笼罩面积和暴雨集中度的相关关系矩阵,在此基础上,分别挑选出与次洪量关系最为密切的暴雨笼罩面积和暴雨集中度。同时将面平均雨量、暴雨笼罩面积和暴雨集中度集中化归一处理后,就可以得到与次洪量相关关系的权重,以此作为划分不同年代各因子的贡献率。

从表8-12可以看出,区域次洪量与面雨量和暴雨笼罩面积的关系在0.6~0.8,区域次洪量与暴雨集中度的关系在0.3左右;次洪量与面雨量和暴雨笼罩面积的关系要好于次洪量与暴雨集中度的关系;经标准化处理后可以看出,区域总体上在早期、中期和近期暴雨笼罩面积占主导地位,面雨量次之,暴雨集中度贡献相对较小;在具体的支流上不同时期也有时表现为面雨量占主导地位,暴雨笼罩面积次之;降雨量、优势暴雨笼罩面积和暴雨集中度的贡献率在早期表现为37:43:20,中期表现为39:46:15,近期表现为41:42:17;随着下垫面的进一步治理,笼罩面积仍然占据着主导地位,面雨量所占的比例进一步提高,暴雨集中度的贡献率仍然不大。

表 8-12　次洪量与各时段降雨相关因子的贡献率

支流	面积(km^2)	时段	与次洪量的相关关系			次洪量标准化贡献率(%)		
			面雨量	暴雨笼罩面积	暴雨集中度	面雨量	暴雨笼罩面积	暴雨集中度
皇甫川	3 204	早期	0.81	0.74	0.16	47.2	43.2	9.6
	3 204	中期	0.84	0.83	0.20	45.0	44.3	10.7
	3 204	近期	0.72	0.80	0.63	33.6	37.0	29.4
窟野河	8 645	早期	0.71	0.67	0.17	45.9	43.3	10.8
	8 645	中期	0.84	0.91	0.45	38.1	41.5	20.4
	8 645	近期	0.83	0.87	0.11	46.0	47.9	6.1
孤山川	1 263	早期	0.82	0.74	0.42	41.3	37.4	21.3
	1 263	中期	0.86	0.86	0.06	48.1	48.6	3.3
	1 263	近期	0.71	0.66	0.77	33.2	31.0	35.8
秃尾河	3 253	早期	0.64	0.71	0.18	41.8	46.4	11.9
	3 253	中期	0.58	0.62	0.19	41.8	44.8	13.3
	3 253	近期	0.33	0.40	0.13	38.3	46.6	15.1
延水	5 891	早期	0.14	0.45	0.33	15.1	48.6	36.3
	5 891	中期	0.53	0.77	0.24	34.7	50.0	15.3
	5 891	近期	0.59	0.51	0.43	38.7	33.3	27.9
大理河	3 893	早期	0.60	0.59	0.48	35.8	35.6	28.6
	3 893	中期	0.65	0.87	0.22	37.4	49.9	12.7
	3 893	近期	0.96	0.95	0.15	46.6	46.1	7.3
合计	26 149	早期	0.57	0.62	0.26	36.9	43.4	19.7
	26 149	中期	0.71	0.82	0.28	39.0	45.8	15.2
	26 149	近期	0.72	0.72	0.29	41.3	42.1	16.6

从表8-13可以看出,区域次洪沙量与面雨量和暴雨笼罩面积的关系在0.4~0.7,区域次洪沙量与暴雨集中度的关系在0.2~0.3;同次洪量关系相似,次洪沙量与面雨量和暴雨笼罩面积的关系要好于次洪沙量与暴雨集中度的关系;经标准化处理后可以看出,区域总体上在早期、中期和近期暴雨笼罩面积占主导地位,面雨量次之,暴雨集中度贡献率相对较小;在具体的支流上不同时期也有时表现为面雨量占主导地位,暴雨笼罩面积次之;降雨量、优势暴雨笼罩面积和暴雨集中度的贡献率在早期表现为36:40:24,中期表现为

38∶50∶12,近期表现为32∶35∶33;随着下垫面的进一步治理,笼罩面积仍然占据着主导地位,面雨量所占的比例进一步提高,特别是近期时段面雨量、暴雨笼罩面积和暴雨集中度对次洪产沙量贡献率基本相当。

表 8-13 次洪沙量与各时段降雨相关因子的贡献率

支流	面积(km^2)	时段	与次洪沙量的相关关系			次洪沙量标准化贡献率(%)		
			面雨量	暴雨笼罩面积	暴雨集中度	面雨量	暴雨笼罩面积	暴雨集中度
皇甫川	3 204	早期	0.70	0.62	0.08	50.0	44.3	5.7
	3 204	中期	0.75	0.74	0.11	46.6	46.3	7.2
	3 204	近期	0.66	0.74	0.31	38.8	43.3	17.9
窟野河	8 645	早期	0.54	0.51	0.06	48.5	46.3	5.2
	8 645	中期	0.55	0.69	0.22	37.8	47.5	14.8
	8 645	近期	0.32	0.37	0.26	33.3	39.1	27.6
孤山川	1 263	早期	0.83	0.81	0.41	40.5	39.4	20.1
	1 263	中期	0.72	0.76	0.19	43.1	45.5	11.3
	1 263	近期	0.39	0.34	0.78	25.9	22.5	51.7
秃尾河	3 253	早期	0.66	0.73	0.19	41.7	46.5	11.9
	3 253	中期	0.38	0.46	0.14	38.8	47.4	13.8
	3 253	近期	0.13	0.27	0.19	22.3	45.8	31.9
延水	5 891	早期	0.07	0.27	0.55	7.6	30.2	62.2
	5 891	中期	0.42	0.73	0.16	31.8	55.8	12.4
	5 891	近期	0.24	0.15	0.50	26.9	16.7	56.4
大理河	3 893	早期	0.54	0.54	0.50	34.2	34.0	31.8
	3 893	中期	0.62	0.90	0.20	35.8	52.3	11.9
	3 893	近期	0.94	0.95	0.22	44.5	45.0	10.6
合计	26 149	早期	0.48	0.52	0.27	36.1	40.3	23.6
	26 149	中期	0.54	0.71	0.18	37.6	49.8	12.6
	26 149	近期	0.42	0.44	0.33	32.5	35.5	32.1

三、认识

(1)通过次洪量与次洪沙量的关系可以看出,研究区各支流相关关系较好,除近期的窟野河小于0.8以下外,其余的各支流不同时期相关系数均达到了0.85以上,大部分高于0.80,地貌单元相对单一的相关系数大于地貌类型相对复杂的。

(2)就次洪量而言,降雨量、暴雨笼罩面积和暴雨集中度的贡献率基本在4:4:2左右,随着下垫面的进一步治理,笼罩面积仍然占据着主导地位,面雨量所占的比例进一步提高,暴雨集中度的贡献率仍然不大。

(3)就次洪沙量而言,降雨量、暴雨笼罩面积和暴雨集中度的贡献率基本为4:4:2,特别是近期时段面雨量、暴雨笼罩面积和暴雨集中度对次洪产沙量贡献率基本相当。

第三节 小 结

一、无定河反演认识

无定河流域属于典型的超渗产流地区,本次建立了不同时期下垫面下的次洪量、与面平均雨量以及次洪量与降雨因子的组合关系,并分析了极端降雨在不同时期的产流产沙量。从1977年和2017年暴雨来看,两次降雨均发生了严重的水毁事件;在早期下垫面下,相同的暴雨和笼罩范围仍可以产生相应的洪水,在近期下垫面下,受制于无定河特定的产流模式,一旦发生高强度大暴雨,流域出现大范围水毁事件,也必将会产生早期下垫面类似的大洪水,也会刷新在近期下垫面下的常规暴雨产流模式。从无定河流域的暴雨洪水关系也不难看出,短历时、低强度的暴雨适合暴雨径流的下包线,长历时、高强度的暴雨适合暴雨径流的下包线,大部分降雨组合适应暴雨径流的趋势线,当出现严重的水毁事件时,暴雨径流关系适合早期的暴雨径流关系模式。

二、水沙驱动因子认识

就次洪量而言,降雨量、暴雨笼罩面积和暴雨集中度的贡献率基本在4:4:2左右,降雨量和笼罩面积占据着主导地位。

就次洪沙量而言,早中期时段降雨量、暴雨笼罩面积和暴雨集中度的贡献率基本为4:4:2,近期时段面雨量、暴雨笼罩面积和暴雨集中度对次洪沙量贡献率的占比基本相当。

第九章　黄河中游有关“大沙年”沙多的原因分析

第一节　黄河中游有关“大沙年”的总体情况

一、“大沙年”选取方法

黄河干流河道全长 5 464 km，流域面积 79.5 万 km^2（包括内流区 4.2 万 km^2）。河源至内蒙古托克托县的头道拐为黄河上游，干流河道长 3 472 km，流域面积 42.8 万 km^2，是黄河径流的主要来源区（径流量主要来自兰州以上地区），来自兰州以上的径流量占全河的 61.7%；头道拐至河南郑州桃花峪为黄河中游，干流河道长 1 206 km，流域面积 34.4 万 km^2，该河段绝大部分支流地处黄土高原地区，暴雨集中，水土流失严重，是黄河洪水和泥沙的主要来源区，其中头道拐至潼关区间来沙量占全河的 91.1%；桃花峪至入海口为黄河下游，流域面积 2.3 万 km^2，汇入的较大支流有 3 条，该河段河床高出背河地面 4~6 m，比两岸平原高出更多，成为淮河和海河流域的分水岭，是举世闻名的“地上悬河”。

黄河来水来沙异源，地区分布不均，黄河水沙量减少程度在空间上分布也不均匀。泥沙主要来自头道拐至潼关区间，来沙量占全河的 91.1%，来水量仅占全河的 28.2%；来水量主要来自兰州以上地区，占全河的 61.7%，来沙量仅占全河的 6.9%。可以看出，黄河水沙主要来自于上中游地区，中游的潼关水文站控制黄河流域面积的 91%、径流量的 90%、泥沙的近 100%。

在国家标准《水文基本术语和符号标准》（GB/T 50095—2014）中，将河川径流丰、平、枯划分为：丰水年、平水年、枯水年和特枯水年四大类别。

丰水年是指年河川径流量显著大于正常值（多年平均值）的年份；平水年是指年河川径流量接近正常值的年份；枯水年是指河川径流量显著小于平均值的年份；特枯水年是指河川径流量为历年最小值或接近最小值的年份。

本书采用保证率划分的方法确定丰平枯水年，径流系列一般服从 P－Ⅲ型概率分布，采用频率分析法确定统计参数和各频率设计值作为划分径流量丰平枯水年标准。

泥沙丰平枯级别参照径流丰平枯标准执行，见表 9-1。

表 9-1　泥沙丰平枯级别划分

丰平枯级别（径流）	划分标准（P）	丰平枯级别（泥沙）
丰水年	$P\leq 37.5\%$	丰沙年
平水年	$37.5\%<P\leq 62.5\%$	平沙年
枯水年	$62.5\%<P\leq 87.5\%$	枯沙年
特枯水年	$P>87.5\%$	特枯沙年

二、"大沙年"选取结果

从 1919~2018 年潼关水文站年输沙量丰平枯划分统计(见表 9-2)可以看出,丰沙年发生在 20 世纪 80 年代之前,一共发生了 37 次,主要集中在 20 世纪 70 年代;平沙年发生在 20 世纪 90 年代之前,一共发生了 26 次,主要集中在 20 世纪 60 年代、80 年代、90 年代;枯沙年除 20 世纪 40 年代没发生外,其余年代均有发生,一共发生了 25 次,主要集中在 20 世纪 80 年代以来;特枯沙年发生在 21 世纪以来,一共发生了 12 次,其中,21 世纪初发生 5 次,21 世纪 10 年代已达到 7 次以上。

表 9-2 1919~2018 年潼关水文站年输沙量丰平枯划分统计 (单位:次)

时期	丰沙年	平沙年	枯沙年	特枯沙年
1919~1929	6	3	2	
1930~1939	6	3	1	
1940~1949	8	2		
1950~1959	6	3	1	
1960~1969	4	5	1	
1970~1979	6	2	2	
1980~1989	1	4	5	
1990~1999		4	6	
2000~2009			5	5
2010~2018			2	7
小计	37	26	25	12

为了能够更直观地反映出 20 世纪 80 年代以来泥沙量的变化情况,采用 1980~2018 年系列潼关水文站年输沙量数据,近似地划分出各年代丰平枯出现的次数情况。经统计,丰沙年在 20 世纪八九十年代发生了 14 次,在 21 世纪初发生 1 次;平沙年各个年代均有发生,一共发生了 10 次,主要集中在 20 世纪八九十年代和 21 世纪 10 年代;枯沙年则发生在 21 世纪以来,一共发生了 10 次;特枯沙年仍然发生在 21 世纪以来,一共发生了 4 次,其中,21 世纪初发生 1 次,21 世纪 10 年代已达到 3 次以上(见表 9-3)。

表 9-3 20 世纪 80 年代以来潼关水文站年输沙量丰平枯划分统计 (单位:次)

时期	丰沙年	平沙年	枯沙年	特枯沙年
1980~1989	6	4		
1990~1999	8	2		
2000~2009	1	3	5	1
2010~2018		1	5	3
小计	15	10	10	4

为了能够对大沙年进行典型区域分析，本次采用20世纪80年代以来潼关水文站年输沙量丰平枯划分统计中对应的丰沙年，黄河流域潼关干流水文站年输沙量排在前五的年份分别是1981年、1988年、1992年、1994年、1996年，龙门水文站年输沙量排在前五的年份分别是1981年、1988年、1994年、1995年、1996年，图9-1为1980年以来潼关水文站和龙门水文站历年输沙量过程线。潼关站年最大洪峰流量排在前五的年份分别是1981年、1988年、1989年、1994年、1996年，龙门站年最大洪峰流量排在前五的年份分别是1988年、1989年、1994年、1995年、1996年。图9-2为1980年以来潼关水文站和龙门水文站历年最大洪峰流量过程线。考虑在2000年以来潼关水文站出现的年输沙量最大值对应的2003年，也是渭河流域华西秋雨代表性的产沙年份，综合考虑潼关水文站和龙门水文站年输沙量以及年最大洪峰流量资料的基础上，本次重点分析1988年、1992年、1994年、1996年和2003年黄河流域发生的大暴雨为研究对象，剖析这些年份大沙年产沙的原因。

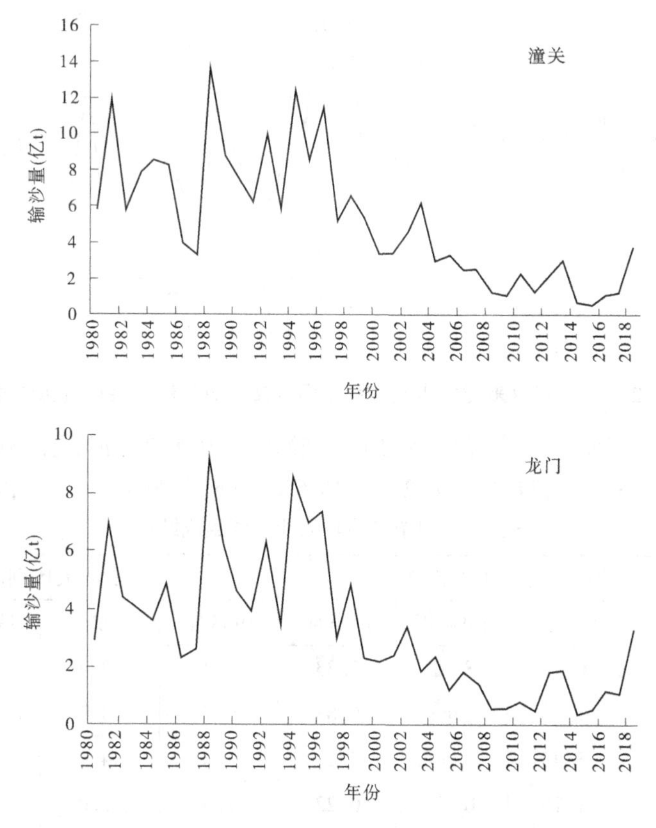

图9-1　1980年以来潼关水文站和龙门水文站历年输沙量过程线

三、“大沙年”总体情况分析

（一）来沙基本情况

1988年、1992年、1994年和1996年潼关站年输沙量分别为13.60亿t、9.96亿t、12.40亿t和11.40亿t，其中干流龙门站的来沙量分别占潼关站当年输沙量的66.9%、

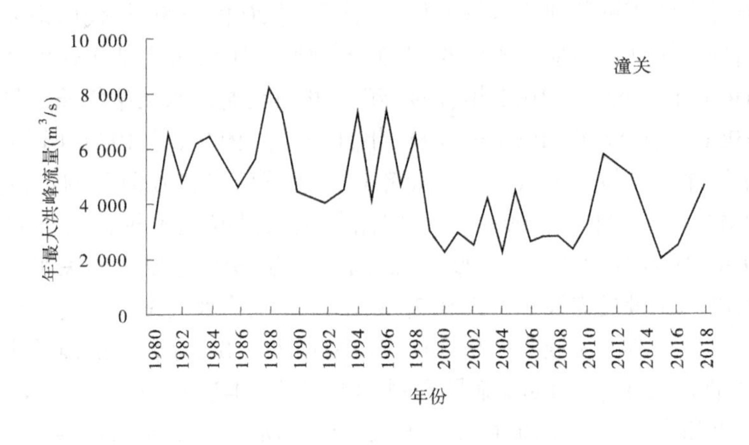

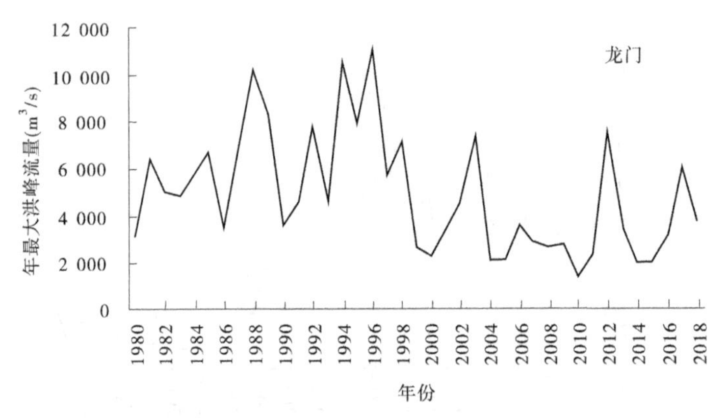

图 9-2 1980 年以来潼关水文站和龙门水文站历年最大洪峰流量过程线

63.4%、68.6%和 64.3%，是潼关站泥沙的主要来源区。其次是泾河张家山站，来沙量分别占潼关站年输沙量的 31.6%、34.3%、28.2%和 36.6%，是潼关站的又一个来沙区，见表 9-4。

表 9-4 四个多沙年泥沙来源组成统计

站名	年实测输沙量(亿 t)				占潼关比例(%)			
	1988 年	1992 年	1994 年	1996 年	1988 年	1992 年	1994 年	1996 年
龙门	9.10	6.31	8.51	7.33	66.9	63.4	68.6	64.3
洑头	1.32	1.46	2.63	0.83	9.7	14.7	21.2	7.3
张家山	4.30	3.42	3.50	4.17	31.6	34.3	28.2	36.6
咸阳	1.03	1.29	0.37	0.22	7.6	13.0	3.0	1.9
河津	0.04	0.14	0.02	0	0.3	1.4	0.2	0
潼关	13.60	9.96	12.40	11.40	100	100	100	100

龙门站的输沙量中，泥沙又主要来自河口镇—龙门区间，在四个多沙年中，河龙区间来沙分别占龙门站输沙量的 96.4%、95.4%、92.5%和 93.9%，表明河龙区间不仅是龙门以上的主要来沙区，也是潼关以上的主要来沙区，潼关站的泥沙主要来自干流河龙区间和泾河张家山以上

两个地区,基本达90%以上。来沙的时间非常集中,以河龙区间为例,四个多沙年河龙区间7~8月输沙量占年输沙量的88.3%、77.1%、82.7%和79.2%。

综上看出:一是潼关四个多沙年中来沙区域十分集中,泥沙主要来自黄河干流龙门以上,龙门沙量占潼关沙量的63.4%~68.6%,其次是泾河张家山以上,占28.2%~36.6%,两站合计占96%以上,这足以表明泥沙来源的区域性十分集中。二是潼关多沙年时,来沙的时间也很集中,四个多沙年河龙区间7~8月输沙量占年输沙量的77.1%~88.3%,表明来沙的时程分配也十分集中。

(二)多沙年主汛期降雨与年输沙量关系

表9-5是四个多沙年与下垫面基本一致的前后相邻年的年、7~8月实测输沙量,以及对应的汛期(6~9月)和主汛期(7~8月)降雨量统计。

表9-5　四个多沙年与前后相邻年潼关、龙门、河龙区间有关洪水泥沙统计

年份	年输沙量(亿t)			7~8月输沙量(亿t)			龙门大于2 000 m^3/s		河龙区间7~8月降雨量(mm)
	潼关	龙门	河龙区间	潼关	龙门	河龙区间	洪峰(m^3/s)	次数	
1987	3.34	2.60	2.43	1.74	2.00	1.95	6 840	1	161.4
1988	13.60	9.10	8.77	11.54	7.90	7.74	10 200	8	319.1
1989	8.84	6.33	5.14	4.63	4.11	3.67	8 310	5	118.9
1991	6.22	3.90	3.68	1.42	1.69	1.65	4 590	2	84.1
1992	9.96	6.31	6.02	6.30	4.77	4.64	7 740	7	261.3
1993	5.87	3.49	3.07	3.33	2.42	2.22	4 600	3	202.1
1994	12.40	8.51	7.87	8.20	6.85	6.51	10 600	8	255.4
1995	8.52	6.99	6.43	4.20	3.94	3.69	7 860	4	252.2
1996	11.40	7.33	6.88	8.81	5.71	5.45	11 100	6	238.3
1997	5.21	3.00	2.75	3.88	1.96	1.85	5 750	1	147.1

1988年潼关站实测输沙量13.60亿t,而前后相邻的1987年和1989年分别是3.34亿t和8.84亿t,龙门1987~1989年这三年的来沙量分别是2.60亿t、9.10亿t和6.33亿t,潼关站来沙量的多少与龙门站是完全对应的,而河龙区间这三年7~8月的降雨量分别是161.4 mm、319.1 mm和118.9 mm,表明河龙区间来沙量又与河龙区间7~8月的降雨量的多少完全对应。

1992年也基本如此,潼关站年输沙量为9.96亿t,而1991年和1993年分别是6.22亿t和5.87亿t,龙门站1987~1989年这三年对应输沙量分别是3.90亿t、6.31亿t和3.49亿t,河龙区间这三年7~8月对应的降雨量分别是84.1 mm、261.3 mm和202.1 mm,也表明来沙量与主汛期的降雨量关系比较密切。

1994年和1996年有相邻年降雨也比较大但产沙不是很多的情况,如河龙区间1994年和1995年7~8月降雨量分别为255.4 mm和252.2 mm,基本接近,但龙门7~8月的输沙量分别为6.85亿t和3.94亿t,相差近3亿t;又如1996年与1995年相比,7~8月降雨量分别为238.3 mm和252.2 mm,1996年比1995年还小了近14 mm,但1996年和1995年龙门7~8月的输沙量分别为5.71亿t和3.94亿t,为什么产沙与7~8月的降雨又不完全对应呢?这是下面将要讨论的输沙量的多少更与洪水的次数和洪水大小有关。

总的来说,河龙区间主汛期的降雨对龙门输沙量的大小影响较大,但更与降雨的时空分布有关。

(三)暴雨洪水的频次与大小对输沙量的影响

表9-5中还统计了四个多沙年及其与下垫面基本一致的前后相邻年的年最大洪峰以及洪峰流量大于或等于2 000 m^3/s洪水次数,由于龙门的洪水次数和洪峰流量的大小对黄河潼关站输沙影响最大,下面仅以龙门站为例进行讨论。

所研究的四个多沙年,最大洪峰分别是10 200 m^3/s、7 740 m^3/s、10 600 m^3/s和11 100 m^3/s,均比相邻前后年的洪峰大,大于2 000 m^3/s洪水次数分别是8次、7次、8次、6次,也是比相应前后年的次数多。

通过以上的分析可以看出:一是输沙量的多少一般与主汛期的降雨量有关,但与雨洪的频次和大小关系更密切;二是在下垫面基本一致的相邻年,洪水次数多,洪峰流量大,输沙量就大。

第二节　黄河中游“1988·8”暴雨洪水分析

一、泥沙来源组成分析

将黄河中游潼关站以上分为龙门以上、北洛河、泾河、渭河和汾河五大片区,每个片区分别用龙门、洑头、张家山、咸阳和河津代表(下同),经统计,1988年潼关来沙13.6亿t,泥沙主要是来自龙门和泾河的张家山以上,分别占总输沙量的57.6%和27.2%(见图9-3)。

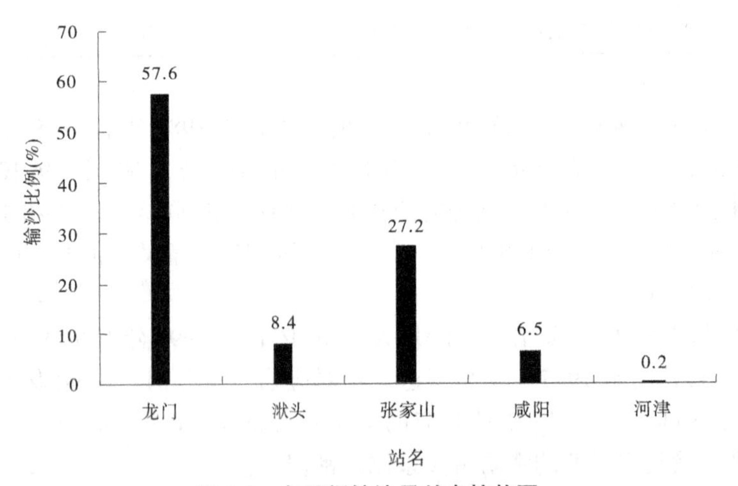

图9-3　各区间输沙贡献率柱状图

1988年龙门站输沙量9.10亿t,占潼关站的57.6%。龙门泥沙主要来自7月、8月的

7 次大洪水,分别为 7 月 8 日洪峰流量 3 640 m^3/s,7 月 15 日洪峰流量 4 230 m^3/s,7 月 19 日洪峰流量 2 920 m^3/s,7 月 24 日洪峰流量 4 000 m^3/s,8 月 5 日洪峰流量 3 050 m^3/s,8 月 6 日洪峰流量 10 200 m^3/s 和 8 月 14 日洪峰流量 3 340 m^3/s(见表 9-6、图 9-4)。7 次洪水累积输沙量为 6.51 亿 t,占龙门站年输沙量的 71.5%。

表 9-6 龙门站 1988 年 7~8 月大洪水特征值统计

洪峰时间(月-日 T时:分)	洪峰流量(m^3/s)	次洪量(万 m^3)	次洪输沙量(万 t)	沙峰(kg/m^3)
07-08T05:00	3 640	21 061	5 481	287
07-15T22:00	4 230	28 003	8 263	441
07-19T11:00	2 920	46 412	8 934	313
07-24T06:00	4 000	9 419	1 755	162
08-05T10:00	3 050	13 681	5 836	420
08-06T14:00	10 200	60 378	28 436	500
08-14T08:00	3 340	81 794	6 347	116

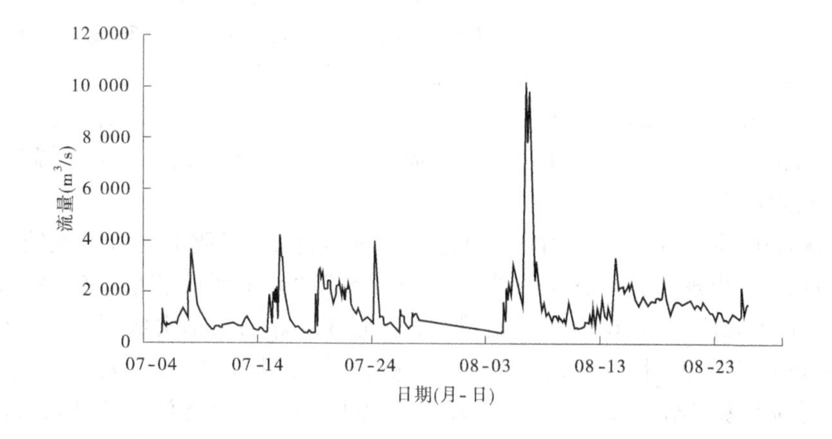

图 9-4 龙门站 1988 年 7~8 月流量过程线

二、典型洪水分析

从潼关站的洪水流量过程线(见图 9-5)来看,黄河中游 8 月 5~7 日发生了一次大的洪水过程,其中,河龙区间出现一次大范围的降雨过程,黄河干流的府谷、吴堡站以及皇甫川、窟野河、三川河、延水等大小支流站都出现了年最大流量。

(一)降雨

1988 年 8 月 4~5 日河口镇—龙门区间普降大到暴雨,局部大暴雨,暴雨中心在皇甫川、窟野河一带,暴雨等值线见图 9-6。

该次降水皇甫川流域面平均雨量为 78.9 mm,最大降水量奎洞不拉站为 111.0 mm;

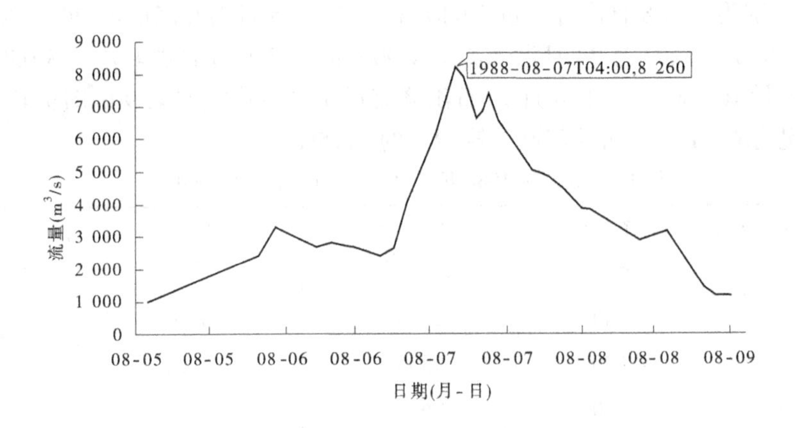

图 9-5　潼关站洪水流量过程线

窟野河流域面平均雨量为 21.7 mm，最大降水量武家沟站为 100.0 mm；孤山川流域面平均雨量为 47.9 mm，最大降水量新庙站为 52.0 mm。降水情况统计见表 9-7。

河口镇—吴堡区间面平均雨量为 26.0 mm，降水量≥10 mm、≥25 mm、≥50 mm 和≥100 mm 的暴雨笼罩面积分别为 3.2 万 km^2、1.8 万 km^2、0.8 万 km^2 和 0.03 万 km^2；吴堡—龙门区间面平均雨量为 11.4 mm，降水量≥10 mm、≥25 mm 和≥50 mm 的暴雨笼罩面积分别为 2.4 万 km^2、0.7 万 km^2 和 0.1 万 km^2。统计整个河口镇—龙门区间，面平均雨量为 17.7 mm，降水量≥10 mm、≥25 mm、≥50 mm 和≥100 mm 的暴雨笼罩面积分别为 5.6 万 km^2、2.5 万 km^2、0.9 万 km^2 和 0.03 万 km^2。河口镇—龙门区间暴雨笼罩面积统计见表 9-8。

（二）洪水情况

受本次降雨影响，黄河中游山陕区间干支流相继涨水，多数干支流出现较大洪峰，府谷站于 5 日 8:30 出现 9 000 m^3/s 的洪峰，吴堡站 5 日 20:00 洪峰流量达 9 000 m^3/s，龙门站 6 日 14:00 洪峰流量达 10 200 m^3/s，最大含沙量 500 kg/m^3，本次暴雨产生洪水 8.58 亿 m^3。其中，陕西北片皇甫川皇甫站 5 日 6:00 洪峰流量 6 790 m^3/s，最大含沙量 693 kg/m^3；窟野河温家川站 5 日 11:00 洪峰流量 3 190 m^3/s，最大含沙量 737 kg/m^3；孤山川高石崖站 5 日 20:00 洪峰流量为 2 880 m^3/s，最大含沙量 717 kg/m^3；秃尾河高家川站 5 日 22:07 时洪峰流量 427 m^3/s，最大含沙量高达 1 090 kg/m^3。晋西支流中蔚汾河兴县站 5 日 12:18 洪峰流量为 69.1 m^3/s，最大含沙量 128 kg/m^3；湫水河林家坪站 5 日 12:30 洪峰流量为 90.3 m^3/s，最大含沙量 263 kg/m^3；三川河后大成站 5 日 14:48 洪峰流量为 237 m^3/s，最大含沙量 448 kg/m^3；昕水河大宁站 6 日 6:36 洪峰流量为 1 280 m^3/s，最大含沙量 463 kg/m^3；陕西南片无定河白家川站 6 日 1:48 时出现 499 m^3/s 的洪峰，最大含沙量 381 kg/m^3；延水甘谷驿站 6 日 7:18 时洪峰流量 870 m^3/s，最大含沙量 666 kg/m^3。经过小北干流的削减，加上渭河、北洛河、汾河约 500 m^3/s 左右的稳定来水，潼关站 7 日 4:00 流量为 8 260 m^3/s 的洪峰，最大含沙量为 229 kg/m^3。洪水来源组成见表 9-9。

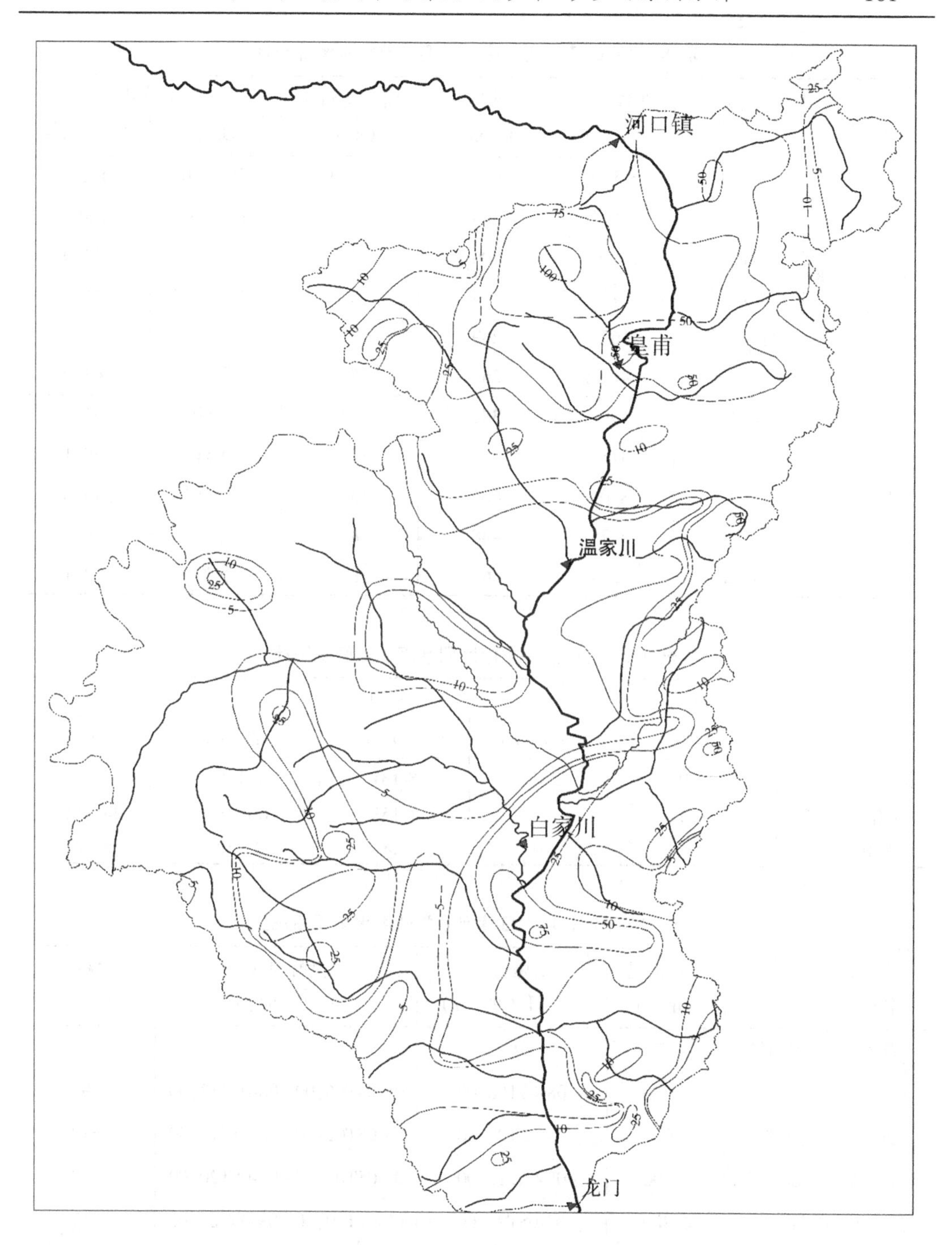

图 9-6　1988 年 8 月 6 日黄河龙门洪水对应暴雨等值线

表 9-7 河口镇—龙门区间主要支流降水情况统计

区段	河名	洪峰流量 (m^3/s)	沙峰 (kg/m^3)	面平均雨量 (mm)	最大降水量	
					站名	降水量(mm)
河口镇—吴堡	皇甫川	3 560	693	78.9	奎洞不拉	111.0
	窟野河	3 190	378	21.7	武家沟	100.0
	孤山川	1 650	506	47.9	新庙	52.0
	秃尾河	272	345	5.1	公草湾	11.7
	清凉寺沟	165	249	3.4		
	湫水河	90.3	263	15.2	代坡	43.0
吴堡—龙门	无定河	499	381	4.9	白家川	35.6
	清涧河	315	393	14.0	寺湾	48.1
	延水	870	666	13.4	郝家坪	49.6
	三川河	237	448	18.4	小神头	59.7
	昕水河	1 280	463	18.0	下李	62.1

表 9-8 河口镇—龙门区间暴雨笼罩面积统计

区间	面平均雨量 (mm)	暴雨笼罩面积(km^2)			
		≥100 mm	≥50 mm	≥25 mm	≥10 mm
河口镇—吴堡	26.0	261	8 131	18 108	31 630
吴堡—龙门	11.4		1 153	6 830	24 342
河口镇—龙门	17.7	261	9 284	24 938	55 972

表 9-9 1988 年 8 月 6 日黄河潼关站洪水来源情况统计

流域名称	站名	洪峰流量 (m^3/s)	洪峰时间 (月-日 T 时:分)	洪峰时段 (月-日 T 时:分)	含沙量 (kg/m^3)
黄河	河口镇				
皇甫川	皇甫	6 790	08-05T06:00	08-04T06:00~08-06T12:00	693
黄河	府谷	9 000	08-05T08:30	08-05T02:00~08-05T13:00	612
窟野河	温家川	3 190	08-05T11:00	08-05T03:00~08-05T20:00	737
孤山川	高石崖	2 880	08-05T20:00	08-04T20:00~08-05T22:00	717
秃尾河	高家川	427	08-05T22:07	08-05T18:00~08-05T23:00	1 090
蔚汾河	兴县	69.1	08-05T12:18	08-05T08:00~08-05T16:00	128
清凉寺	杨家坡	165	08-05T20:18	08-05T19:42~08-05T23:00	249
湫水河	林家坪	90.3	08-05T12:30	08-05T08:00~08-05T20:00	263

续表 9-9

流域名称	站名	洪峰流量 (m^3/s)	洪峰时间 (月-日 T 时:分)	洪峰时段 (月-日 T 时:分)	含沙量 (kg/m^3)
黄河	吴堡	9 000	08-05T20:00	08-05T15:00~08-08T02:00	191
无定河	白家川	499	08-06T01:48	08-06T00:00~08-07T02:00	381
清涧河	延川	315	08-06T03:24	08-06T02:00~08-06T06:00	393
延河	甘谷驿	870	08-06T07:18	08-05T14:00~08-07T12:00	666
三川河	后大城	237	08-05T14:48	08-05T12:30~08-06T00:00	448
昕水河	大宁	1 280	08-06T06:36	08-06T00:00~ 08-07T12:00	463
黄河	龙门	10 200	08-06T14:00	08-06T06:00~08-08T10:00	294
黄河	潼关	8 260	08-07T04:00		229

(三)泥沙

本次暴雨共产生泥沙 3.36 亿 t(见表 9-10),其中龙门以上和龙潼区间分别产沙 2.78 亿 t 和 0.58 亿 t,分别占总输沙量的 82.7%和 17.3%。在不考虑河道冲淤的情况下,陕西北片的皇甫川、窟野河和孤山川三条支流输沙 1.56 亿 t,占本次龙门输沙量的 56.1%,陕西南片的延水、晋西片的三川河和昕水河三条支流输沙 0.30 亿 t,占本次龙门输沙量的 8.93%。

表 9-10　主要干支流洪水水沙量统计

河名	站名	水量(亿 m^3)	沙量(亿 t)
皇甫川	皇甫	1.39	0.91
窟野河	温家川	1.05	0.41
孤山川	高石崖	0.44	0.24
延水	甘谷驿	0.25	0.14
三川河	后大成	0.26	0.10
昕水河	大宁	0.13	0.06
黄河干流	龙门	6.04	2.84
黄河干流	潼关	17.45	3.36

三、洪水泥沙原因分析

(1)本次洪水形成了黄河中游潼关站 1988 年的最大一次洪峰,最大洪峰流量为 8 260 m^3/s,产生洪水 17.45 亿 m^3,占潼关站 8 月径流量的 51.7%,占潼关年径流量的

5.63%;沙量 3.36 亿 t,占潼关站 8 月输沙量的 45.6%,占潼关年输沙量的 24.6%。

(2)本次降雨主要发生在河口镇至吴堡区间,面平均雨量最大的是皇甫川、孤山川和窟野河均在 20 mm 以上,孤山川接近 50 mm,特别是皇甫川接近 80 mm,最大点雨量新庙站超过 50 mm,奎洞不拉和武家沟降雨量达到了 100 mm 以上。

(3)本次降雨主要发生在黄河中游多沙粗沙区,是黄河泥沙的主要产沙区,短历时、高强度暴雨是形成此次洪水,特别是泥沙的主要原因。

四、1988 年前后年输沙量偏少原因分析

根据前面的分析,1988 年潼关大沙年的沙量主要来自龙门以上,而龙门的沙量主要来自主汛期的 7~8 月,为此绘制了潼关站和龙门站 1988 年 7~8 月的流量过程线(见图 9-7)。

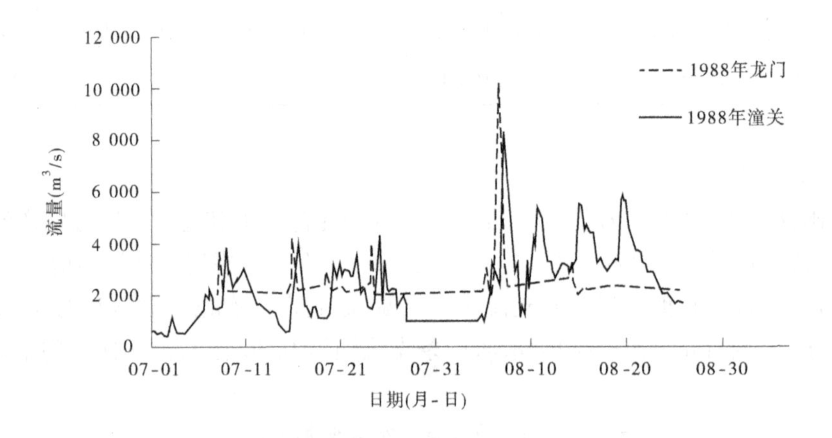

图 9-7 潼关站和龙门站 1988 年 7~8 月流量过程线

从 7~8 月和 6~9 月降雨量比较来看(见表 9-11),河龙区间和泾河张家山以上 1988 年降雨量明显多于 1987 年和 1989 年,这为 1988 年潼关站的大水大沙奠定了基础。

表 9-11 1987~1989 年龙门、潼关年输沙量与河龙区间及泾河张家山以上降雨量统计

年份	年输沙量(亿 t)		7~8 月输沙量(亿 t)		河龙区间(mm)		泾河张家山以上(mm)	
	潼关	龙门	潼关	龙门	7~8 月	6~9 月	7~8 月	6~9 月
1987	3.34	2.60	1.73	1.98	161.4	271.1	126.9	222.9
1988	13.6	9.10	11.41	7.80	319.1	428.8	305.6	428.5
1989	8.84	6.35	4.53	4.00	118.9	270.6	178.9	298.8

1988 年出现了大沙,在下垫面情况基本一样的 1987 年和 1989 年为何产沙不多呢?以 2 000 m³/s 的洪水为标准,统计了 1987 年、1988 年和 1989 年潼关和龙门的洪水就不难找出原因(见表 9-12)。

表 9-12　龙门站和潼关站 1987~1989 年洪峰流量大于 2 000 m^3/s 统计

项目	1987 年				1988 年				1989 年			
	潼关		龙门		潼关		龙门		潼关		龙门	
	洪峰 (m^3/s)	时间 (月-日 T时:分)	洪峰 (m^3/s)	时间 (月-日 T时:分)	洪峰 (m^3/s)	时间 (月-日 T时:分)	洪峰 (m^3/s)	时间 (月-日 T时:分)	洪峰 (m^3/s)	时间 (月-日 T时:分)	洪峰 (m^3/s)	时间 (月-日 T时:分)
	5 450	08-27T13:40	6 840	08-26T22:50	3 680	07-09T00:00	3 640	07-08T05:00	3 410	07-18T01:00	3 800	07-17T06:06
					3 840	07-16T12:30	4 230	07-15T22:00	7 280	07-23T16:00	7 690	07-22T14:00
					2 860	07-22T20:00	2 920	07-19T11:00	4 940	08-20T14:00	8 310	07-23T03:30
					4 330	07-25T02:00	4 000	07-24T06:00			5 580	07-24T01:30
					8 260	08-07T04:00	3 050	08-05T10:00			2 620	08-19T23:00
					5 360	08-10T18:47	10 200	08-06T14:00				
					5 500	08-15T04:00	3 340	08-14T08:00				
					5 710	08-19T12:00	2 190	08-25T09:50				
次数	1		1		8		8		3		5	

从龙门站和潼关站洪水发生次数来看，1987 年潼关站和龙门站均发生 1 次，1988 年潼关站和龙门站均发生 8 次，1989 年潼关站发生 3 次、龙门站发生 5 次，1988 年洪水发生次数多于 1987 年和 1989 年；再从龙门站和潼关站发生的最大洪峰流量来看，潼关站 1988 年最大洪峰流量的 8 260 m^3/s 均大于 1987 年和 1989 年最大洪峰流量的 5 450 m^3/s 和 7 280 m^3/s，龙门站 1988 年最大洪峰流量的 10 200 m^3/s，也均大于 1987 年和 1989 年最大洪峰流量的 6 840 m^3/s 和 8 310 m^3/s，故 1988 年潼关站和龙门站无论是洪水发生次数，还是发生洪峰的最大量级均大于 1987 年和 1989 年。因此，出现 1988 年潼关站的沙量大于 1987 年和 1989 年。

第三节　黄河中游“1992·8”暴雨洪水分析

一、泥沙来源组成分析

经统计，1992 年潼关总输沙量 9.96 亿 t，主要来自龙门和泾河的张家山以上，分别占总输沙量的 50.0%和 27.1%（见图 9-8）。

1992 年龙门站输沙量 6.31 亿 t，占潼关的 50.0%。龙门站泥沙主要来自 7~9 月的 7 次大洪水，分别为 7 月 25 日洪峰流量 1 680 m^3/s，7 月 27 日洪峰流量 2 450 m^3/s，7 月 29 日洪峰流量 3 360 m^3/s，8 月 4 日洪峰流量 2 910 m^3/s，8 月 6 日洪峰流量 3 350 m^3/s，8 月 9 日洪峰流量 7 740 m^3/s，8 月 29 日洪峰流量 3 390 m^3/s 和 9 月 1 日洪峰流量 2 600 m^3/s（见表 9-13、图 9-9）。7 次洪水累积输沙量为 4.01 亿 t，占龙门年输沙量的 63.5%。

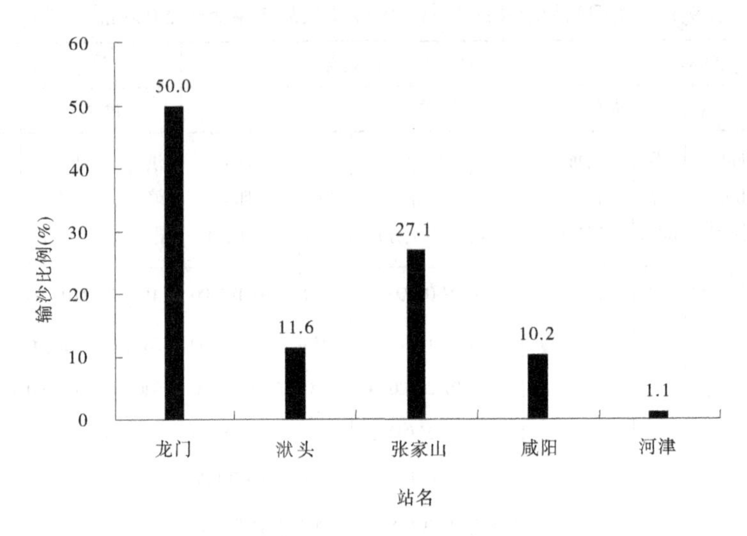

图 9-8　各区间输沙贡献率柱状图

表 9-13　龙门站 1992 年 7~9 月大洪水特征值统计

洪峰时间 (月-日 T 时:分)	洪峰流量 (m^3/s)	次洪量 (万 m^3)	次洪输沙量 (万 t)	沙峰 (kg/m^3)
07-27T09:50	2 450	11 143	1 302	94.2
07-29T14:30	3 360	16 894	5 178	362
08-04T12:24	2 910	24 120	7 290	375
08-06T02:20	3 350	6 672	3 601	205
08-09T09:48	7 740	45 107	13 336	400
08-29T11:06	3 390	12 017	4 338	254
09-01T00:12	2 600	17 014	5 016	273

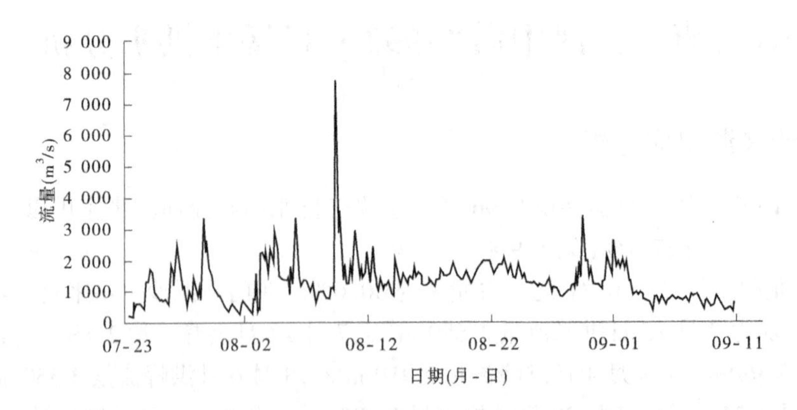

图 9-9　龙门站 1992 年 7~9 月流量过程线

二、典型洪水分析

从潼关水文站的洪水过程线来看,黄河中游 8 月 9~16 日发生了一次大的洪水过程(见图 9-10),其中,河龙区间出现一次大范围的降雨过程,黄河干流的府谷站、吴堡站以及皇甫川、窟野河、三川河、延水等大小支流站都出现了年最大流量。

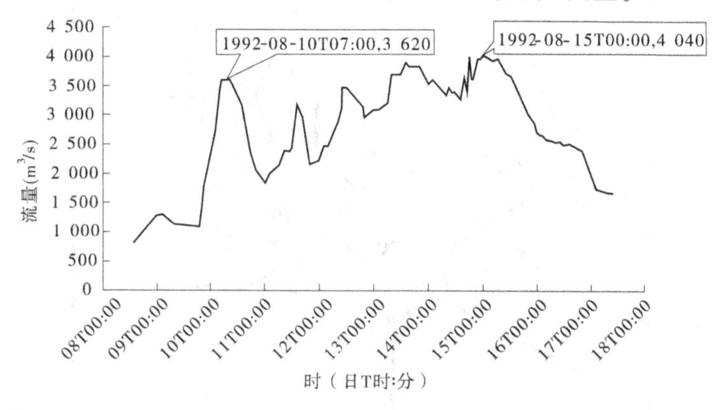

图 9-10　1992 年 8 月潼关站洪水流量过程线

(一)降雨

“1992·8”洪水主要由三次明显的降雨过程产生。

1992 年 8 月 7 日 22:00 至 8 日 8 日,在西起内蒙古伊克昭盟的杭锦旗,东至山西的河曲,北纬 39°~40°的范围内先后降暴雨。暴雨中心有两个:一个是内蒙古的东胜市,另一个是陕西神木县的中鸡。8 月 7 日 22:40 至 8 日 7:56,东胜市降雨量为 108 mm、中鸡降雨量为 97 mm(见图 9-11)。另外,陕西省境内的新庙站 6 min 降雨量 20 mm,1 h 降雨量 36 mm,4 h 降雨量 77 mm;王道恒塔 2 h 降雨量 65 mm。这两个站降雨强度之大,是有记录以来罕见的。

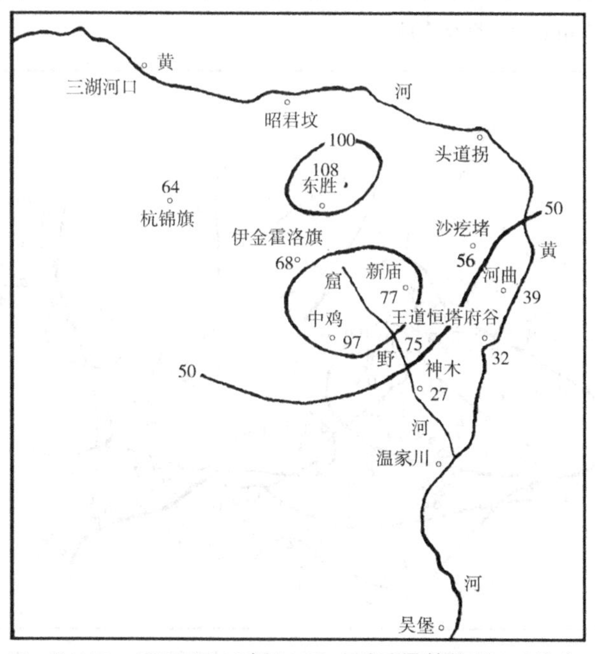

图 9-11　“1992·8”7 日 20 时至 8 日 8 时雨量等值线　(单位:mm)

8 月 9~10 日,雨区南移,陕西境内的延河、北洛河流域及泾河上游先后降暴雨,暴雨中心在北洛河上游的吴旗,降雨量为 78 mm(见图 9-12)。

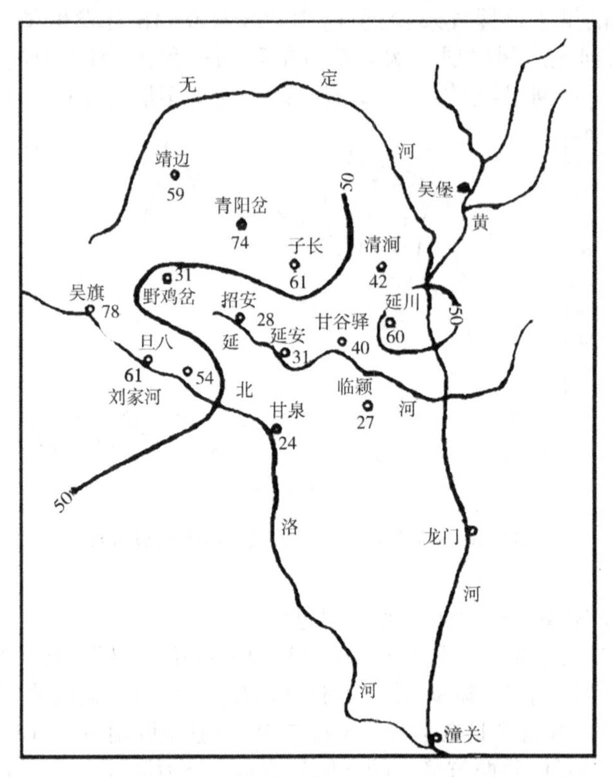

图 9-12　“1992·8”9 日 8 时至 10 日 8 时雨量等值线　（单位:mm)

8 月 11~13 日,雨区继续南移至泾河、渭河中游,暴雨中心景村站、黑峪口站降雨量分别为 133 mm 和 104 mm(见图 9-13)。

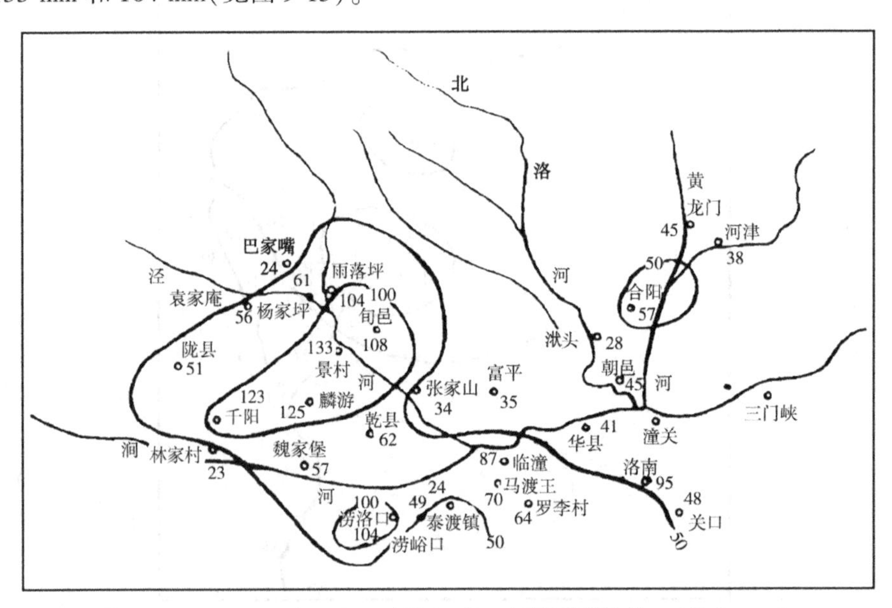

图 9-13　“1992·8”11 日 8 时至 13 日 8 时雨量等值线　（单位:mm)

(二)洪水情况

本次洪水由8月7~13日黄河中游地区连续降雨形成。由于这次降雨来势猛、强度大、历史短,且雨区移动与河水流向一致,使黄河北干流,支流北洛河、泾河、渭河相继发生大洪水或较大洪水;干支流洪水汇合后,又形成黄河下游干流局部河段的高水位洪水。

1. 北干流洪水

受北干流降雨影响,8月8日7~12时,黄河支流皇甫川、孤山川、窟野河和干流府谷站相继出现超警戒洪水,洪峰流量分别为:皇甫川河皇甫站8日07:00 4 700 m³/s;孤山川高石崖站8日09:00 3 100 m³/s;窟野河温家川站8日11:54 10 500 m³/s;干流府谷站8日10:30 9 200 m³/s干支流洪水汇合后,8日19:24吴堡站洪峰流量为9 440 m³/s的超警戒洪水;在吴龙区间基本无支流加水的情况下,9日09:48龙门站洪峰流量为7 740 m³/s;10日07:00潼关站洪峰流量削减到只有3 620 m³/s。

本次洪水过程北干流主要控制站的洪水特征值见表9-14。

表9-14　北干流洪水特征值统计

流域名称	站名	洪峰流量(m³/s)	洪峰时间(月-日T时:分)	洪峰时段(月-日T时:分)	含沙量(kg/m³)	本年最大洪峰(m³/s)
黄河	河口镇					
皇甫川	皇甫	4 700	08-08T07:00	08-08T06:12~08-11T20:00	1 080	
黄河	府谷	9 200	08-08T10:30	08-08T00:00~08-09T08:10	746	
窟野河	温家川	10 500	08-08T11:54	08-08T02:00~08-10T18:00	1 150	
孤山川	高石崖	3 010	08-08T09:00	08-08T04:00~08-10T20:00	391	
秃尾河	高家川	44.9	08-08T11:42	08-08T08:00~08-08T17:48	64.3	486
佳芦河	申家湾	17.1	08-08T15:12	08-08T15:00~08-09T16:00	55	630
朱家川	桥头	278	08-08T09:24	08-08T08:00~08-09T20:00	307	
蔚汾河	兴县	130	08-08T11:48	08-08T08:00~08-09T16:00	133	208
清凉寺	杨家坡	3	08-08T18:00	08-08T17:54~08-09T08:00	29.2	132
湫水河	林家坪	87.4	08-08T18:00	08-08T08:00~08-09T12:00	578	385
黄河	吴堡	9 440	08-08T19:24	08-08T12:00~08-10T08:00	275	
黄河	龙门	7 740	08-09T09:48	08-08T20:00~08-11T08:00	400	
黄河	潼关	3 620	08-10T07:00			

2. 北洛河洪水

受陕北降雨影响，北洛河干流湫头以上各水文站相继出现 1949 年以来少见的大洪水。10 日 08:00，吴起水文站洪峰流量 4 350 m^3/s，为该站建站以来最大洪峰流量(相当于 10 年一遇)；10 日 13:18，支流北洛河刘家河站出现洪峰流量 6 300 m^3(相当于 40 年一遇)，11 日 02:30，交口站洪峰流量 3 680 m^3/s(相当于 30 年一遇)，湫头站 11 日 11:36 洪峰流量 3 080 m^3(相当于 15 年一遇)，因湫头以下漫滩，12 日 16:00 洪峰流量明显减小，朝邑站仅为 975 m^3/s。

3. 泾河、渭河洪水

受 11 日 20:00 至 13 日 08:00 甘肃东部和关中西部的降雨影响，渭河干支流共 8 条河流洪水暴涨，渭河形成两次洪峰：第一次洪峰于 13 日 03:30 到达临潼水文站，流量为 3 500 m^3/s，相应水位超过警戒线；第二次洪峰于 12 日 17:30 在渭河上游形成，林家村水文站洪峰流量为 2 920 m^3/s；12 日 22:00，演进到魏家堡水文站，洪峰流量为 3 050 m^3/s；13 日 10:00，洪峰到达咸阳水文站，流量为 2 350 m^3/s。泾河张家山水文站 13 日 17:18 洪峰流量为 2 400 m^3/s，该洪水与渭河第二次洪峰汇合后，于 13 日 15:30 到达临潼水文站，形成 4 120 m^3/s 洪峰流量；14 日 02:00 流经华县水文站，洪峰流量为 3 950 m^3/s；以泾河、渭河洪水为主，与北干流及北洛河洪水汇合，组成了潼关水文站 15 日 00:00 洪峰流量 4 040 m^3/s 的洪水。

北洛河、泾河和渭河洪水特征值统计见表 9-15。

表 9-15　北洛河、泾河和渭河洪水特征值统计

流域名称	站名	洪峰流量(m^3/s)	洪峰时间(月-日 T 时:分)
北洛河	吴起	4 350	08-10T08:00
	刘家河	6 300	08-10T13:18
	交口	3 680	08-11T02:30
	湫头	3 080	08-11T11:36
渭河	林家村	2 920	08-12T17:30
	魏家堡	3 050	08-12T22:00
	咸阳	2 350	08-13T10:00
	临潼	3 500	08-13T03:30
		4 120	08-13T15:30
泾河	张家山	2 400	08-13T17:18
渭河	华县	3 950	08-14T02:00
黄河	潼关	4 040	08-15T00:00

（三）泥沙

本次洪水虽属中等洪水，但北洛河、渭河水流含沙量居历史较高水准，其中北洛河最大含沙量达到712 kg/m^3。

龙门、华县、洑头三站的输沙总量为5.31亿t，潼关站输沙量为2.79亿t，说明潼关以上小北干流淤积了2.52亿t泥沙。其中，龙门以上的泥沙主要来自皇甫川、窟野河和延水三条支流。

黄河“1992·8”洪水特征值统计见表9-16。

表9-16　黄河“1992·8”洪水特征值统计

站名	最大流量（m^3/s）	出现时间（日T时:分）	最大含沙量（kg/m^3）	出现时间（日T时:分）	水量（亿m^3）	沙量（亿t）	开始时间（日T时:分）	结束时间（日T时:分）
皇甫	4 700	08T07:00	1 080	08T07:00	0.51	0.28	08T06:00	08T07:00
温家川	10 500	08T11:00	1 150	08T11:36	1.15	0.84	08T11:00	09T04:00
高石崖	3 010	08T10:00	430	08T10:24	0.20	0.07	08T08:00	09T12:00
甘谷驿	1 360	10T17:00	742	10T17:30	0.44	0.25	10T06:00	11T15:00
龙门	7 740	09T09:00	400	11T04:00	4.51	1.33	08T08:00	17T08:00
华县	3 950		509	12T20:00	9.20	2.94	08T20:00	17T20:00
洑头	3 080		712	11T20:00	2.03	1.04	08T08:00	17T08:00
潼关	3 620	10T07:00	379	14T10:18	20.56	2.79	09T02:00	18T02:00
	4 040	15T00:00						

三、洪水泥沙原因分析

（1）本次洪水属于中等洪水，潼关站最大洪峰流量仅4 020 m^3/s，产生洪水20.56亿m^3，分别占潼关站8月和年径流量的36.7%和7.89%，占潼关站8月和年输沙量的52.0%和28.0%。所以，本次洪水的产沙比例大于产流比例。

（2）本次降雨由北向南逐渐演变，北部主要降在陕西北部的窟野河和皇甫川一带，大部分区域被强暴雨所笼罩，该区遇到暴雨利于产生泥沙，如：皇甫川皇甫站产生泥沙0.28亿t，窟野河温家川站产生泥沙0.83亿t，占到龙门来沙量的81.2%；随着时间的推移，暴雨中心转移到北洛河的吴起一带，降雨量达到暴雨级别，该区位于黄河中游多沙粗沙区，遇到暴雨，极易产生洪水泥沙，到8月11~13日，暴雨中心出现在泾河的景村和渭河中游的黑峪口一带，暴雨量达到100 mm以上，最高的达到了133 mm的大暴雨。据统计咸阳站8月来沙量达到0.79亿t，张家山站本次洪水来沙量在1.11亿t以上。

(3)从本次的洪水来看,暴雨落区在多沙粗沙区、暴雨强度较大是产生本次大沙的主要原因。

四、1992 年前后年输沙量偏少原因分析

根据前面的分析,1988 年潼关大沙年的沙量主要来自龙门以上,而龙门的沙量主要来自主汛期的 7~8 月,为此绘制了潼关站和龙门站 1988 年 7~8 月流量过程线(见图 9-14)。

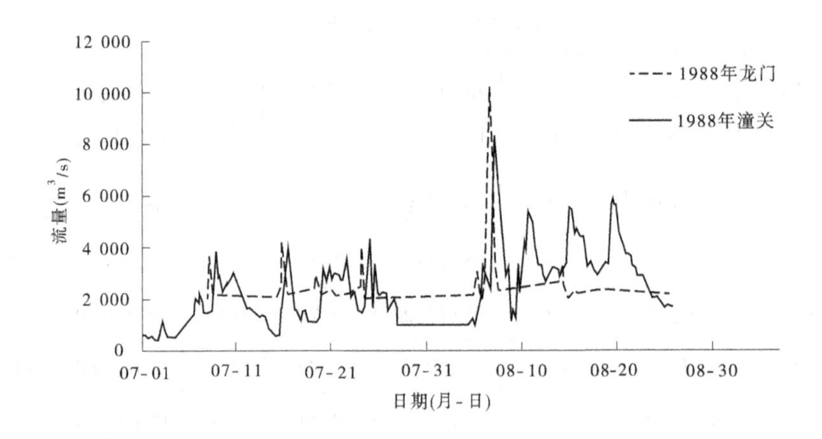

图 9-14 潼关站和龙门站 1988 年 7~8 月流量过程线

从 7~8 月和 6~9 月降雨量比较来看(见表 9-17),河龙区间和泾河张家山以上 1992 年降雨量明显多于 1991 年和 1993 年,为 1992 年潼关站的大水大沙奠定了基础。

表 9-17 1991~1993 年龙门站、潼关站年输沙量与河龙区间及泾河张家山以上降雨量统计

年份	年输沙量(亿 t)		7~8 月输沙量(亿 t)		河龙区间(mm)		泾河张家山以上(mm)	
	潼关站	龙门站	潼关站	龙门站	7~8 月	6~9 月	7~8 月	6~9 月
1991	6.22	3.90	1.39	1.65	84.1	188.7	79.8	199.7
1992	9.96	6.31	6.27	4.74	261.3	352.3	252.1	395.7
1993	5.87	3.48	3.29	2.39	202.1	260.1	223.1	308.6

1992 年出现了大沙,在下垫面情况基本一样的 1991 年和 1993 年为何产沙不多呢?以 2 000 m^3/s 的洪水为标准,统计了 1991 年 、1992 年和 1993 年潼关站和龙门站的洪水就不难找出原因(见表 9-18)。

表 9-18　龙门站和潼关站 1991～1993 年洪峰流量大于 2 000 m^3/s 统计

项目	1991年				1992年				1993年			
	潼关站		龙门站		潼关站		龙门站		潼关站		龙门站	
	洪峰(m^3/s)	时间(月-日T时:分)	洪峰(m^3/s)	时间(月-日T时:分)	洪峰(m^3/s)	时间(月-日T时:分)	洪峰(m^3/s)	时间(月-日T时:分)	洪峰(m^3/s)	时间(月-日T时:分)	洪峰(m^3/s)	时间(月-日T时:分)
	3 040	07-23T7:00	4 430	07-22T11:12	2 140	07-28T08:00	2 450	07-27T09:50	2 900	07-24T00:00	2 100	08-01T16:30
	3 270	07-29T06:00	4 590	07-28T08:00	3 110	07-30T12:00	3 360	07-29T14:30	2 100	07-28T00:00	4 600	08-04T12:30
					2 600	08-05T06:00	2 910	08-04T12:24	2 470	08-02T17:45	2 880	08-21T17:24
					2 590	08-06T18:00	3 350	08-06T02:20	4 010	08-05T14:16		
					3 620	08-10T07:00	7 740	08-09T09:48	4 440	08-06T5:36		
					3 170	08-11T14:30	2 900	08-10T23:30	2 800	08-22T18:25		
					3 470	08-12T10:30	2 050	08-23T00:00				
					3 910	08-13T14:23						
					4 040	08-15T00:00						
					2 930	08-22T14:00						
					3 110	08-31T23:40						
次数	2		2		11		7		6		3	2

从龙门站和潼关站洪水发生次数来看，1991 年潼关站和龙门站均发生 2 次，1992 年潼关站发生 11 次、龙门站发生 7 次，1993 年潼关站发生 6 次、龙门站发生 3 次，1992 年洪水发生次数多于 1991 年和 1993 年；再从龙门站和潼关站发生的最大洪峰流量来看，潼关站 1992 年最大洪峰流量的 4 040 m^3/s 大于 1993 年最大洪峰流量的 3 270 m^3/s，但由于龙潼区间坦化严重，1992 年最大洪峰流量的 4 040 m^3/s 略小于 1993 年最大洪峰流量的 4 440 m^3/s，龙门站 1992 年最大洪峰流量 7 740 m^3/s 均大于 1991 年和 1993 年最大洪峰流量 4 590 m^3/s 和 4 600 m^3/s，总的来看，1992 年潼关站和龙门站无论是洪水发生次数，还是发生洪峰的最大量级均大于 1991 年和 1993 年。因此，出现 1992 年潼关站的沙量大于 1991 年和 1993 年。

第四节　黄河中游“1994·8”暴雨洪水分析

一、泥沙来源组成分析

1994 年潼关总输沙量为 12.4 亿 t，主要是来自龙门、泾河的张家山和北洛河的洑头以上，分别占总输沙量的 56.6%、23.3%和 17.5%(见图 9-15)。

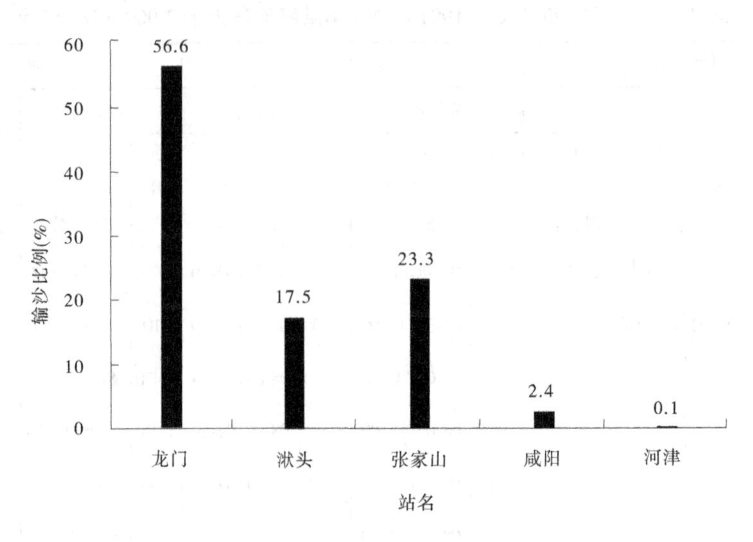

图 9-15 各片区输沙贡献率柱状图

1994 年龙门站输沙量 8.51 亿 t,占潼关的 56.6%。龙门泥沙主要来自 7~9 月的 8 次大洪水,分别为 7 月 8 日洪峰流量 4 780 m³/s,7 月 24 日洪峰流量 2 600 m³/s,8 月 5 日洪峰流量 10 600 m³/s,8 月 9 日洪峰流量 2 600 m³/s,8 月 11 日洪峰流量 5 460 m³/s,8 月 13 日洪峰流量 3 340 m³/s,8 月 14 日洪峰流量 4 340 m³/s 和 9 月 1 日洪峰流量 4 020 m³/s (见表 9-19、图 9-16)。8 次洪水累积输沙量为 6.85 亿 t,占龙门年输沙量的 80.5%。

表 9-19 龙门站 1994 年 7~9 月大洪水特征值统计

洪峰时间 (月-日 T 时:分)	洪峰流量 (m³/s)	次洪量 (万 m³)	次洪输沙量 (万 t)	沙峰 (kg/m³)
07-08T12:30	4 780	24 363	4 132	174
07-24T08:00	2 600	18 429	4 498	301
08-05T11:36	10 600	85 742	30 322	401
08-09T12:30	2 600	7 758	1 864	103
08-11T06:12	5 460	18 463	8 230	378
08-13T00:00	3 340	6 079	2 306	143
08-14T04:00	4 340	24 792	11 295	109
09-01T01:30	4 020	25 848	5 841	316

二、典型洪水分析

1994 年 8 月 3~6 日,河龙区间普降大到暴雨,局部大暴雨。暴雨中心主要分布在陕西境内的皇甫川、窟野河、无定河、三川河、清涧河和屈产河一带(见图 9-17),区间各条支流普遍涨水。这次降雨形成吴堡站 5 日 00:30 分和 12:30 分时的 6 230 m³/s 和 6 310 m³/s 两个洪峰,相应地龙门站于 5 日 11:36 和 6 日 0:00 出现的两个洪峰为 10 600 m³/s 和 8 840 m³/s;6 日 17:18 潼关站洪峰流量为 7 360 m³/s,最大含沙量 273 kg/m³,次洪量

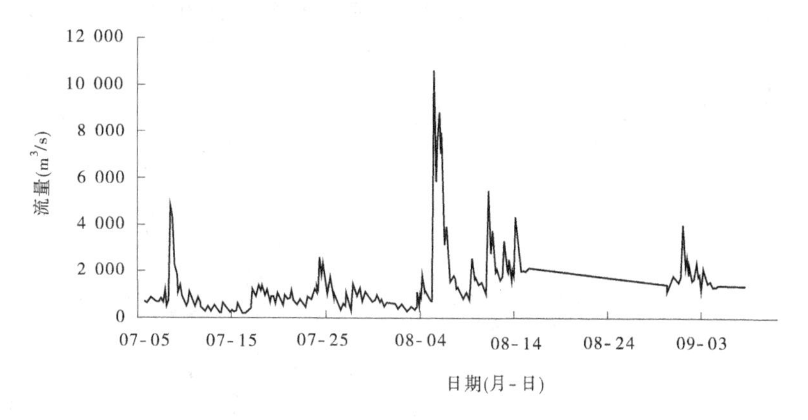

图 9-16　龙门站 1994 年 7~9 月流量过程线

10.66 亿 m^3、次洪沙量 2.00 亿 t。

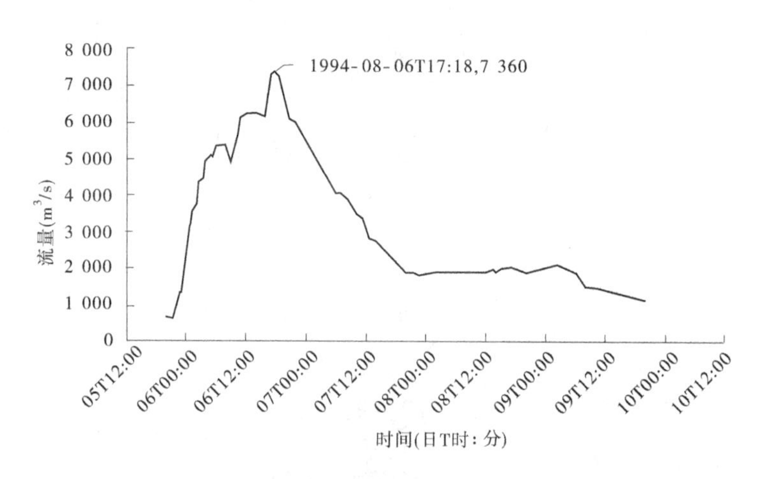

图 9-17　1994 年 8 月潼关站洪水流量过程线

(一)降雨

1994 年河龙区间春旱夏涝,进入主汛期后,亚欧 500 hPa 环流场为一槽一脊型,乌山东部与巴湖之间为稳定低槽区,锋区不断有小股冷空气南下,加之西太平洋副高偏强,脊线偏北,冷暖空气在黄河中游北部地区交绥频繁,多次形成该地区的强降雨过程,7 月下旬至 8 月底,全区共有 4~7 场区域性大—暴雨过程,降雨量与历年同期相比偏多 5~6 成,其降雨场次之多,降雨量和强度之大是历史上少有的(30~60 年一遇),其中 8 月 3~5 日的降雨过程形成了吴堡和龙门的较大洪水过程。这次降雨过程具有以下特点:这次降雨过程,在时间上可划分为三个主降雨历时,在暴雨落区上可分为三个地区,总的降雨时程是从北向南:①主降雨历时在 3 日 20 时至 4 日 18 时,暴雨区在皇甫川和窟野河一带,这场降雨形成皇甫、高石崖、温家川等站的洪峰,以上洪水加上干流来水合成吴堡站的第一次洪峰;②主降雨历时在 4 日 18 时至 5 日 2 时,暴雨区主要在无定河中下游、清涧河和三川河下游一带,这场降雨形成白家川、延川和后大成等站的洪峰,这些支流洪峰与吴堡第一次洪峰会合成龙门的第一次洪水。

“1994 · 8”8 月 3~5 日黄河龙门洪水对应暴雨等值线见图 9-18。

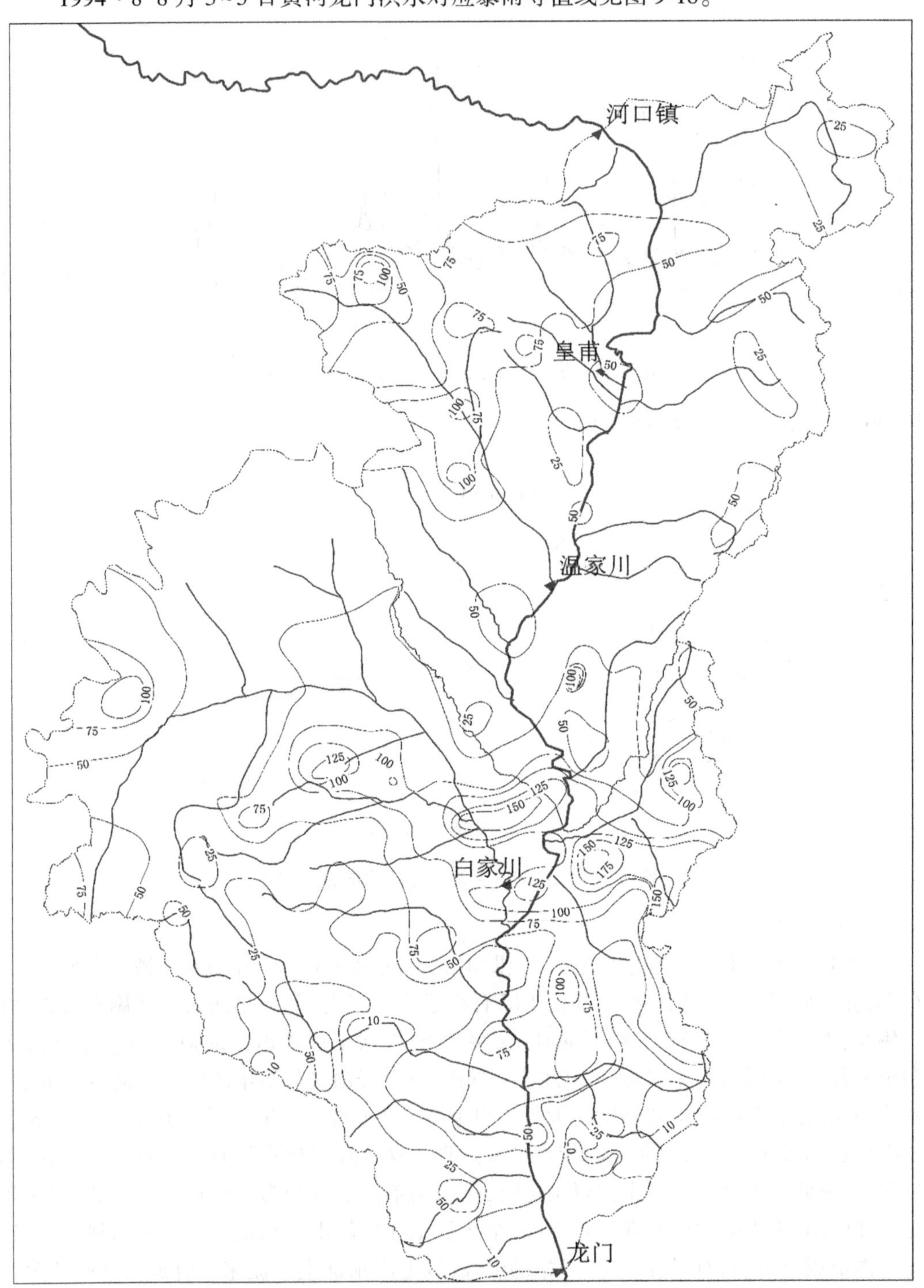

图 9-18 “1994 · 8”8 月 3~5 日黄河龙门洪水对应暴雨等值线

该次降水窟野河流域面平均雨量为 58.6 mm，最大降水量孙家岔站为 104.2 mm；无定河流域面平均雨量为 55.5 mm，最大降水量义合站为 171.0 mm；三川河流域面平均雨量为 89.9 mm，最大降水量关上站为 163.9 mm。降水情况统计见表 9-20。

表 9-20 河口镇—龙门区间主要支流降水统计

区段	河名	洪峰流量 (m^3/s)	沙峰 (kg/m^3)	面平均雨量 (mm)	最大降水量	
					站名	降水量(mm)
河口镇—吴堡	皇甫川	1 320	621	54.0	海子塔	76.2
	红河			28.3		
	偏关河			40.2		
	窟野河	6 060	1 020	58.6	孙家岔	104.2
	孤山川	310	502	39.4	高石崖	38.2
	秃尾河	75.1	121	42.6	高家川	64.6
	佳芦河			37.5		
	朱家川			38.0		
	蔚汾河			37.5		
	清凉寺沟			71.3		
	湫水河			51.0		
吴堡—龙门	无定河	3 220	538	55.5	义合	171.0
	清涧河	1 010	490	35.3	贾家坪	80.7
	延水			30.7		
	汾川河			33.7		
	仕望川			32.1		
	三川河	713	444	89.9	关上	163.9
	屈产河	820	473	75.2	裴沟	118.6
	昕水河			41.6		
	州川河			10.6		

河口镇—吴堡区间面平均雨量为 44.8 mm，降水量≥10 mm、≥25 mm、≥50 mm 和≥100 mm 的暴雨笼罩面积分别为 4.8 万 km^2、4.5 万 km^2、1.4 万 km^2 和 0.08 万 km^2；吴堡—龙门区间面平均雨量为 50.2 mm，降水量≥10 mm、≥25 mm、≥50 mm 和≥100 mm 的暴雨笼罩面积分别为 6.1 万 km^2、5.2 万 km^2、2.6 万 km^2 和 0.4 万 km^2。统计整个河口镇—龙门区间，面平均雨量为 47.9 mm，降水量≥10 mm、≥25 mm、≥50 mm 和≥100 mm 的暴雨笼罩面积分别为 10.9 万 km^2、9.6 万 km^2、4.0 万 km^2 和 0.5 万 km^2。河口镇—龙门区间暴雨笼罩面积统计见表 9-21。

表 9-21　河口镇—龙门区间暴雨笼罩面积统计

区间	面平均雨量(mm)	暴雨笼罩面积(km^2)			
		≥100 mm	≥50 mm	≥25 mm	≥10 mm
河口镇—吴堡	44.8	768	13 691	44 618	48 087
吴堡—龙门	50.2	4 431	25 987	51 520	61 034
河口镇—龙门	47.9	5 199	39 677	96 137	109 121

(二)洪水情况

由于该次降雨过程导致河口镇—龙门区间部分支流涨水,河口镇—潼关区间洪水情况统计见表 9-22。从表中看出,8 月 3~6 日的降雨,使北干流大部分的支流相继涨水,如皇甫川皇甫站 4 日 5 时洪峰流量为 1 320 m^3/s,清水川清水站 4 日 8 时洪峰流量 515 m^3/s,窟野河温家川站 4 日 18:06 分洪峰流量 6 080 m^3/s,清涧河延川站 5 日 02:36 分洪峰流量 1 010 m^3/s,无定河白家川站 5 日 4 时洪峰流量 3 220 m^3/s,佳芦河申家湾站 5 日 07:30 分洪峰流量 1 300 m^3/s,三川河后大成站 5 日 12 时洪峰流量 899 m^3/s。

由于降雨时空分布不均,使各支流出现连续洪峰,如皇甫川在 16 h 内出现 2 个洪峰,窟野河 24 h 内有 4 个洪峰,无定河 24 h 内有 2 个洪峰,三川河 36 h 内有 4 个洪峰。这些洪峰汇流到黄河干流形成吴堡站 5 日 00:30 分 6 230 m^3/s 和 12:30 分 6 310 m^3/s 的两个洪峰,相应的龙门站形成 5 日 11:36 分洪峰流量 10 600 m^3/s 和 6 日 0 时洪峰流量 8 840 m^3/s 的两个洪峰。现将北干流分成三个河段,将洪水组合的情况分析如下。

1. 河曲—府谷河段

府谷站 4 日 11:06 分出现流量为 5 290 m^3/s 的第一个洪峰,此洪峰主要由天桥水库泄水(Q>4 000 m^3/s,调查值)以及第一次降雨过程形成。具体来说,是由干流河曲站 1 400 m^3/s 和支流皇甫川 1 320 m^3/s、清水川 515 m^3/s 以及县川河 100 m^3/s(调查值)、无控制区 400 m^3/s 等流量合成。

府谷 5 日 10 时又出现流量为 1 360 m^3/s 的第二次洪峰,此洪峰由黄河干流的基流和皇甫川 4 日 21:42 分洪峰流量为 615 m^3/s、清水川 4 日 21 时洪峰流量 505 m^3/s 的第二次洪峰合成。

府谷 4 d 洪水总量约 4.71 亿 m^3,上游干支流水量约 4.27 亿 m^3,水量基本平衡。

2. 府谷—吴堡河段

吴堡站 5 日 00:30 分出现第一次洪峰为 6 230 m^3/s,此洪峰主要由府谷 4 日 11:06 分 5 290 m^3/s 洪峰和温家川 4 日 18:06 分 6 080 m^3/s 洪峰组成。4 日 21~23 时,在第二时程暴雨区范围内,沿黄各小支沟相继山洪暴发,形成的洪峰流量小的为 200~300 m^3/s,大的有 900~1 000 m^3/s,这些无控制区的小沟洪水沿程汇入黄河,刚好抵消了干流洪峰沿程削减,所以吴堡的洪峰流量没有增加多少,只是峰型变宽了。

吴堡站 5 日 12:30 分第二洪峰流量为 6 310 m^3/s,此洪峰由府谷站、孤山川、窟野河、秃尾河、佳芦河、湫水河等支流洪峰汇合而成,其中还包括 5 日 5~9 时在佳芦河以下无控制区小支沟的山洪(约 1 000 m^3/s),以上这些干支流洪峰,虽然流量不大,但基本上能叠加在一起,故形成吴堡的第二个峰值大于第一个峰值。

吴堡这次洪水的最大含沙量为 235 kg/m^3(5 日 15 时),4 d 水量约 6.32 亿 m^3,输沙量约 0.83 亿 t,比府谷站增加水量 1.61 亿 m^3、增加输沙量 0.63 亿 t,府谷到吴堡两个对应洪峰的传播时间 10~11 h。

3. 吴堡—龙门河段

龙门站 5 日 11:36 分第一次洪峰流量为 10 600 m^3/s,此洪峰由吴堡第一个洪峰和由第二降雨时程形成的无定河白家川站 5 日 4 时洪峰流量 3 220 m^3/s、清涧河延川站 5 日 02:36 分洪峰流量 1 010 m^3/s 等洪峰组成,其中还包括 5 日 8~10 时在吴堡以下无控区间小支沟的山洪汇入,这些支沟洪水刚好叠加在龙门的峰前,造成龙门洪峰起涨很陡的形势(见表 9-22)。

表 9-22 “1994 · 8”洪水北干流洪峰组成统计

支流名称	站名	洪峰流量(m^3/s)	洪峰时间(月-日 T 时:分)	洪峰时段(月-日 T 时:分)	含沙量(kg/m^3)
	河口镇				
皇甫川	皇甫	1 320	08-04T05:00	08-03T20:00~08-05T11:00	621
		615	08-04T21:42		
清水川	清水	515	08-04T08:00		
	府谷	5 290	08-04T11:06	08-04T09:24~08-05T14:00	127
窟野河	温家川	6 080	08-04T18:06	08-04T04:00~08-08T10:00	1 020
		1 290	08-05T02:12		
孤山川	高石崖	310	08-04T08:36	08-04T08:00~08-04T20:00	502
		743	08-05T00:42		
秃尾河	高家川	75.1	08-04T08:51	08-04T08:00~08-05T00:00	121
佳芦河	申家湾	1 300	08-05T07:30		
	吴堡	6 230	08-05T00:30	08-04T06:00~08-06T09:24	141
		6 310	08-05T12:30		
无定河	白家川	3 220	08-05T04:00	08-04T20:00~08-05T10:00	538
		2 110	08-05T16:00		
清涧河	延川	1 010	08-05T02:36	08-04T20:00~08-06T04:00	490
延水	甘谷驿	296	08-00T00:00		
三川河	后大成	713	08-05T04:24	08-04T20:00~08-05T08:00	444
		899	08-05T12:00		
屈产河	裴沟	820	08-05T02:48	08-05T00:00~08-05T09:00	473
	龙门	10 600	08-05T11:36	08-05T04:00~08-08T16:00	143
		8 840	08-06T00:00		
黄河干流	潼关	7 360	08-06T17:18		273

6 日 0 时龙门第二个洪峰流量为 8 840 m^3/s，此洪峰由吴堡 5 日 12:30 分第二个洪峰流量 6 310 m^3/s，以及第三个降雨时程形成的三川河后大成站洪峰流量 5 日 12 时 899 m^3/s、无定河白家川站洪峰流量 2 110 m^3/s 等洪水组成。

龙门站前、后两个洪峰在小北干流河道演进过程中，后峰赶上前峰，到潼关站合成为一个峰，即 6 日 17:18 的 7 360 m^3/s 的洪峰。

该洪水来源于山陕区间和泾河、北洛河的上中游。属多沙粗沙区，但前期干旱、河道干涸、洪水含沙量大，因而水库、河道淤积明显。

另外，山陕区间共有 15 条有水文测站控制的较大支流涨水，一些无测站控制的直接入黄的小支流、小沟汊也无一不涨水。一场暴雨洪水覆盖面如此之广，这在以往的水文记载中是十分罕见的。

（三）泥沙

本次发生的洪水主要来自龙门以上，其中府谷以上区间的次洪量和次沙量分别为 4.71 亿 m^3 和 0.20 亿 t，占本次潼关水量和沙量的 44.2% 和 10.0%；府吴区间次洪量和次沙量分别为 1.61 亿 m^3 和 0.63 亿 t，占本次潼关水量和沙量的 15.1% 和 31.5%；吴龙区间次洪量和次沙量分别为 2.25 亿 m^3 和 2.20 亿 t，占本次潼关水量和沙量的 21.1% 和 110.0%。说明本次的水量主要来自河吴区间和吴龙区间，来水量占本次水量的 80.4%，沙量主要来自吴龙区间，区间的产沙量较潼关的来沙量还大 11.0%。

三、洪水泥沙原因分析

（1）本次洪水属于大洪水，龙门站最大洪峰流量为 10 600 m^3/s，经过沿途坦化，潼关站最大洪峰流量削减到 7 360 m^3/s，产生洪水 10.66 亿 m^3（见表 9-23），分别占潼关站 8 月、年径流量的 21.2% 和 3.6%，占潼关站 8 月、年输沙量的 38.5% 和 16.1%。所以，本次洪水的产沙比例大于产流比例。

表 9-23　黄河“1994 · 8”水沙量统计

站名	最大流量（m^3/s）	出现时间（日 T 时:分）	最大含沙量（kg/m^3）	出现时间（日 T 时:分）	水量（亿 m^3）	沙量（亿 t）	开始时间（日 T 时:分）	结束时间（日 T 时:分）
府谷					4.71	0.20		
温家川	6 060	05T04:00	1 020	05T20:00	1.72	0.67	04T05:00	05T20:00
申家湾	1 130	05T07:00	547	05T09:00	0.10	0.05	05T06:00	05T17:00
吴堡					6.32	0.83		
白家川	3 220	05T04:00	567	05T04:00	1.72	0.83	04T23:00	07T11:00
后大成	1 680	06T03:00	499	06T04:00	0.53	0.20	05T20:00	06T04:00
大宁	625	06T00:00	417	06T00:30	0.18	0.05	05T20:00	07T08:00
龙门	10 600				8.57	3.03		
华县					0.88	0.71		
潼关	7 360				10.66	2.00		

（2）本次降雨主要发生在河吴区间的窟野河、皇甫川、孤山川和秃尾河一带，吴龙区间的

无定河、清涧河、三川河和屈产河一带,暴雨中心点雨量窟野河的孙家岔达104.2 mm,无定河的义合站达171.0 mm,三川河的关上也达163.9 mm,高强度的暴雨是本次产生泥沙的主要原因。

(3)从本次的洪水来看,黄河中游的暴雨洪水具有突发性强、降雨强度大,分布不均匀、洪水汇流快以及峰高量小、含沙量大等特点,发生在多沙粗沙区的暴雨,极易产生大的洪水泥沙。

四、1994年前后年输沙量偏少原因分析

根据前面的分析,1994年潼关大沙年的沙量主要来自龙门以上,而龙门的沙量主要来自主汛期的7~8月,为此绘制了潼关站和龙门站1994年7~8月的流量过程线(见图9-19)。

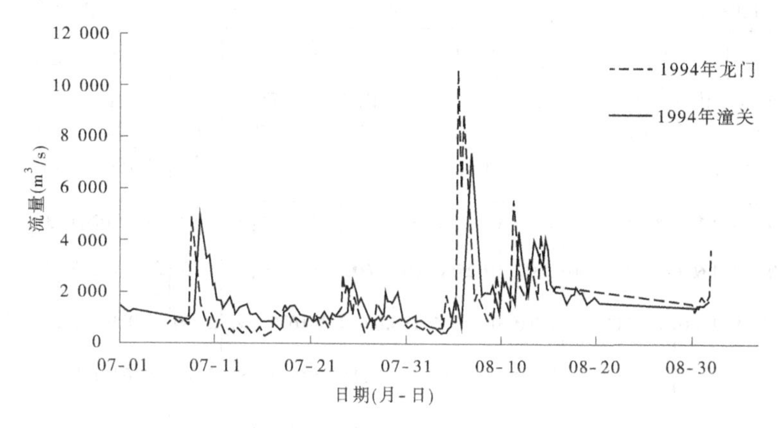

图9-19　潼关站和龙门站1994年7~8月流量过程线

从年降雨量比较来看(见表9-24),河龙区间和泾河张家山以上1994年降雨量均多于1993年和1995年,从6~9月降雨量比较来看,河龙区间1994年降雨量多于1993年,少于1995年,泾河张家山以上1994年降雨量均少于1993年和1995年;从7~8月降雨量比较来看,河龙区间1994年降雨量多于1993年和1995年,泾河张家山以上1994年降雨量均少于1993年和1995年,说明河龙区间的6~9月和7~8月降雨量较大,而泾河张家山以上年降雨量较大,但6~9月和7~8月较小,出现为了非汛期雨量较大的情况(1994年4月和10月降雨量达到了70.7 mm和65.5 mm)。

表9-24　1993~1995年龙门站、潼关站年输沙量与河龙区间及泾河张家山以上降雨量统计

年份	年输沙量(亿t)		7~8月输沙量(亿t)		降雨量(mm)			
					河龙区间		泾河张家山以上	
	潼关站	龙门站	潼关站	龙门站	7~8月	6~9月	7~8月	6~9月
1993	5.87	3.48	3.29	2.39	202.1	260.1	223.1	308.6
1994	12.4	8.51	8.10	6.80	255.4	336.7	119.5	270.3
1995	8.52	6.99	4.15	3.87	252.2	362.9	247.5	304.3

1994年出现了大沙,在下垫面情况基本一样的1993年和1995年为何产沙不多呢?以2 000 m³/s的洪水为标准,统计了1993年、1994年和1995年潼关和龙门的洪水就不难找出原因(见表9-25)。

从龙门站和潼关站洪水发生次数来看,1993年潼关站发生6次、龙门站发生3次,

1994年潼关站发生7次、龙门站发生8次,1995年潼关站和龙门站均发生4次,1994年洪水发生次数多于1993年和1995年;再从龙门站和潼关站发生的最大洪峰流量来看,潼关站1994年最大洪峰流量的7 360 m³/s均大于1993年和1995年最大洪峰流量的4 600 m³/s和4 160 m³/s,龙门站1994年最大洪峰流量的10 600 m³/s均大于1993年和1995年最大洪峰流量的4 600 m³/s和7 860 m³/s。总的来看,1994年潼关和龙门无论是洪水发生次数,还是发生洪峰的最大量级均大于1993年和1995年。因此,出现1994年潼关的沙量大于1993年和1995年。

表9-25　龙门站和潼关站1993~1995年洪峰流量大于2 000m³/s统计

项目	1993年				1994年				1995年			
	潼关站		龙门站		潼关站		龙门站		潼关站		龙门站	
	洪峰(m³/s)	时间(月-日T时:分)	洪峰(m³/s)	时间(月-日T时:分)	洪峰(m³/s)	时间(月-日T时:分)	洪峰(m³/s)	时间(月-日T时:分)	洪峰(m³/s)	时间(月-日T时:分)	洪峰(m³/s)	时间(月-日T时:分)
	2 900	07-24T00:00	2 100	08-01T16:30	4 890	07-09T07:43	4 780	07-08T12:30	3 190	07-19T02:30	3 880	07-18T09:30
	2 100	07-28T00:00	4 600	08-04T12:30	2 350	07-25T10:00	2 600	07-24T08:00	4 160	07-31T06:00	7 860	07-30T09:54
	2 470	08-02T17:45	2 880	08-21T17:24	7 360	08-06T17:18	10 600	08-05T11:36	2 230	08-03T08:00	2 040	08-02T05:54
	4 010	08-05T14:16			2 550	08-10T02:30	2 600	08-09T12:30	3 980	08-07T01:10	4 540	08-06T02:12
	4 440	08-06T05:36			4 310	08-11T21:00	5 460	08-11T06:12				
	2 800	08-22T18:25			3 950	08-13T14:00	3 340	08-13T00:00				
					3 990	08-14T17:00	4 340	08-14T04:00				
							3 550	08-31T23:00				
次数	6		3		7		8		4		4	

第五节　黄河中游"1996·8"暴雨洪水分析

一、泥沙来源组成分析

1996年潼关站来沙量11.4亿t,泥沙主要是来自河龙区间和泾河,分别占总输沙量的58.4%和33.2%(见图9-20)。

1996年龙门站输沙量7.33亿t,占潼关的58.4%。龙门泥沙主要来自7月、8月的6次大洪水,分别为7月16日洪峰流量2 260 m³/s,7月21日洪峰流量2 100 m³/s,7月25日洪峰流量2 530 m³/s,8月1日洪峰流量4 580 m³/s,8月10日洪峰流量11 100 m³/s和8月25日洪峰流量2 710 m³/s(见表9-26、图9-21)。6次洪水累积输沙量为3.69亿t,占龙门年输沙量的50.3%。

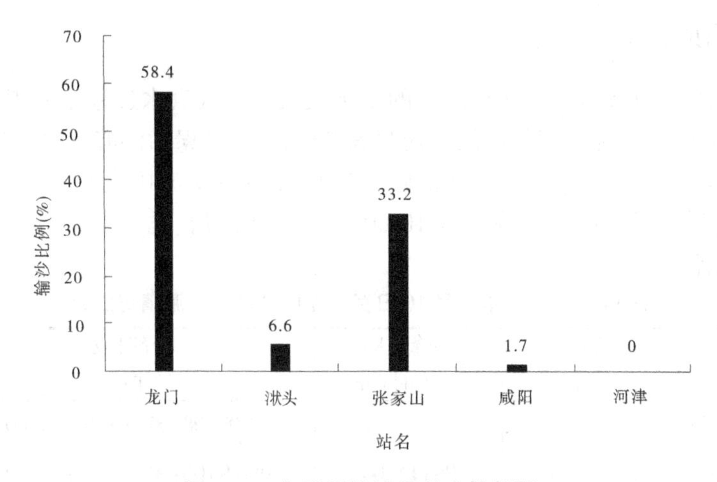

图 9-20　各区间输沙贡献率柱状图

表 9-26　龙门站 1996 年 7~8 月大洪水特征值统计

洪峰时间 (月-日 T时:分)	洪峰流量 (m^3/s)	次洪量 (万 m^3)	次洪输沙量 (万 t)	沙峰 (kg/m^3)
07-16T01:48	2 260	21 178	6 128	467
07-21T17:30	2 100	17 189	1 596	129
07-25T06:00	2 530	24 113	1 570	103
08-01T16:48	4 580	45 483	10 605	468
08-10T13:00	11 100	70 144	15 563	390
08-25T16:06	2 710	37 220	1 471	49.9

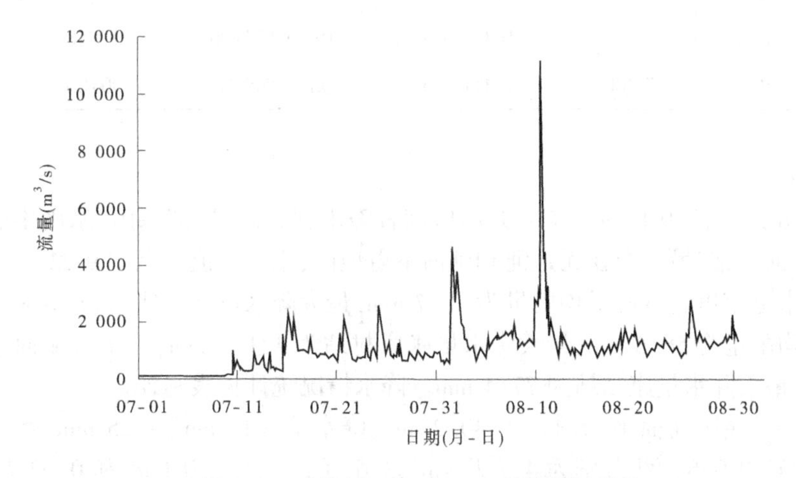

图 9-21　龙门站 1996 年 7~8 月流量过程线

二、典型洪水分析

龙门 6 次洪水中,以 8 月 10 日洪水的量级最大。本次洪水过程主要来源于河口镇—龙门区间,其中黄河干流的府谷站洪峰流量 5 570 m^3/s、吴堡站洪峰流量 9 700 m^3/s、龙门站洪峰流量 11 100 m^3/s、潼关站洪峰流量 7 400 m^3/s;支流中皇甫川皇甫站洪峰流量 5 110 m^3/s、窟野河温家川站洪峰流量 10 000 m^3/s,孤山川、秃尾河、无定河、延河等支流也出现了较大流量(见表 9-27)。

表 9-27　1996 年 8 月 10 日黄河龙门站洪水来源情况统计

流域名称	站名	洪峰流量(m^3/s)	洪峰时间(日 T 时:分)	洪峰时段(月-日 T 时:分)	含沙量(kg/m^3)
皇甫川	皇甫	5 110	09T11:12	08-09T08:00～08-10T20:00	811
黄河	府谷	5 570	09T14:00	08-09T08:00～08-09T21:00	924
窟野河	温家川	10 000	09T16:24	08-09T12:00～08-11T04:00	775
孤山川	高石崖	992	09T15:12	08-09T09:00～08-10T20:00	280
秃尾河	高家川	900	09T18:00	08-09T17:00～08-11T08:00	346
佳芦河	申家湾	408	09T18:18	08-09T17:36～08-11T16:00	492
湫水河	林家坪	523	09T21:00	08-09T08:00～08-10T12:00	440
黄河	吴堡	9 700	09T23:24	08-09T16:00～08-11T12:00	174
无定河	白家川	1 010	10T00:12	08-09T17:00～08-14T08:00	480
延水	甘谷驿	1 780	09T23:30	08-09T08:00～08-11T12:00	622
三川河	后大城	454	09T22:00	08-09T04:00～08-12T00:00	437
屈产河	裴沟	935	09T22:06	08-09T20:12～08-13T08:00	555
昕水河	大宁	246	10T03:00	08-09T20:00～08-12T08:00	223
黄河	龙门	11 100	10T13:00	08-09T12:00～08-12T07:48	390
黄河	潼关	7 400	11T06:00	08-10T08:00～08-13T00:00	263

(一)降雨

1996 年 8 月 8 日、9 日河口镇—龙门区间普降中到大雨,局部暴雨,暴雨中心一个在皇甫川、窟野河一带,另一个在无定河和延河下游地区,暴雨等值线见图 9-22。

该次降水皇甫川流域面平均雨量为 59.7 mm,最大降水量沙圪堵站为 76.8 mm;窟野河流域面平均雨量为 56.6 mm,最大降水量张家村站为 131.5 mm;延水流域面平均雨量为 28.1 mm,最大降水量康岔站为 77.4 mm。降水情况统计见表 9-28。

河口镇—吴堡区间面平均雨量为 40.2 mm,降水量≥10 mm、≥25 mm、≥50 mm 和≥100 mm 的暴雨笼罩面积分别为 4.7 万 km^2、3.6 万 km^2、1.3 万 km^2 和 0.02 万 km^2;吴堡—龙门区间面平均雨量为 25.3 mm,降水量≥10 mm、≥25 mm 和≥50 mm 的暴雨笼罩面积分别为 5.7 万 km^2、2.6 万 km^2 和 0.4 万 km^2。统计整个河口镇—龙门区间,面平均

雨量为 31.7 mm，降水量≥10 mm、≥25 mm、≥50 mm 和≥100 mm 的暴雨笼罩面积分别为 10.5 万 km^2、6.1 万 km^2、1.7 万 km^2 和 0.02 万 km^2。河口镇—龙门区间暴雨笼罩面积统计见表 9-29。

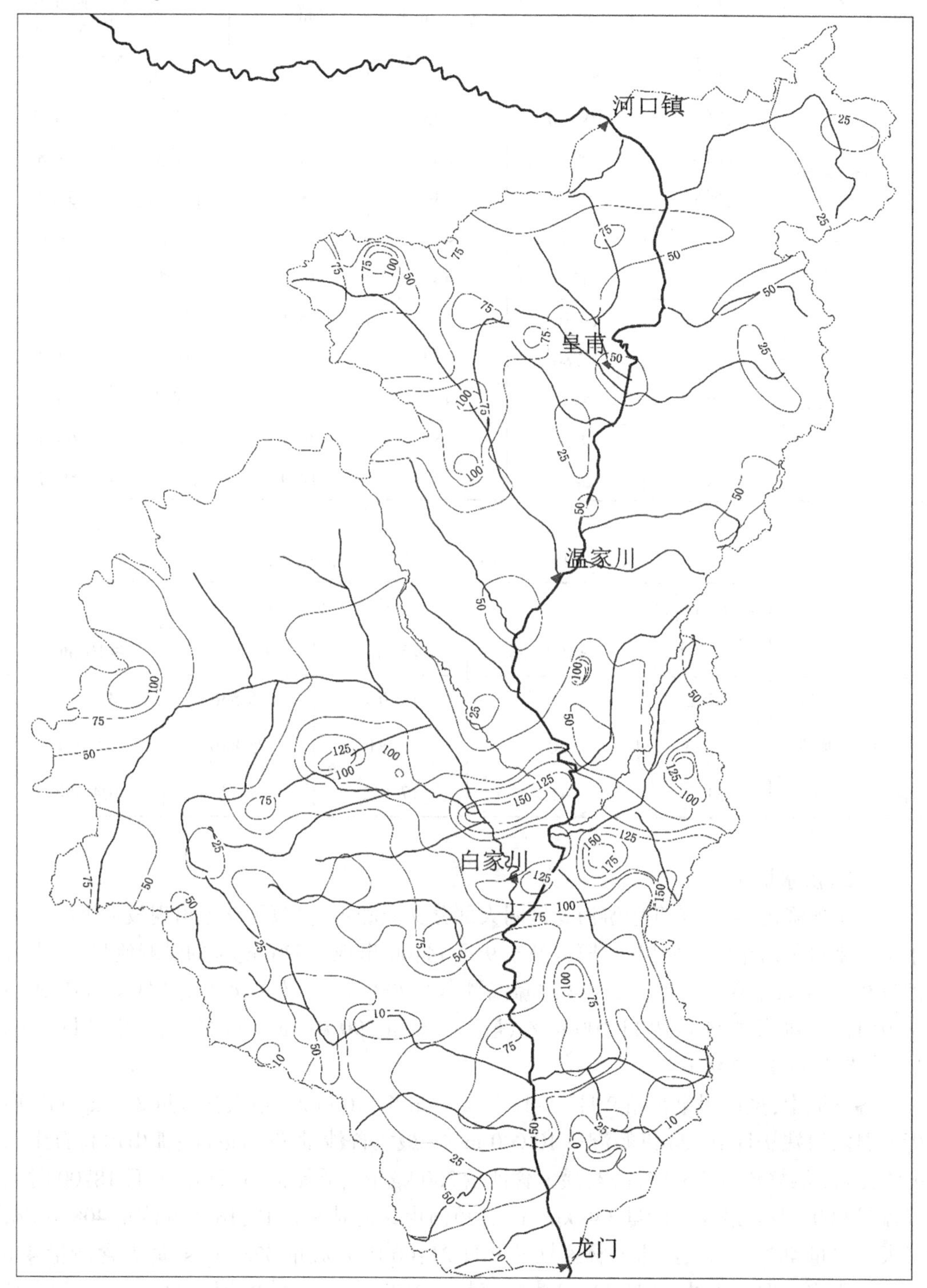

图 9-22　1996 年 8 月 10 日黄河龙门洪水对应暴雨等值线

表 9-28 河口镇—龙门区间主要支流降水统计

区段	河名	洪峰流量（m^3/s）	沙峰（kg/m^3）	面平均雨量（mm）	最大降水量	
					站名	降水量（mm）
河口镇—吴堡	皇甫川	5 110	811	59.7	沙圪堵	76.8
	窟野河	10 000	775	56.6	张家村	131.5
	孤山川	992	280	64.4	新庙	74.8
	秃尾河	900	346	28.0	高家堡	51.4
	佳芦河	408	492	31.4	方家塌	41.6
	湫水河	523	440	34.4	代坡	86.2
吴堡—龙门	无定河	1 010	480	25.6	樊家河	55.7
	延水	1 780	622	28.1	康岔	77.4
	三川河	454	437	40.2	代坡	86.2
	屈产河	935	555	39.9	下庄	66.1
	昕水河	246	223	14.1	教场坪	59.7

表 9-29 河口镇—龙门区间暴雨笼罩面积统计

区间	面平均雨量（mm）	暴雨笼罩面积（km^2）			
		≥100 mm	≥50 mm	≥25 mm	≥10 mm
河口镇—吴堡	40.2	184	12 761	35 536	47 428
吴堡—龙门	25.3	0	4 381	25 886	57 160
河口镇—龙门	31.7	184	17 142	61 422	104 588

（二）洪水情况

受本次降雨影响，黄河中游河龙区间大部分支流涨水，多数干支流出现较大洪峰。洪水主要来自黄河干流吴堡以上，府谷站于 9 日 14:00 出现 5 570 m^3/s 的洪峰流量，最大含沙量 924 kg/m^3；吴堡站 9 日 23:24 洪峰流量达 9 700 m^3/s，最大含沙量 174 kg/m^3；龙门站 10 日 13:00 洪峰流量达 11 100 m^3/s，最大含沙量 390 kg/m^3，本次暴雨产生洪量 6.62 亿 m^3，输沙量 1.57 亿 t。

各支流中，皇甫川皇甫站 9 日 11:12 洪峰流量 5 110 m^3/s，最大含沙量 811 kg/m^3；窟野河温家川站 9 日 16:24 洪峰流量 10 000 m^3/s，最大含沙量 775 kg/m^3；孤山川高石崖站 9 日 15:12 洪峰流量为 992 m^3/s，最大含沙量 280 kg/m^3；秃尾河高家川站 9 日 18:00 时洪峰流量 900 m^3/s，最大含沙量 346 kg/m^3；佳芦河申家湾站 9 日 18:18 洪峰流量 408 m^3/s，最大含沙量 492 kg/m^3；湫水河林家坪站 9 日 21:00 洪峰流量 523 m^3/s，最大含沙量 440 kg/m^3；无定河白家川站 10 日 00:12 洪峰流量 1 010 m^3/s，最大含沙量 480 kg/m^3；延水甘

谷驿站 9 日 23:30 洪峰流量 1 780 m^3/s,最大含沙量 622 kg/m^3;三川河后大成站 9 日 22:00 洪峰流量 454 m^3/s,最大含沙量 437 kg/m^3;屈产河裴沟站 9 日 22:06 洪峰流量 935 m^3/s,最大含沙量 555 kg/m^3;昕水河大宁站 10 日 03:00 洪峰流量 246 m^3/s,最大含沙量 223 kg/m^3。

(三)泥沙

本次发生的洪水主要来自龙门以上,次洪量和次沙量分别为 7.01 亿 m^3 和 1.56 亿 t,占本次潼关水量和沙量的 74.5%和 96.0%。其中,窟野河和皇甫川占到了龙门次洪沙量的 57.8%。

三、洪水泥沙原因分析

(1)本次洪水形成了黄河中游潼关站 1996 年的最大一次洪峰,最大洪峰流量为 7 400 m^3/s,产生洪水洪量 9.37 亿 m^3、输沙量 1.62 亿 t。本次洪水输沙量占潼关站 8 月输沙量的 33.1%,占潼关年输沙量的 14.2%。黄河"1996·8"水沙量统计见表 9-30。

表 9-30　黄河"1996·8"水沙量统计

站名	最大流量 (m^3/s)	出现时间 (日T时:分)	最大含沙量 (kg/m^3)	出现时间 (月-日T时:分)	水量 (万 m^3)	沙量 (万 t)	开始时间 (日T时:分)	结束时间 (日T时:分)
高石崖	1 030	08T08:00	558	08-08T16:18	1 067	430	08T08:00	08T09:00
皇甫	5 110	08T09:00	1 190	08-09T10:44	5 509	3 667	08T09:00	08T10:00
温家川	10 000	08T09:00	1 090	08-9T16:06	9 812	5 325	08T09:00	08T10:00
高家川	900	08T09:00	495	08-09T19:00	861	295	08T09:00	08T10:00
申家湾	408	08T09:00	558	08-09T20:00	488	237	08T09:00	08T10:00
林家坪	523	08T09:00	463	08-09T21:06	442	105.6	08T09:00	08T10:00
后大成	454	08T09:00	536	08-09T22:18	1 552	295.9	08T09:00	08T12:00
裴沟	935	08T09:00	642	08-09T22:18	806	409.5	08T09:00	08T10:00
甘谷驿	1 780	08T09:00	694	08-09T23:00	2 762	1 560	08T09:00	08T11:00

(2)本次降雨主要发生在河口镇至吴堡区间,面雨量均在 30 mm 以上。面平均雨量最大的是孤山川、皇甫川和窟野河,其中孤山川面雨量 64.4 mm,皇甫川面雨量 59.7 mm,窟野河面雨量 56.6 mm,暴雨中心最大单站雨量为窟野河的张家村站,次雨量 131.5 mm。

(3)本次降雨主要发生在黄河中游多沙粗沙区,是黄河泥沙的主要产沙区,短历时、高强度暴雨是形成此次洪水,特别是泥沙的主要原因。

四、1996年前后年输沙量偏少原因分析

根据前面的分析,1996年潼关大沙年的沙量主要来自龙门以上,而龙门的沙量主要来自于主汛期的7~8月,为此绘制了潼关站和龙门站1996年7~8月的流量过程线(见图9-23)。

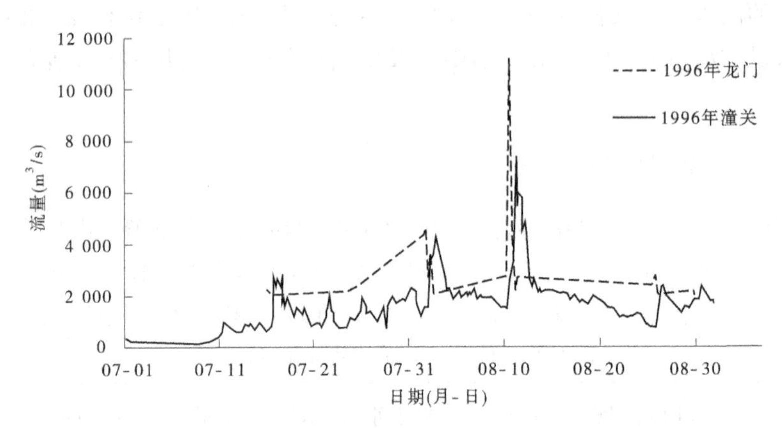

图9-23 潼关站和龙门站1996年7~8月流量过程线

从7~8月和6~9月降雨量比较(见表9-31)来看,河龙区间1996年和1995年降雨量接近,1996年明显大于1997年,泾河张家山以上1996年均大于1995年和1997年,说明1996年潼关来沙中,泾河张家山以上的来沙贡献较大。

表9-31 1995~1997年龙门站、潼关站年输沙量与河龙区间及泾河张家山以上降雨量统计

年份	年输沙量(亿t)		7~8月输沙量(亿t)		降雨量(mm)			
					河龙区间		泾河张家山以上	
	潼关站	龙门站	潼关站	龙门站	7~8月	6~9月	7~8月	6~9月
1995	8.52	6.99	4.15	3.87	252.2	362.9	247.5	304.3
1996	11.4	7.34	8.69	5.65	238.3	359.9	258.2	406.3
1997	5.21	3.00	3.86	1.94	147.1	212.2	125.5	214.5

1996年出现了大沙,在下垫面情况基本一样的1995年和1997年为何产沙不多呢?以2 000 m^3/s的洪水为标准,统计了1995年、1996年和1997年潼关和龙门的洪水就不难找出原因(见表9-32)。

从龙门站和潼关站洪水发生次数来看,1995年潼关站和龙门站均发生4次,1996年潼关站发生4次、龙门站发生6次,1997年潼关站和龙门站均发生1次,1996年洪水发生次数均大于或者多于1993年和1995年;再从龙门站和潼关站发生的最大洪峰流量来看,潼关站1996年最大洪峰流量的7 400 m^3/s均大于1995年和1997年最大洪峰流量的4 160 m^3/s和4 700 m^3/s,龙门站1996年最大洪峰流量的11 100 m^3/s均大于1995年和1997年最大洪峰流量的7 860 m^3/s和5 750 m^3/s,总的来看,1996年潼关和龙门无论是

洪水发生次数,还是发生洪峰的最大量级均大于1995年和1997年。因此,出现1996年潼关的沙量大于1995年和1997年。

表9-32　龙门站和潼关站1995~1997年洪峰流量大于2 000 m³/s统计

项目	1995年				1996年				1997年			
	潼关站		龙门站		潼关站		龙门站		潼关站		龙门站	
	洪峰 (m³/s)	时间 (月-日 T时:分)	洪峰 (m³/s)	时间 (月-日 T时:分)	洪峰 (m³/s)	时间 (月-日 T时:分)	洪峰 (m³/s)	时间 (月-日 T时:分)	洪峰 (m³/s)	时间 (月-日 T时:分)	洪峰 (m³/s)	时间 (月-日 T时:分)
	3 190	07-19T02:30	3 880	07-18T09:30	2 810	07-17T17:45	2 260	07-16T01:48	4 700	08-02T05:00	5 750	08-01T05:48
	4 160	07-31T06:00	7 860	07-30T09:54	4 230	08-03T00:00	2 100	07-21T17:30				
	2 230	08-03T08:00	2 040	08-02T05:54	7 400	08-11T06:00	2 530	07-25T06:00				
	3 980	08-07T01:10	4 540	08-06T02:12	2 380	08-26T10:00	4 580	08-01T16:48				
							11 100	08-10T13:00				
							2 710	08-25T16:06				
次数	4		4		4		6		1		1	

第六节　黄河中游渭河流域2003年华西秋雨降雨产沙分析

一、泥沙来源组成分析

2003年潼关站来沙量6.2亿t,泥沙主要是来自渭河流域的华县以上和河龙区间的龙门以上,华县和龙门年输沙量分别为3.0亿t和1.9亿t,华县的沙量主要来自7~10月,尤其是8月沙量较大,渭河流域的沙量又主要来自泾河的张家山以上,年输沙量为2.1亿t,输沙量主要来自8月(见图9-24、图9-25)。

二、典型洪水分析

受高空低涡切变及地面冷锋影响,黄河中游泾渭河先后于25日、26日及28日、29日出现强降雨过程。受降雨过程影响,泾渭河先后出现3次洪水过程,其中华县站9月1日11时洪峰流量3 570 m³/s,最高洪水位342.76 m,为1992年以来最大流量,有实测记录以来最高水位。

(一)降雨

受高空低涡切变及地面冷锋影响,8月25日、26日泾河、北洛河部分地区降中到大雨,局部暴雨,个别站大暴雨,其中25日泾河贾桥站日雨量为196 mm、庆阳站日雨量为182 mm,均为历史最大日降雨量,其中6 h降雨量分别为126 mm、149 mm;北洛河张村驿站日雨量为117 mm,为历史最大日降雨量;8月28日、29日泾渭洛河部分地区降中到大雨,局部暴雨,其中28日泾河华亭站日雨量为68 mm,北洛河红土镇日雨量为81 mm,渭河固关站日雨量为81 mm。

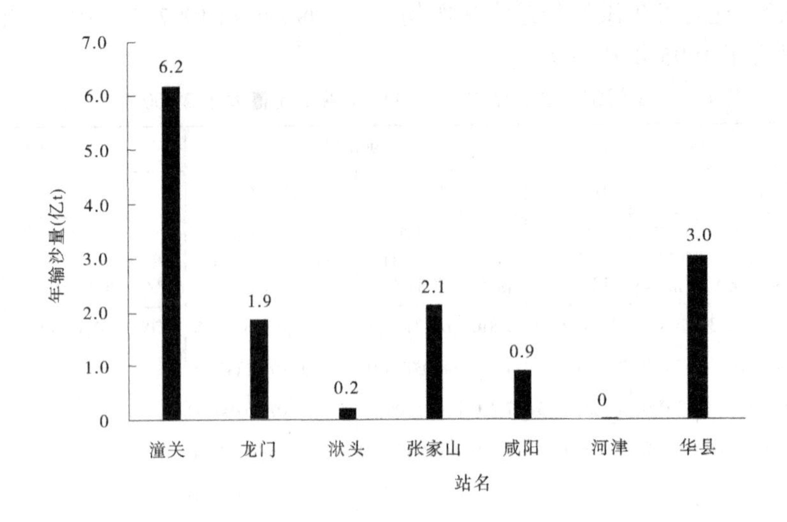

图 9-24　黄河中游主要站年输沙量柱状图

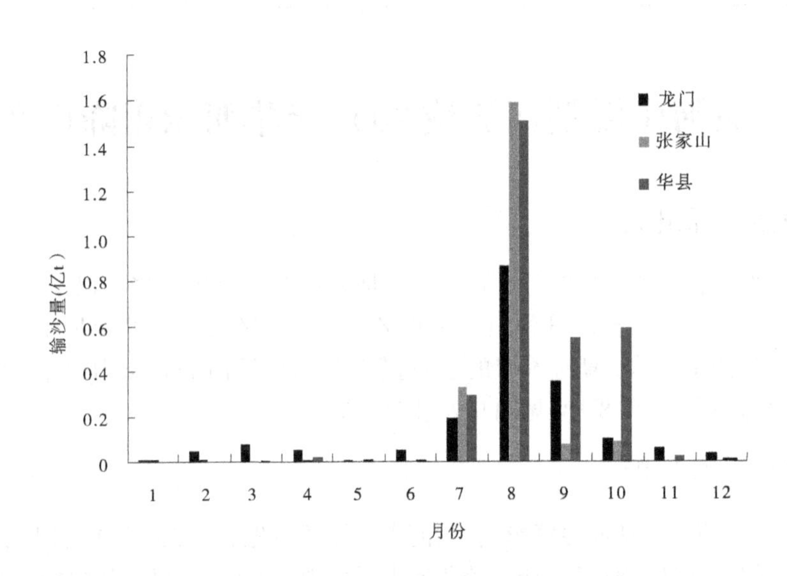

图 9-25　黄河中游主要测站月输沙量柱状图

受 700 hPa 低涡切变线影响，9 月 5 日泾渭河大部地区降中到大雨，渭河局部降暴雨，其中，黑峪口站日雨量 68 mm，崂峪口站日雨量 72 mm，秦渡镇站日雨量 60 mm。

（二）洪水情况

1. 8 月 29 日洪水

受 25 日降雨影响，泾河上游部分支流相继涨水，其中柔远川贾桥站 26 日 0 时洪峰流量 800 m^3/s；马莲河庆阳站 26 日 01:06 分洪峰流量 4 010 m^3/s，为设站以来第三大洪峰流量；雨落坪站 26 日 08:42 分洪峰流量 4 280 m^3/s，为设站以来第二大洪峰流量（1977 年

7 月 6 日洪峰流量 5 220 m^3/s)；杨家坪站 26 日 10:42 分洪峰流量 646 m^3/s。

上述支流洪水汇合后，泾河景村站 26 日 14:48 分洪峰流量 5 220 m^3/s，为设站以来第四大洪峰流量；张家山站 26 日 22:42 分洪峰流量 4 010 m^3/s，27 日 0 最大含沙量 534 kg/m^3。

由于此次渭河降雨量相对较小，咸阳以上没有明显洪水过程(咸阳站 26 日 8 时流量 91 m^3/s)，泾河洪水与渭河咸阳以上来水汇合后，于 27 日 12:30 分演进至渭河临潼站，洪峰流量 3 200 m^3/s，27 日 10 时最大含沙量 588 kg/m^3；华县站 29 日 16:48 分洪峰流量 1 500 m^3/s，27 日 20 时最大含沙量 606 kg/m^3。

2. 9 月 1 日洪水

受 8 月 28 日、29 日降雨影响，渭河上游北道站 8 月 29 日 01:36 分洪峰流量 900 m^3/s，林家村站 8 月 29 日 17:24 分洪峰流量 1 360 m^3/s，中游魏家堡站 30 日 2 时洪峰流量 3 180 m^3/s；受区间支流加水影响，咸阳站 8 月 30 日 21 时洪峰流量 5 340 m^3/s，最高水位 387.86 m，为设站以来第四大流量，1981 年以来最大洪峰流量，有实测资料以来最高水位，比历史最高水位高出 0.48 m(1981 年 8 月 22 日洪峰流量 6 210 m^3/s，最高水位 387.38 m)。

雨落坪站 8 月 29 日 16.5 时洪峰流量 600 m^3/s，杨家坪站 8 月 29 日 10 时洪峰流量 358 m^3/s，景村站 8 月 29 日 20 时洪峰流量 767 m^3/s，张家山站 8 月 29 日 18:54 分洪峰流量 1 000 m^3/s，为 1977 年以来最大流量(1977 年 7 月 6 日洪峰流量为 5 750 m^3/s)，8 月 29 日 8 时最大含沙量 700 m^3/s。

渭河洪水与泾河来水汇合后，于 8 月 31 日 10 时演进至渭河临潼站，洪峰流量 5 100 m^3/s，华县站 9 月 1 日 11 时洪峰流量 3 570 m^3/s。

3. 9 月 8 日洪水

受 9 月 5 日降雨影响，渭河上游魏家堡站 9 月 6 日 09:00 洪峰流量 1 410 m^3/s，受区间加水影响，咸阳站 9 月 6 日 21:36 分洪峰流量 3 700 m^3/s，由于在此次降雨过程中泾河降雨量相对较小，泾河张家山以上没有明显洪水过程(张家山站 9 月 6 日日均流量 198 m^3/s)。

渭河咸阳以上来水与泾河张家山及渭河南山支流等区间来水汇合后，渭河临潼站 9 月 7 日 12:30 分洪峰流量 3 820 m^3/s，由于本次洪水又一次在渭河下游发生漫滩和决口，华县站 8 日 18 洪峰流量 2 290 m^3/s。

(三)泥沙

本次发生的洪水主要来自渭河的华县以上，次洪量和次沙量分别为 22.74 亿 m^3 和 1.35 亿 t，占本次潼关水量和沙量的 62.2%和 71.6%。其中，华县以上的沙量又主要来自泾河的张家山以上，次洪量和次沙量分别为 5.79 亿 m^3 和 1.45 亿 t，占本次华县水量和沙量的 25.4%和 107.4%(张家山至华县区间发生淤积，其中本次洪水临潼至华县河段共淤积泥沙 0.41 亿 t)。2003 年渭河秋汛洪水过程线和特征值见图 9-26 和表 9-33。

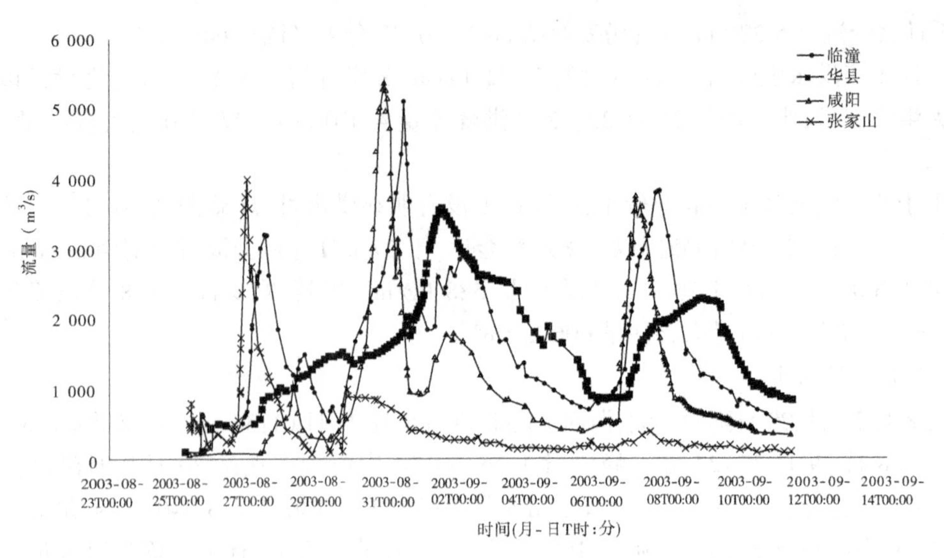

图 9-26　泾河“2003·8”洪水过程线

表 9-33　泾渭河 2003 年秋汛洪水特征值统计

河名	站名	洪峰流量(m^3/s)	出现时间(月-日T时:分)	相应水位(m)	最大含沙量(kg/m^3)	出现时间(月-日T时:分)	起止时间(月-日T时:分)	水量(亿m^3)	沙量(亿t)	冲淤(亿t)
柔远川	贾桥	800	08-26T00:00	8.72						
马莲河	庆阳	4 010	08-26T01:06	53.42						
	雨落坪	4 280	08-26T08:42	97.17						
泾河	杨家坪	830	08-26T19:00	30.88						
	景村	5 220	08-26T14:48	23.82						
	张家山	4 010	08-26T22:42	430.75	534	08-27T00:00	08-25T08:00–09-10T08:00	5.786	1.447	
渭河	魏家堡	1 340	08-27T17:48	496.64						
		3 180	08-30T02:00	497.82						
		1 430	09-06T09:30	496.97						
黑河	黑峪口	832	09-06T16:00	470.10						
涝河	涝峪口	301	09-06T11:18	514.02						

续表 9-33

河名	站名	洪峰流量(m^3/s)	出现时间(月-日T时:分)	相应水位(m)	最大含沙量(kg/m^3)	出现时间(月-日T时:分)	起止时间(月-日T时:分)	水量(亿m^3)	沙量(亿t)	冲淤(亿t)
渭河	咸阳	1 060	08-28T06:54	386.09	—	—	08-25T08:00—09-10T08:00	13.78	0.153 7	
		5 340	08-30T21:00	387.86						
		3 700	09-06T21:36	387.06						
	临潼	3 200	08-27T12:30	357.80	588	08-27T10:00	08-26T08:00—09-11T08:00	22.83	1.652	
		5 100	08-31T10:00	358.34						
		3 820	09-07T12:30	357.95						
	华县	1 500	08-29T16:48	341.32	606	08-27T20:00	08-27T08:00—09-12T08:00	22.74	1.347	-0.305
		3 570	09-01T11:00	342.76						
		2 290	09-08T18:00	341.73						
黄河	龙门						08-27T08:00—09-12T08:00	14.47	0.051 6	
汾河	河津	203	08-29T10:00	375.73			08-27T08:00—09-12T08:00	1.324	—	
北洛河	洑头	538	08-27T09:48	364.48	330	08-27T08:00	08-27T08:00—09-12T08:00	2.743	0.076 3	
龙华河洑合计								41.28	1.475	
黄河	潼关	3 150	08-31T10:00	328.98	240	08-28T08:00	08-27T08:00—09-12T08:00	36.57	1.882	0.407 1

三、洪水泥沙原因分析

(1)本次洪水形成了黄河中游潼关站2003年较大的一次洪峰,最大洪峰流量为3 150 m^3/s,产生洪水洪量36.57亿m^3,输沙量1.88亿t。本次洪水输沙量占潼关站8月输沙量的89.2%,占潼关年输沙量的30.5%。潼关的沙量主要来自华县以上,华县以上的泥沙由主要来自泾河的张家山以上。

(2)本次降雨泾河、北洛河部分地区降中到大雨,局部暴雨,个别站大暴雨,其中25日泾河贾桥站日雨量为196 mm,庆阳站日雨量为182 mm,北洛河张村驿站日雨量为117 mm。8月28日、29日泾渭洛河部分地区降中到大雨,局部暴雨,其中28日泾河华亭站日雨量为68 mm,北洛河红土镇日雨量为81 mm,渭河固关站日雨量为81 mm,受降雨的影响,此次渭河出现连续洪水过程,华县站洪水历时持续15 d左右,最大3 d、7 d、15 d水量仅次于1981年和1983年,排20世纪80年代以来第三位;咸阳站此次洪水过程最大3 d、7 d、15 d水量仅次于1981年,排20世纪80年代以来第二位(见表9-34)。

表 9-34 华县站 20 世纪 80 年代以来水量对比 (单位:亿 m^3)

站名		2003 年	1981 年	1983 年
华县	最大 3 d	7.171	10.91	8.415
	最大 7 d	12.64	19.45	14.78
	最大 15 d	20.32	29.05	26.05
咸阳	最大 3 d	5.487	7.059	4.363
	最大 7 d	8.164	12.67	7.262
	最大 15 d	13.96	18.04	13.79

(3)渭河首场洪水含沙量较大,泾河洪水多来源于上中游的高产沙区,含沙量大。此次洪水过程中由于 8 月 26~29 日华县站第一次洪水过程主要由泾河来水组成,含沙量较大,最高达 606 kg/m^3,为近年以来最大含沙量;而 8 月 31 日以后主要为渭河咸阳以上来水,含沙量一般在 50 kg/m^3 以下,并随着流量的增加,含沙量逐步减小不足 10 kg/m^3(见图 9-27)。

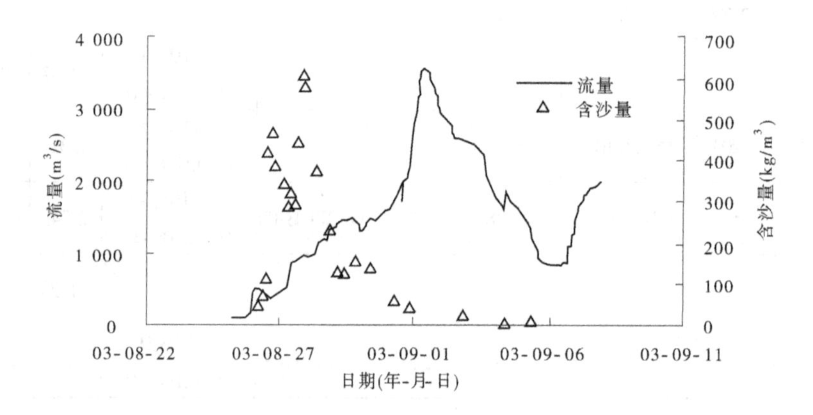

图 9-27 华县"2003 · 8"洪水流量含沙量过程线

(4)本次持续降雨,多次洪水过程及泾河张家山以上的多沙区特点的共同作用是本次形成洪水泥沙的主要原因。

第七节 小 结

一、黄河中游有关"大沙年"的遴选

从控制黄河泥沙的潼关水文站入手,借鉴水资源分析径流丰平枯年份划分的思路,统计了潼关水文站 1919 年以来丰沙年、平沙年、枯沙年和特枯沙年四大等级在各年代的分布情况,结合黄河流域水沙急剧锐减的事实,重点分析了以 20 世纪 80 年代为样本序列进行了丰沙年、平沙年、枯沙年和特枯沙年四大类型划分,其中:丰沙年主要出现在 20 世纪八九十年代,特枯沙年出现在 21 世纪以来。说明早期以丰沙年为主,近期则以枯沙年和特枯沙年为主，在考虑潼关站输沙量的基础上，本次在丰沙年的基础上，首选离近期最近的1988年以来的4次大洪水，同时增加2000年以来的出现最大一年2003年输沙量所对应的华西秋雨作为研究对象进行“大沙年”洪水泥沙来源分析，并剖析洪水泥沙产生原因。

二、“大沙年”相关认识

（一）“大沙年”的泥沙主要与龙门以上的泥沙关系密切

从分析的“大沙年”来看，黄河泥沙主要来自河龙区间和泾河两大区间，泥沙达到了90%以上，其中河龙区间不仅是龙门以上的主要来沙区，也是潼关以上的主要来沙区，龙门以上的泥沙量占到黄河“大沙年”的约65%，泾河张家山以上的泥沙占黄河“大沙年”的约30%，其中河龙区间和泾河两大区间7月、8月输沙量占年输沙量约80%。

（二）“大沙年”与汛期降雨和次洪发生次数关系密切

从20世纪八九十年代的四个多沙年与下垫面基本一致的前后相邻年的对比分析表明，沙多主要是主汛期的降雨多，特别是与洪水次数多和洪水量大密切相关；潼关站的沙多主要与龙门站来的洪水次数和洪峰大小关系最密切，其次是泾河张家山以上来沙，并且各区间来沙与主汛期降雨多少也有密切关系。

（三）高强度暴雨对产沙可能带来的风险

将黄河中游潼关站以上分为龙门以上、北洛河、泾河、渭河和汾河五大片区，通过对“1988·8”“1992·8”“1994·8”“1996·8”等大沙年黄河泥沙来源组成分析，统计了龙门水文站7月、8月大洪水特征统计，包括洪水洪峰出现时间、对应的洪峰流量、产生的次洪量和次洪输沙量等特征值。根据潼关水文站洪水流量过程线，重点分析了河龙区间各支流的降雨特性、洪水来源情况、干支流洪水水沙量，归纳分析了洪水泥沙情况，对比分析看出以下两点：

（1）沙随洪水来，沙随洪水去。

只要洪水发生多的年份，输沙量就多，从所分析的四个大沙年、洪水场次明显多于相邻前后年，因此输沙也就明显多于相邻前后年。

（2）汛期降雨多，洪水就多。

汛期降雨一般以暴雨形式出现，在汛期，特别是主汛期降雨多，一般洪水就多。在所分析的四个大沙年与相邻年对比分析看出，大沙年汛期，特别是主汛期降雨明显偏多。

因此，遇到高强度暴雨偏多年份，仍有产生大沙年的风险。

参考文献

[1] 高治定,沈玉贞. 1933 年 8 月上旬黄河中游暴雨天气过程资料整理与分析[C]//黄河流域暴雨与洪水. 郑州:黄河水利出版社,1997.

[2] 郑似苹. 黄河中游 1933 年 8 月特大暴雨等雨深线图的绘制[J]. 人民黄河,1981(5):28-32.

[3] 史辅成,易元俊,高治定. 1933 年 8 月黄河中游洪水[J]. 水文,1984(6):55-58.

[4] 刘晓燕,等. 黄河近年水沙锐减成因[M]. 北京:科学出版社,2016.

[5] 刘晓燕,党素珍,张汉. 未来极端降雨情景下黄河可能来沙量预测[J]. 人民黄河,2016,38(10):13-17.

[6] 刘晓燕,党素珍,高云飞. 极端暴雨情景模拟下黄河中游区现状下垫面来沙量分析[J]. 农业工程学报,2019,35(11):131-138.

[7] 徐建华,李晓宇,陈建军,等. 黄河中游河口镇至龙门区间水利水保工程对暴雨洪水泥沙影响研究[M]. 郑州:黄河水利出版社,2009.

[8] 赫晓慧,郑紫瑞,高亚军. 降水和人类活动对北洛河径流变化的定量化研究[J]. 水土保持研究,2017,24(3):125-129.

[9]高文永,高亚军,徐建华. 采矿塌陷对窟野河流域水沙的影响[J]. 人民黄河,2017,39(11):76-80,102.

[10] 徐建华,金双彦,高亚军,等. 水保措施对"7 · 26"暴雨洪水减水减沙的作用[J]. 人民黄河,2017,39(12):22-26.

[11] 徐建华,李晓宇,高亚军,从 2013 年 7 月汾川河洪水看植被的减水减沙效应[J]. 人民黄河,2016,38(5):85-87.

[12] 高亚军,徐十锋,吕文星. 黄河粗泥沙集中来源区洪水泥沙阶段变化研究[J]. 中国水土保持,2020(9):80-83.

[13] 于延胜,陈兴伟. RS 和 Mann-Kendall 法综合分析水文时间序列未来的趋势特征[J]. 水资源与水工程学报,2008,19(3):41-44.

[14] 黄峰,夏自强. 长江上游枯水期及 10 月径流情势分析[J]. 河海大学学报:自然科学版,2010,38(2):129-133.

[15] 蒋观滔,高鹏,穆兴民,等. 退耕还林(草)对北洛河上游水沙变化的影响[J]. 水土保持研究,2015,22(6):1-6.

[16] Koster R D, Suarez M J. A simple framework for examing the interannual variability of land surface moisture fluxes[J]. Journal of climate, 1992(12):1911-1917.

[17] Zhang L, Dawes W R, Walker G R. Response of mean annual evaportranspiration to vegetation changes at catchment scale[J]. Water Resource Research,2001,37(3):701-708.

[18] Sun Ge, McNulty Steve G, LU J, et al. Regional annual water yield from forest lands and its response to potential deforestation across the southeastern United States[J]. Journal of Hydrology,2005,308(1/4):258-268.

[19] 赵阳,余新晓,郑江坤,等. 气候和土地利用变化对潮白河流域径流变化的定量影响[J]. 农业工程学报,2012,22(38):252-258.

[20] Peng J, Chen S L, Dong P. Temporal variation of sediment load in the Yellow River basin, China, and its impacts on the lower reaches and the river delta[J]. Catena,2010,83(2-3):135-147.